公共管理论丛

Disaster Governance in a Rising Power:
China's Responses to the 2008 Wenchuan and 2013 Lushan Earthquakes

灾害治理
——从汶川到芦山的中国探索

张强 著

北京大学出版社
PEKING UNIVERSITY PRESS

图书在版编目（CIP）数据

灾害治理：从汶川到芦山的中国探索／张强著．—北京：北京大学出版社，2015.5

（公共管理论丛）

ISBN 978-7-301-25815-6

Ⅰ．①灾… Ⅱ．①张… Ⅲ．①灾害管理—研究—中国 Ⅳ．①X4

中国版本图书馆CIP数据核字（2015）第097096号

书　　名	灾害治理——从汶川到芦山的中国探索
著作责任者	张　强　著
责任编辑	耿协峰
标准书号	ISBN 978-7-301-25815-6
出版发行	北京大学出版社
地　　址	北京市海淀区成府路205号　100871
网　　址	http://www.pup.cn　　新浪微博：@北京大学出版社
电子信箱	zpup@pup.cn
电　　话	邮购部62752015　发行部62750672　编辑部62753121
印 刷 者	北京汇林印务有限公司
经 销 者	新华书店
	650毫米×980毫米　16开本　17.5印张　250千字
	2015年5月第1版　2015年5月第1次印刷
定　　价	48.00元

序

2015年3月,联合国秘书长潘基文在第三次世界减灾大会的开幕式上指出,全球灾害带来的年均经济损失已经高达3000亿美元,减轻灾害风险工作已经成为世界可持续发展和应对气候变化中的前线防御和重大挑战。来自187个国家的代表在会上共同通过的《2015—2030年仙台减灾框架》提出了未来15年全球七大减灾目标,在通过的四大优先行动中进一步强调了减灾的治理工作。这是全球面临的世界性难题,也是发展中国家和发达国家进行南北合作的重要领域,更是人类探寻可持续发展路径的关键性内容。

作为世界上最大的发展中国家,中国同时也是一个灾害频发的国度。如何破解重大灾害应对成为中国可持续发展中不可逾越的难题。党的十八届三中全会明确了中国深化改革的总目标是"完善中国特色社会主义,推进国家治理体系和治理能力现代化"。作为国家治理体系中的重要组织部分,社会治理在中国经济社会发展各个领域中的地位愈发重要。如何完善制度设计,加强能力建设,发挥社会治理在灾害应对中的作用,是中国新时期灾害应对亟待阐释的重要命题。

本书的及时推出为我们应对这一历史性命题提供了重要的参考。本书的作者长期从事危机管理研究,并直接参与了汶川和芦山地震等重大自然灾害的社会组织动员及协调,有比较深厚的学术积累和丰富的实践参与,从而使得本书的内容既有基于前沿学术研究的深入分析,也有基于中国实践的体验与思考。

关于灾害治理概念的提出和建构,正是建立在灾害应对与国家治理体系关联的理论思考之上,同时也是来源于从汶川到芦山地震应对的实际需求。在本书的第一章中，作者通过汶川地震的案例揭示了重大灾害带来的决策困境，生动刻画了灾害给国家治理体系带来的结构性冲击，并通过汶川应对中出现的制度创新现象来说明灾害给制度变迁带来的“机会窗口”，公共政策研究中的三源流模型又恰到好处地说明了这种变化的动力机制。本书第二章回顾了1949年之后新中国的灾害应对模式变迁。作者在基于焦点事件的视角上进行了四个发展阶段的划分，勾勒出灾害应对制度与整体治理体系之间的有机关联，呈现出了灾害应对制度的变化所反映的国家治理体系的演变。应对灾害的制度是国家治理能力的有机构成，从生产救灾到灾害管理，再从应急管理到灾害治理，这不仅是灾害应对制度的发展路径，也是整个国家社会治理的演进历程。

本书后续的内容开始运用实证研究来探讨治理体系的完善与灾害风险管理能力之间的关系。第三章就从2008年与2013年乡镇灾害风险管理能力变化的评估入手，勾勒了乡镇灾害应对的制度困境，更进一步地揭示出有效应对灾害有赖于灾害治理的完善。当然其中关于乡镇灾害风险管理能力框架的建立仍然是一个重要的研究焦点和实践难题。尽管如此，我们不难形成共识，用单向性的管理思维和传统官僚架构的能力建设的作用是有限的，需要更为基础层面的理念更新和治理变革才能够构建更有活力和效率的组织体系，来发挥政府、私营部门、社会组织、社区及公民个人的作用。这一方向也是全球管理实践者和学术研究者都在研究和探索的重要议题。

对于如何建设一个全面整合政府、市场与社会的灾害治理框架，本书并没有仅仅从理论层面阐述，而是更多地从汶川到芦山应对的经验总结中去反思提炼。本书第四、五、六章就分别从政府、社会组织和企业参与的视角，结合从汶川到芦山的应对实践，对灾害治理体系中的多元主体定位进行了详尽讨论。

首先，在政府的政策框架中，重点在于纵向和横向两个维度上。一是纵向上如何有效地促进中央与地方政府之间的分权，充分发挥基层政权组织作为第一响应人的作用；二是横向上如何促进不同部门间的无缝对接协调机制。作者在深入解读“雅安模式”出现过程的基础上，试图结构性地说明政府在灾害应对中应该具有的基于韧性的协同治理框架，不仅涉及政府间的不同层级、不同部门之间的有效协同，还揭示出政社合作的变革趋势。

其次，在社会组织的参与定位上，本书根据从汶川到芦山地震的应对实践中总结出社会组织自身从合作到联盟，从行为到动机，从结构到文化的变化过程。这些分析也为讨论灾害应对中的社会组织定位和协同发展提供了一个具有新意的发展性视角，成为新型政社合作格局建立的战略性基础。

第三，公私合作伙伴关系已经成为世界性发展共识，本书第六章中关于英特尔、加多宝和腾讯的案例讨论，给我们展示了企业参与到灾害治理的作用，除了长期的灾后重建中的产业发展之外，还能够通过企业社会责任的渠道发挥直接性的捐助或服务、个性化的创新服务、杠杆性的多元协同等多元化的作用。

毋庸置疑，治理体系的创新需要在思维、知识和工具层面都有积累，方可实现有效的创新。第七章基于汶川地震应对政策专家行动组的智库案例探讨了灾害治理体系中的制度学习环境建设。

本书的第八章对全书进行了回顾总结，综合论述了从治理思维、治理路径、治理基础等三个维度入手，在新常态下建设灾害治理体系的系统路径。

本书作者与所在的研究团队近年来一直在亲身参与并研究灾害应对，包括 2008 年汶川地震、2010 年玉树地震、2013 年芦山地震、2014 年鲁甸地震。因此，本书既是关于灾害及其应对的真实记录，也是基于社会视角、协同治理思维、政策模型的灾害研究之理论重构，更是未来中国韧性社会建设的路径勾画。本书的出版将给中国灾害应对和应急管理工作带来新的启发。同时，中国模式的探索与分享也会给全球灾害治理议题提供有益的借鉴。期待有越来越多的理论研究者和实践工作者居安思危，共同努力，创新突破，在中国灾害应对与社会治理创新的大潮中奋力前行。

清华大学公共管理学院院长、教授

目录

前　言

善治病者不使至危惫，善救灾者勿使赈给。

——（唐）刘晏

自古言救灾者，必曰备之于未荒之前；言备荒者，必曰积蓄多而备先具。

——（清）翁树元

对于人类社会而言，纯粹的“自然”灾害是不存在的。许多致灾因子都是自然形成的（natural hazards），而且是不可避免的，例如飓风、洪水、干旱和地震。它们是“致灾因子”，但如果没有充分准备，由于人类的作为或不作为，它们就会伤害人类、破坏经济和环境，形成“灾害”（unnatural disasters）。[①] 与此同时，人类在由农业社会向工业文明迈进的过程中，各种活动不仅加剧了自然灾害的发生与危害，也直接制造各种事故灾害。[②] 全球不断增长的人口、迅猛的城市化进程、极端气候变化以及忽视灾害风险的投资方式，这些都可能导致人类社会未来遭受巨大的灾害损失。尽管近年来日本“3·11”大地震、巴基斯坦和泰国的洪灾以及美国“桑迪”飓风等带来了惨痛的损失，但国际社会还在继续这种危险的发展路线。[③] 灾害的冲击不仅给发

---

① 联合国国际减灾战略秘书处、各国议会联盟：《减轻灾害风险：一个实现千年发展目标的工具》，http://www.ipu.org/PDF/publications/drr-c.pdf。

② 郑功成：《中国灾情论》，湖南出版社1994年版。

③ Ban Ki-moon, "Foreword", in UNISDR, eds., *Global Assessment Report on Disaster Risk Reduction 2013*, http://www.unisdr.org/we/inform/gar.

达国家带来难以估量的损失，更给面临贫困、医疗等挑战的发展中国家造成了多方位的困境。这也就意味着，如何应对影响人类进程的灾害必然成为挑战世界各国政府（无论是发达国家还是发展中国家）公共治理、公民社会参与和产业技术变革的世界性议题，直接关乎人类千年发展目标的顺利实现。为此，联合国在2004年正式提出了战略性呼吁——“与灾害风险共同生活”①。

一、严峻挑战：全球及中国自然灾害发生概况

在全球气候变化的大背景下，自然灾害开始呈现极端天气事件频次增加、多灾并发等特点。联合国2013年5月发布的《2013年全球减灾评估报告》指出，自2000年以来，全球自然灾害造成的直接损失已经高达2.5万亿美元，仅地震和热带风暴这两种灾害每年带来的直接损失就高达1800多亿美元。② 2004年的印度洋海啸、2010年海地地震、2011年日本关东大地震，这些灾害带来的人员伤亡和经济损失无疑都例证了自然灾害的频度和强度在不断增加。③（图0－1中的数据也有清晰的显示）比利时流行病与灾害研究中心（CRED）的全球灾害数据（EMDAT）以及来自瑞士再保险公司（Swiss Re）和慕尼黑再保险公司（Munich Re）的历史灾害数据均表明，在过去20年间，灾害发生频率呈上升趋势。④ 在过去的十年间，灾害导致70多万人丧生，140多万人受伤，约2300万人无家可归。总体上，经济损失总额超过1.3万亿美元，以各种方式受到灾害影响的人员超过15亿

① UNISDR (United Nations International Strategy for Disaster Reduction), *Living with Risk: A Global Review of Disaster Reduction Initiatives*, 2004.

② UNISDR (United Nations International Strategy for Disaster Reduction), *Global Assessment Report on Disaster Risk Reduction* 2013, 2013, http://www.preventionweb.net/english/hyogo/gar/2013/en/home/download.html.

③ The World Bank, *Risk and Opportunity: Managing Risk for Development*, World Development Report 2014.

④ J. M. Scheuren, Waroux O. Polainde, and R. Below, D. Guha-Sapir, *Annual Disaster Statistical Review, The Numbers and Trends 2007*, Center for Research on the Epidemiology of Disasters (CRED), Belgium: Melin, 2008.

人。① 其中的大部分人都生活在缺少减轻灾害影响的资源和能力的发展中国家，而不断增长的人口和城市化进程使得结果更加恶化。在20世纪90年代全球由自然灾害造成的88万死亡人口中，90%是在发展中国家。②

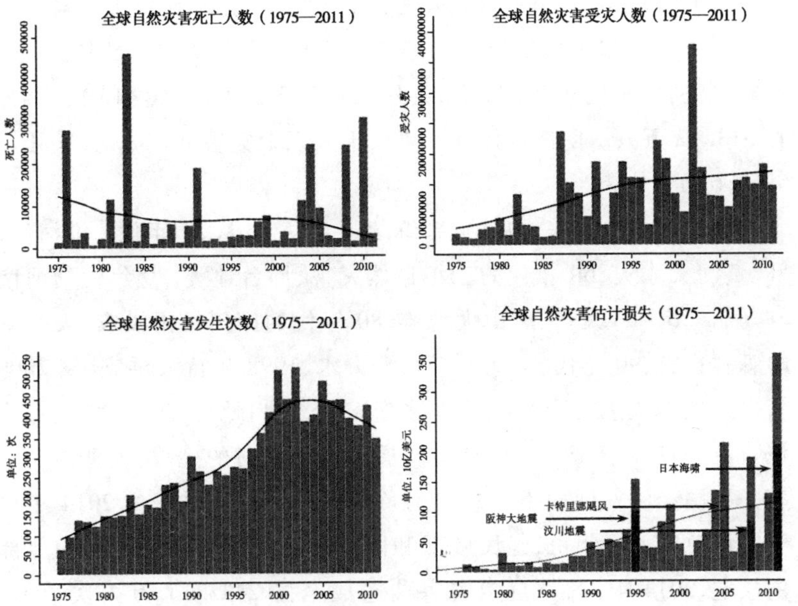

图0-1　全球自然灾害发生情况概览

来源：全球紧急灾难数据库（Emergency Events Database），http://www.em-dat.be。

相较于其他国家，中国更是一个灾荒的国度，就连“立像以尽意”的古汉字体系的发展与演变，似乎也与远古时期“尧遭洪水”的境遇息息相关。③ 五千年的历史几乎是无年不灾、无年不荒。历史上素有“三岁一饥，六岁一衰，十二岁一荒”的说法，根据邓拓先生的不完

① 联合国：《2015年后减少灾害风险框架（约稿）》，第三次联合国减少灾害风险世界大会筹备委员会第二届会议，日内瓦2014年11月17—18日。

② Charles Perrow, *The Next Catastrophe：Reducing Our Vulnerabilities to Natural, Industrial, and Terrorist Disasters*, New Jersey：Princeton University Press, 2007.

③ 夏明方、康沛竹：《20世纪中国灾变图史》，福州：福建教育出版社2001年版，第694页。

全统计,从公元前1766年至公元1937年,各种灾害发生达5258次,平均约每6个月多便有灾荒一次。其中水灾、旱灾最多,还有蝗、雹、风、疫、地震、霜雪奇寒等灾害。① 仅西汉初年至鸦片战争前就有144次。如果加上死亡万人以上的地震灾害,至少在160次以上。其中,导致十万、数十万乃至上百万人死亡的大灾荒有20次以上。对明清时期死亡千人以上灾害所作的统计,旱、涝、风雹、冻害、潮灾、山崩、地震等灾害,明代共有370次,共死亡627.5万人;清代413次,共死亡5135.2万人。明清两代合计死亡千人以上灾害共783次,共死亡5762.6万余人。②

新中国建立以来,自然灾害继续频繁发生,从50年代的淮河、长江、黄河大水灾,60年代的三年自然灾害、邢台地震,70年代的河南驻马店"75·8"大水、唐山大地震,80年代的四川暴雨洪灾、大兴安岭森林火灾,90年代的1991年江淮大水、1998年特大洪灾,到2000年以来的旱灾、云娜台风、雨雪冰冻灾害、汶川地震、玉树地震、舟曲泥石流等③,灾害成为中国社会发展中必须面对的挑战,灾害损失一直是中国经济发展中不可忽略的负面因素。刚刚过去的2014年属于灾情总体偏轻年份,经民政部和国家减灾委办公室会同各相关部门核定,2014年,各类自然灾害共造成全国24353.7万人次受灾,1583人死亡,235人失踪,601.7万人次紧急转移安置,298.3万人次需紧急生活救助;45万间房屋倒塌,354.2万间不同程度损坏;农作物受灾面积24890.7千公顷(1公顷 = 10^4 平方米),其中绝收3090.3千公顷;直接经济损失3373.8亿元。与2013年相比,全部灾情指标均不同程度减少,其中紧急转移安置人口、倒损房屋数量偏少5成以上;与2000—2013年均值相比,因灾死亡失踪人口、倒塌房屋数量偏少8成左右。自然灾害主要呈现以下特点:西部地区强震频发,与

---

① 邓云特:《中国救荒史》,武汉大学出版社2012年版,第39页。

② 程玉琼、高建国:《中国历史上死亡一万人以上的重大气候灾害的时间特征》,《大自然探索》1984年第4期;高建国:《自然灾害基本参数研究(一)》,《灾害学》1994年第4期。

③ 有关灾情参阅夏明方、康沛竹:《20世纪中国灾变图书》,福州:福建教育出版社2001年版;郑功成等:《多难兴邦——新中国60年抗灾史诗》,湖南人民出版社2009年版。

2000—2013 年相比，灾害损失总体偏重，其中因灾死亡失踪人数仅次于发生过汶川特大地震的 2008 年和发生过青海玉树地震的 2010 年；洪涝灾情总体偏轻，南方部分地区受灾严重；东北黄淮等地高温少雨，夏伏旱突出；台风登陆个数偏少、次数偏多，“威马逊”等超强台风历史罕见；年初低温雨雪影响春运，风雹灾害损失偏轻。①

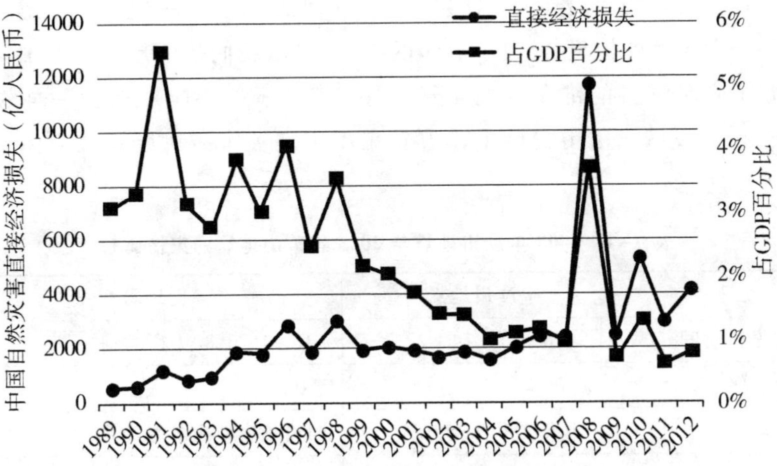

图 0-2　1989 年以来中国自然灾害直接损失及 GDP 占比

数据来源：根据民政部发布相关数据和《中国统计年鉴 2012》计算整理。

二、实践纵览：从汶川到芦山的应对之变

2008 年发生的汶川地震是自 1949 年以来中国破坏性最严重的自然灾害之一，也是人类地震史上影响范围最大、破坏力最强的地震之一。面对突如其来的巨大灾难，全国人民众志成城，灾区民众奋起自救，国内各界和国际社会积极施援，经过顽强努力，抗震救灾斗争在抢救人员、安置受灾群众等方面取得了重大的阶段性胜利，其经验教训也为我国灾害应对体系建设带来了不少启示。正如胡锦涛同志在随后的全国抗震救灾表彰大会上指出：“在这场波澜壮阔的抗震救灾斗争中，我们积累了应对突发事件、抗击特大自然灾害的宝贵经

① 国家减灾委办公室：《2014 年全国自然灾害基本情况》，http://www.jianzai.gov.cn//DRpublish/jzdt/0000000000007314.html。

验,也从中收获了许多极其宝贵的启示…… 自然灾害给人类带来磨难,同时又促使人类更加自觉地去认识和把握自然规律、增强抵御自然灾害能力,进而推动人类文明进步。”

大自然常常用最残酷的方式来警醒人类,与灾害共生将成为未来人类生活中的不可回避的方式。2013 年 4 月 20 日,在距离汶川仅一百多公里的芦山县又一次发生了 7.0 级地震。这一次应对更像是一场大自然的检验,经过了五年的重建,警示我们是不是在发展中做好了应对灾害的准备。五年过去了,芦山地震的应对成为一面镜子①,它反映出汶川灾后重建五年来中国在灾害应对以及社会体制的发展。②

表 0-1　2008 年汶川地震与 2013 年芦山地震的灾情比较

	汶川地震	芦山地震
发生时间	2008.5.12,14 : 28	2013.4.20,8 : 02
震级	8.0 级	7.0 级
震中	四川汶川县映秀镇	四川雅安芦山县龙门乡
震源点	牛圈沟区域莲花心沟	双石镇西川沟
深度	10 公里	13 公里
烈度	11 度	9 度
人员伤亡	69227 人遇难,17923 人失踪,374643 人受伤	196 人遇难,21 人失踪,14785 人受伤
直接经济损失	8451 亿元(人民币)	结算为 500—1000 亿元
受灾人口	超过 1000 万	218.4 万

资料来源:有关数据来源于国务院印发的《汶川地震灾后恢复重建总体规划》《芦山地震灾后恢复重建总体规划》以及国家减灾委专家提供的相关研究资料。

对比汶川地震应对,芦山地震的应对工作呈现出新的变化。不

① 张强、陆奇斌:《芦山重建是面镜子》,《中国改革》2013 年第 7 期。

② 由于芦山地震的灾后重建工作正在进展中,为此这里比较的重心在于救援和安置阶段的工作。

仪是政府系统在应对体制上有所调整,从汶川地震应对时强调中央层面的统一应对能力、党政军协同的顶层设计以至于地方政府未能充分发挥第一响应人的作用,到此次强化党政军联动、突出属地管理原则,全面交给四川省成立的芦山地震抗震救灾指挥部统筹指挥,国务院各部门给予配合。地方政府的应对能力得到了较好的组织发挥,四川省及市(州)各级响应迅速,震后1小时19分,四川省启动地震救灾一级响应,随后成立抗震救灾指挥部。震后1小时28分,雅安市委、市政府组织开展应急救援,2小时左右正式成立抗震救灾指挥部。与此同时,社会组织①参与灾害应对的组织模式上也呈现出令世人瞩目的变化。

1. 政社合作应对灾害更加制度化

汶川地震后,可以追溯到的参与抗震救灾的社会组织共有两百多家,在灾后重建中发挥了不可忽略的作用。其中,友成企业家扶贫基金会等社会组织联合麦肯锡公司与绵竹市政府合作,共同搭建了绵竹灾后援助社会资源协调平台,不仅为当地灾后重建的资源和需求对接作出了极大的贡献,也探索了一种政府与社会组织合作的典型路径。②

芦山地震之后,政社合作又有新的推进。在专家的建言下,本次抗震救灾的最高行政层面即四川省抗震救灾指挥部在4月25日正式成立了社会管理服务协调组,在雅安市成立省、市、区共建的雅安抗震救灾社会组织和志愿者服务中心,在县(区)、乡镇建立7个县(区)社会组织和志愿者服务中心和26个乡镇服务站,初步形成以省市中心为龙头、县(区)中心为基础、乡镇站点为前沿,纵向到底、横向

① 一直以来国内外学术界和实践领域都有着许多不同的名称表述,如社会组织(social organization)、非政府组织(non-governmental organization)、非盈利组织(non-profit organization)、第三部门(the third sector)、志愿组织(voluntary organization)、慈善组织(chartable organization)。中国实践中社会组织的狭义概念是指法定意义上的民办非企业、社团和基金会第三类机构。为了有利于与中国实际结合并简化表述,本书将统一使用"社会组织"指代。

② 边慧敏等编:《灾害应对中的社会管理创新:绵竹市灾后援助社会资源协调平台项目的探索》,人民出版社2011年版,前言。

到边，系统化、窗口化、网格化的灾区社会管理服务网络，以便政府协同社会力量依法、有序、有效参与抗震救灾工作。这是政府工作机制层面第一次明确设立专门机构做好灾害应对过程中政府和社会之间的信息互动和协同等服务工作。以社会管理服务组及社会组织和志愿者服务中心为代表的灾害救援社会管理服务机制为有效解决政府体系的抗震救灾指挥机构与参与抗震救灾的社会组织和志愿者间的协同问题提供了可行的方式，通过介于其间的社会管理服务中心作为一种跨界平台，及因为采用类似于社会组织的运行方式，实现了原有相关行政机制未能实现的对社会组织和志愿者参与救灾工作的有效服务和管理，又因为与政府体系的天然联系而能够将社会组织和志愿者依法、有序、有效纳入抗震救灾整体工作体系之中。① 与此同时，民政部对社会救灾捐赠管理进行了改革，正式发布《民政部关于四川芦山 7.0 级强烈地震抗震救灾捐赠活动的公告》②，没有号召进行强制性全国性捐赠动员，也未严格指定捐赠款物接收单位，而且明确社会劝募可由社会组织自由进行。

2. 社会组织的网络化应对成为主旋律

在汶川地震的紧急救援过程中，成都城市河流研究会与成都、北京、贵州、上海、云南等地的社会组织及志愿者协商，于 2008 年 5 月 13 日共同成立“5 · 12”民间救助服务中心。次日，40 多家来自四川本地以及云南、贵州等地的社会组织倡议发起民间救援行动，成立“社会组织四川地区救灾联合办公室”，最后参与倡议的社会组织达 100 多家，并在成都“根与芽环境文化交流中心”办公室正式开展工作。以“5 · 12”民间救助服务中心、社会组织四川地区联合救灾办公室为代表的社会组织联合行动发挥的作用可圈可点，但缺乏明晰、稳定的协同规则、沟通机制以及领导者等问题也值得反思。③

芦山地震后，社会组织在各个层面实现了有机联合，成为社会组

---

① 芦山地震抗震救灾指挥部社会管理服务组：《芦山地震抗震救灾社会管理服务机制研究报告》，2013 年 10 月。

② http://www.mca.gov.cn/article/zwgk/tzl/201304/20130400446924.shtml。

③ 关于紧急救援阶段的社会组织合作情况可参看：韩俊魁：《社会组织参与汶川地震紧急救援研究》，北京大学出版社 2009 年版。

织灾害应对的主要特点。成都云公益发展促进会、锦江区爱有戏社区文化发展中心、四川尚明公益研究发展中心等本地公益组织第一时间发起成立了“成都公益组织420联合救援行动”，集聚了超过60多家的社会组织，其中也包括壹基金、乐施会、中国心、天津鹤童等外地公益组织。除了一线的联动之外，中国红十字总会、北京师范大学、成都公益组织4·20联合救援行动以及南都公益基金会一起发起成立了“4·20”中国社会组织灾害应对平台。2013年4月28日，作为中国社会组织发展创新“发动机”的基金会也开始了联合的探索，在雅安成立了基金会救灾协调会，由中国青少年发展基金会、中国扶贫基金会、深圳壹基金公益基金会、南都公益基金会、腾讯公益慈善基金会联动四川雅安社会组织与志愿者服务中心以及观察员单位北京师范大学社会发展与公共政策学院发起。与此同时，42家基金会发起雅安救灾自律联盟，用透明度来“重拾公众对公益慈善组织的信心”。除此之外，由壹基金与多家公益组织建立联盟并协调四川、河北、北京、河南等10支队伍与政府协同作战的“壹基金联合救灾——雅安地震救援行动”，由华夏公益服务中心与友成基金会、绵阳公益服务中心、中国阳光公益等多家社会组织组成华夏公益应急救灾中心，也统一展开令人瞩目的联合救援行动。

这几个具有联盟特征的协同模式的形成不仅促进了芦山地震灾害救援工作的有效进行，使其行动更具组织性、相互间的配合与协调增多，救援工作更有效率，更有利于社会组织的力量的整体提升。

3. 社会组织的应对进一步专业化

汶川地震的紧急救援中，各类社会组织以及志愿者潮水般涌向灾区现场，给灾区人民带来了极大的鼓舞，但也暴露出救灾工作专业能力储备不足等问题。除了一些专业的国际社会组织之外，大部分组织缺乏对灾害的科学认知，没有配备专业救援人员和设备，无法迅速开展灾情评估。在汶川地震之后，很多组织把灾害应对作为组织的发展宗旨，着力进行相关力量的培养，以壹基金救援联盟和红十字蓝天救援队为典型代表。这些民间救援力量不仅有卫星电话、对讲机等现代化装备，参与队员也都接受了专业化的救援技术培训。芦山地震发生后,壹基金救援联盟本地队伍 2 个小时左右即整装出发,蓝天救援队本地队伍 3 小时左右出发。

4. 信息化技术的发展使得社会化灾害应对更为有效

汶川地震期间,中国还没有出现微博、微信等自媒体工具,受众与社会组织获取信息的方式主要是通过官方媒体,尽管亲临前线的社会组织和志愿者能够了解灾区的需求信息,但也仅限于各自的小圈子内流动,基本上信息以碎片化的形式存在。从汶川地震发生的 2008 年到芦山地震发生的 2013 年,短短五年时间中国智能手机用户增长了 10 倍。社会化新媒体的发展,使得中国在虚拟社会中呈现出不逊于西方的活跃局面。信息发布优先权出现倒置,主流媒体让位于微博、微信等社会媒体。

芦山地震于 2013 年 4 月 20 日早 8 点零 2 分发生,8 点零 3 分中国地震台网发出了第一条微博。根据新浪微博的统计:截至 4 月 20 日下午 5 点,有关四川芦山 7.0 级地震的微博总数是 6400 万条,芦山地震寻人微博总数是 231 万条,芦山报平安的微博总数是 1008 万条。救灾地图、救灾信号弹等社会参与的新媒体技术、以微信为代表的应对群落(成都公益圈、环保雅安、雅安灾情分享交流会等微信群)已经和西方在应对中的工具相差无几。公众获取灾情信息的渠道更加多元,官方媒体与民间信息相互补充、传播更加迅速,政府、社会组织、志愿者、灾区群众等群体之间的信息交互更加融合、快捷、准确。如图 0-3、图 0-4 所示。

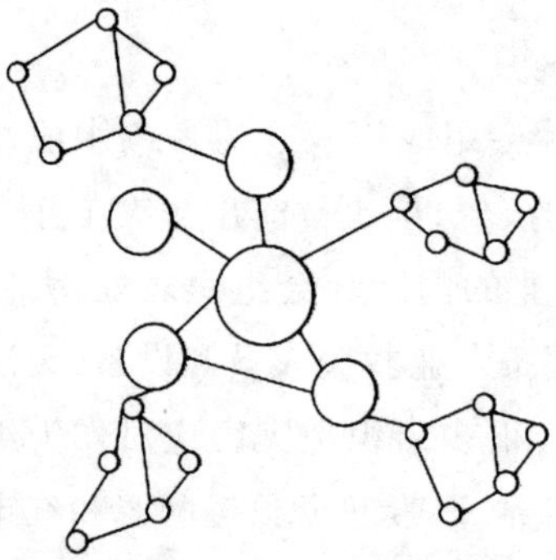

图 0-3 汶川地震期间信息传播方式

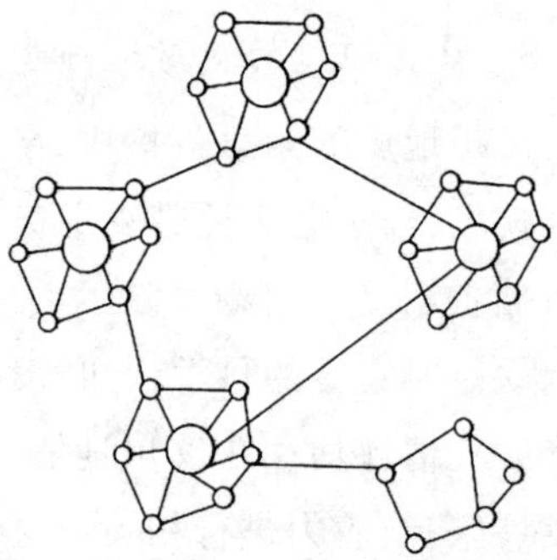

图 0-4 芦山地震期间信息传播方式

5. 社会组织救灾支持的社会化程度大幅提升

从两次地震后的收捐机构数据的比较可见:汶川地震时58.1%捐款流向各级政府部门,但在芦山地震应对中,流向政府的捐款下降为42.1%,社会组织受捐比例则从41.9%上升为57.9%,此变化体现了政府对社会组织的监管政策有所变化,同时也说明社会组织参与灾害应对的专业性与重要性被社会公众普遍接受。

表0-2　汶川地震不同类型组织接受捐赠的比例

组织类别	接收资金/亿元	占比/(%)
民政部门	209.38	32.1
其他中央政府职能部门	44.65	6.8
其他地方政府职能部门	28	4.3
特殊党费	97.3	14.9
各级红十字会	138	21.1
各级慈善会	96.53	14.8
全国性公募基金会	10.64	1.6
地方公募基金会等	28	4.3
总　计	652.5	100

资料来源:邓国胜等:《响应汶川——中国救灾体制分析》,北京大学出版社2009年版。

表0-3　芦山地震不同类型组织接受捐赠的比例

组织类别	接收资金/万元	占比/(%)
地方慈善总会	5500	1.6
基金会	104900	30.1
中华慈善总会	5755.28	1.7
红十字系统	75779	21.8
四川省政府	32100	9.2
雅安市政府	114643.1	32.9
其　他	9477.5	2.7
总　计	348154.9	100.0

资料来源:中民慈善捐助信息中心、红十字会和基金会中心网。截止时间:2013年5月3日17:00。

三、路径探寻：灾害应对与社会治理

什么是灾害应对中最重要的制度因素，特别是应对汶川地震、芦山地震这样的巨灾？在这一系列巨灾应对的变化中，人们都逐步关注到灾害对于社会的长远冲击和结构性影响，意识到用简单的事后单一部门应对性思路是不能奏效的，我们需要更为基础层面的理念更新和治理变革才能构建全社会力量有效参与的组织机制，发挥政府、私营部门、社会组织、社区及公民个人的主体作用。这一点也是全球管理实践者和学术研究者都在研究和探索的重要议题。孟加拉国的应对经验表明，即使十分贫困的国家也可以在应急反应方面做得非常有效，而一些富裕国家却被这最后一步绊倒（例如美国面对"卡特里娜"飓风作出的反应）。[①] 十八届三中全会明确了"推进国家治理体系和治理能力现代化"战略为中国深化改革的总目标，从"社会管理"转向"社会治理"[②]也就成了各领域或创新发展的基础。为此，探寻灾害应对与社会治理之间的制度关联，无疑将是一个亟待阐释的重要问题。

为了远离灾难，我们走进灾难。[③] 从2008年至今，在国家有关部委以及四川省省委省政府及国内外专家的支持下，笔者与所在团队一直在亲身参与、见证、研究四川地区的应急救援、灾后重建。本书旨在系统梳理从2008汶川地震到2013芦山地震的应对经验和历史教训，结构性地总结灾害应对经验和教训，完善中国灾害治理体系，并为全球灾害应对工作提供有益的借鉴。这是关于灾难及其应对的真实记录，期待以下的情形不再"一语成谶"：被淡忘的日子，它本应被记忆；而被突然提起，却每每在不忍回首之时。[④] 当然，这里需要指出的是，国际的灾害概念包含着各类的冲击事件，但鉴于中国的现

---

① United Nations & World Bank, *Natural Hazards, Unnatural Disasters: The Economics of Effective Prevention*, World Bank e-Library, World Bank Publications, 2010.

② 邵光学、刘娟：《从"社会管理"到"社会治理"——浅谈中国共产党执政理念的新变化》，《学术论坛》2014年第2期。

③ 钱钢、耿庆国主编：《二十世纪中国重灾百录》，上海人民出版社1999年版。

④ 钱钢：《唐山大地震》，当代中国出版社2010年版，第1页。

实国情,在本书的讨论中,灾害特指自然灾害事件,具体以地震为例,而不包括公共卫生、事故灾难和社会安全。

本书将从汶川地震到芦山地震应对的变化入手,对中国灾害应对体系进行素描。第一章聚焦于灾害的本质认知,也为充分理解灾害情境下的治理行为特征提供基础。第二章回顾了 1949 年新中国之后的灾害应对模式变迁,在历史的演进中不难发现灾害应对制度与整体治理体系之间的紧密关联。第三章就从 2013 年与 2008 年乡镇灾害风险管理能力变化的评估入手,勾勒了乡镇灾害应对的制度困境,揭示出有效应对灾害有赖于灾害治理的完善。随后的四、五、六章分别从政府、社会组织和企业参与的视角结合从汶川到芦山的应对实践对灾害治理体系中的多元主体定位进行了详尽的讨论。第七章基于汶川地震应对政策专家行动组的智库案例探讨了灾害治理体系中的制度学习环境建设。第八章综合论述了从治理思维、治理路径、治理基础等三个维度入手建设灾害治理体系的系统路径。

本书系国家社会科学基金重点项目“中国应急决策机制与公共危机管理的运作机制研究”(项目编号:10AGL011)的研究成果。本书的出版得到了科技部汶川地震恢复重建科技快速响应项目灾区重建快速恢复政策与社会管理研究课题的支持。本书的研究基础来源于笔者及所在的北京师范大学社会发展与公共政策学院有关团队自 2008 年 5 月以来在汶川、芦山地震灾区持续开展的实地服务和科研工作。其间得到了民政部、科技部、教育部、中国地震局、商务部中国国际经济技术交流中心、全国哲学社会科学规划办公室、四川省省委省政府以及统计局等相关部门、德阳市人民政府、香港大学、哈佛大学、择善基金会、世界宣明会、中国扶贫基金会、深圳壹基金公益基金会、南都公益基金会、嘉吉投资(中国)、联合国开发计划署、联合国儿童基金会、联合国教科文组织等机构的支持,在此一并表示感谢。

第三次联合国减少灾害风险世界大会于 2015 年 3 月在日本仙台召开。大会讨论通过了继“兵库行动框架”之后的全球《2015—2030 年仙台减灾框架》,完善灾害风险治理机制已经成为其中重要的四大优先领域之一。为此,也期待中国探索的分享会为全球灾害治理议题提供借鉴。

第一章　灾害的社会冲击："决策困境"或"机会窗口"

祸兮，福之所倚；福兮，祸之所伏。

——（春秋）老子

八卦成列，象在其中矣；因而重之，爻在其中矣；刚柔相推，变在其中焉。

——（春秋）孔子

危机创造可塑性给我们提供了一个引进新观念的机会，并给全球的治理体系带来变化。① 从国际的灾害应对实践来看，应急救援、灾后重建等灾害管理过程可能成为社会组织发展的契机，即井喷似的公共服务需求和政府的有限供给的差距之给社会组织提供空间。这种过程不仅可以提升社会组织能力建设，更是在服务过程中促进社会对社会组织的了解与认可，为社会组织的可持续发展创造更好的外部环境，最终拓展和提升社会组织在常态社会管理中的参与功能。与此同时，这一过程也为政府打开边界、有机融合社会力量来有效应对巨灾缔造了制度变革空间。典型的例证是1995年发生的日本阪神淡路大地震。地震发生后，共有超过135万名志愿者前往灾区提供援助，更为可贵的是，震灾促使很多新的社会组织成立，并且在相关组织之间形成了合作协调的网络关系。大多数灾后成立的社

① Lord Malloch-Brown 在 World Economic Forum's Summit on the Global Agenda 上的发言，2009，迪拜。

会组织都积累了大量的活动经验和智慧,一直活跃至今。① 正是由于日本社会组织参与地震救灾的出色表现,赢得了整个社会对社会组织的高度评价。在此基础上,1998 年日本通过了《特定非盈利活动促进法》,从根本上改善了日本公民社会发展的制度环境。②

2008 年前中国的灾害管理系统也和大部分的公共政策体系一样,贯穿着自上而下的作用机制,政府扮演着举足轻重的角色,少有普通民众和社会组织的参与。然而,汶川地震发生之后,大量的志愿者、社会组织、企业和媒体迅猛涌现出来,纷纷捐赠时间、金钱和实物,共赴国难,为救灾和重建尽力。一场汶川大地震结束了中国到底有没有公民社会的争论,同时也结束了人们对公民志愿行动的规模和效力的质疑。有人称,2008 年是中国公民社会元年,是中国志愿行动元年。③ 大地震的剧痛为这个多灾多难的民族催生出了一个现代公民社会的新生儿。④

但是,不是所有的灾害应对都可以形成制度创新的“机会窗口”,前文提及的美国“卡特里娜”飓风案例就是一个典型的例证。⑤ 从机会窗口到现实的制度化变革过程是复杂的、长期的、动态的。哪些因素促使灾害应对中机会窗口的出现?是否可能形成可持续性的制度变迁?为此,笔者与所在研究团队利用多源流框架对中央政府、地方政府、社会组织进行了深入调研分析,试图探讨这一社会创新现象背后的驱动机制,由此也可对灾害的社会冲击建立更为深入的认知。

---

① 李妍焱:《日本志愿领域发展的契机——以阪神大地震对民间志愿组织起到的作用为中心》,载王名主编:《中国非营利评论》第三卷,社会科学文献出版社 2009 年版,第 59—81 页。

② 张强、余晓敏等:《NGO 参与汶川地震灾后重建研究》,北京大学出版社 2009 年版。

③ 徐永光:《2008,中国公民社会元年》,《NPO 纵横》2008 年第 4 期;朱健刚、陈健民:《抗震救灾:中国公民社会崛起的契机?》,《二十一世纪》(香港)2009 年 8 月号,第 114 期。

④ 何增科为萧延中等著《多难兴邦:汶川地震见证中国公民社会成长》撰写的序言,北京大学出版社 2009 年版。

⑤ C. Hartman, G. D. Squires, *There Is No Such Thing as a Natural Disaster: Race, Class, and Hurricane Katrina*, New York: Routledge, 2006.

一、灾害风险管理的治理特性

1. 对"灾害"的界定

在研究灾害冲击的时候,最重要的起点就是对我们要分析的对象"灾害"有所界定。为此,首先需探讨什么是我们关注的"灾害",与之相应的国家治理体系中的灾害风险管理究竟是一种什么样的能力架构。

正如Cutter指出,寻求或提出灾害的定义会是一个复杂的难题,它会带来学者们之间的学究式探讨,形成非常大的困难。① 在这里,两种类型的定义可供参考:其一是正式的来自官方或类官方机构的定义,如来自联合国国际减灾战略秘书处(UNISDR)对于灾害(Disaster)的定义为:"一个社区或社会功能被严重打乱,涉及广泛的人员、物资、经济或环境的损失和影响,且超出受到影响的社区或社会能够动用自身资源去应对。"②其二,是来自灾害风险管理学术界的研究定义。学术界有很多不同的定义,但此处本质上对于灾害的理解在于两个基本层面的理念:首先是内生的(inherently)社会现象,其次是根植在社会结构中并反映社会变化的过程。③ 显然,两种类型的定义都充分体现了灾害除了自然属性和经济属性之外的社会属性。

由于灾害的社会属性,我们在基于公共治理的角度分析灾害风险管理时,常常会使用危机和危机管理的概念来反映公共治理行为的特点。关于危机的基本定义,一个为大家所接受的概念是:对一个社会系统的基本价值和行为准则产生严重威胁,并且在时间压力和不确定性极高的情况下,必须对其作出关键决策的事件。④从抽象特性上来看,危机事件一般具有以下四个特征:(1)突发性和紧急性:组

---

① Havidán Rodríguez, Enrico L. Quarantelli, and Russell R. Dynes, *Handbook of Disaster Research*, Springer, 2007, p.1.

② 转引自张强等编制:《减轻灾害风险教育教师支持材料》,联合国教科文组织、沙特阿拉伯政府联合支持的四川教育系统灾后重建能力建设项目成果。

③ Havidán Rodríguez, Enrico L. Quarantelli, and Russell R. Dynes, *Handbook of Disaster Research*, Springer, 2007, p.12.

④ Rosenthal, Charles, and Hart, *Coping with Crisis: The Management of Disasters, Riots and Terrorism*, Springfield, IL: Charles C Thomas, 1989, p.10.

织所面临的环境达到了一个临界值和既定的阈值,组织急需快速作出决策,并且缺乏必要的训练有素的人员、物质资源和时间;(2)高度不确定性:事件的开端无法用常规性规则进行判断,而且其后的衍生和可能涉及的影响是没有经验性知识可供指导的;(3)影响的社会性:对一个社会系统的基本价值和行为准则架构产生严重威胁,其影响和涉及的主体具有社群性;(4)实质是非程序化决策问题:管理者必须在有限的信息、资源和时间(客观上标准的“有限理性”)的条件下寻求“满意”的处理方案,迅速地从正常情况转换到紧急情况(从常态到非常态)的能力是危机管理的核心内容。①

虽然在严谨的学术框架中,危机和灾害是指向不同的情形,带来不同的问题,并用不同的学术理论来解释,但它们都会有同样的一系列特点:不可预测(unexpected)、不受欢迎(undesirable)、难以想象(unimaginable)、难以管理(unmanageable)。在某种程度上,灾害被看做一个有破坏性结果的危机(a crisis with a devastating ending)。②特别是在分析自然灾害对于社会的冲击时,危机视角(the crisis approach)会非常助益,这是因为即便是自然的不可抗力带来的结构良好型(consensus type)的自然灾害,也会由于国家和社会原有制度体系和应对行为的不同可能带来冲突型(conflict type)的结果。“卡特里娜”飓风案例也生动说明了一个自然灾害在政府的低效和社会不均衡的推动下如何演变成了社会巨灾。③

与此同时,这种结构性变化契机还会呈现危机管理的另一个重要出发点:危险的同时也会是机遇④,正如中国的一个成语“不破不立”。弗朗西斯·福山(Francis Fukuyama)指出,某种意义上说,制度的出现是为了适应当时的环境组合,当环境出现变化时就会出现一

---

① 薛澜、张强、钟开斌:《危机管理:转型期中国面临的挑战》,《中国软科学》2003年第4期,第6—12页。

② Ibid., p.42.

③ C. Hartman, G. D. Squires, *There Is No Such Thing as a Natural Disaster: Race, Class, and Hurricane Katrina*, New York: Routledge, 2006.

④ F. C. Cuny, *Disaster and development*, Oxford: Oxford University Press, 1983.

定的制度"黏性",从而影响制度面对新环境的适应性调整。① 在非常态的巨灾情境下,社会冲击会使得政策变革的外在动力在一定时间段内空前加大,正如政策变革的三源流理论揭示,灾害等突发事件作为问题源流会促进政策变革机会窗口的打开②,就会有利于克服制度"黏性"实现制度优化。

由于灾害的频发导致人类社会遭受着越来越大的经济和社会损失,全球的管理者都在致力于发展一个有效的应对框架。在这一过程中,灾害风险管理(disaster risk management)已经获得了越来越多的关注,因为它不仅能推动社会抗逆力的建设,减少不良事件的影响,也让人们充分利用灾害带来的改进机会。③ 最常用的定义如下:

> 为了提升灾害风险认知、促进灾害风险的减轻和转移,并推动备灾、应灾和灾后恢复的持续性改进而进行的设计,实施和评估等一系列战略,政策和措施,从而确保提高人类社会的安全、健康、生活质量以及可持续发展。④
>
> 这是一个系统过程,利用行政管理决策,组织,执行政策和战略的操作技能以及社会和社区的应对能力,以减轻自然灾害以及相关的环境和技术灾害带来的冲击。这包括各种形式的活动,包括结构性和非结构性措施来避免(预防)或限制(减轻和预防)灾害的不利影响。⑤

---

① Francis Fukuyama,"Democratic Development and Democratic Decay",系福山在哈佛大学肯尼迪学院的专题演讲,2012 年 4 月 10 日于美国坎城。

② J. W. Kingdon, *Agendas*, *Alternatives*, *and Public Policies* (2nd ed.), New York: Addison Wesley Longman, Inc., 1995.

③ World Bank, *Building Resilience*: *Integrating Climate and Disaster Risk into Development*, 2013, http://www.worldbank.org/content/dam/Worldbank/document/SDN/Full_Report_Building_Resilience_Integrating_Climate_Disaster_Risk_Development.pdf(Accessed 21/11/2013)

④ Intergovernmental Panel on ClimateChange (IPCC), "Glossary of terms", in C. B. Field, V. T. F. Barros, D. Stocker, D. J. Qin, K. L. Dokken, M. D. Ebi, K. J. Mastrandrea, Mach, G.-K. Plattner, S. K. Allen, M. Tignor, and P. M. Midgley eds., *Managing the Risks of Extreme Events and Disasters to Advance Climate Change Adaptation*: *Special Report of the Intergovernmental Panel on Climate Change*, Cambridge University Press, Cambridge, UK: pp. 555—564, 2012.

⑤ http://www.unisdr.org/we/inform/terminology#letter-d (accessed 10/2/2015).

以上的定义都在提醒人们,实现灾害风险管理一定是需要通过一系列的政策、策略和教育措施等来实现这个系统性的目标。为了实现这些目标,大量的国际组织、智库以及学者都在尝试建立不同的框架去指导政府部门、私营机构、非营利组织以及居民本身的行动。

2. 灾害风险管理框架

灾害风险管理框架中,首要的就是作为管理应对系统性风险的关键角色,政府需要设计一个制度框架和工作机制,以建立长期的灾害风险管理目标。① 从事这一工作的领导机构必须拥有必要的授权来协调参与的各个职权部门;与此同时,应在政府的最高级别层面建设跨部门协同的工作机制。同样重要的还有,要给在这些机构中的工作人员提供适当的激励人们来制订减灾计划。② 除此之外,进行立法修订甚至变革来加强灾害管理机构的效能。③

其次,灾害风险管理需要全社会各阶层的所有成员参与。除了政府,企业和非营利组织之间的跨部门合作以及个人、家庭和国际社会的积极参与都是有价值的。④ 其中,地方参与对于长期的社区抗逆力建设尤为重要。⑤

---

① World Bank, *Strong, Safe, and Resilient: A Strategic Policy Guide for Disaster Risk Management in East Asia and the Pacific*, 2013, http://www-wds.worldbank.org/external/default/WDSContentServer/WDSP/IB/2013/03/08/000333037_20130308112907/Rendered/PDF/758470PUB0EPI0001300PUBD ATE02028013.pdf (Accessed 21/11/2013).

② World Bank, *Wold Development Report* 2014: *Risk and Opportunity Managing Risk for Development*, 2013, http://siteresources.worldbank.org/EXTNWDR2013/Resources/8258024-1352909193861/8936935-1356011448215/8986901-1380046989056/WDR-2014_Complete_Report.pdf (Accessed 21/11/2013).

③ C. Gopalakrishnan and N. Odaka, "Designing New Institutions for Implementing Integrated Disaster Risk Management: Key Elements and Future Directions", *Disasters* 31 (4): 353—372, 2007.

④ World Bank, *Building Resilience: Integrating Climate and Disaster Risk into Development*, 2013, http://www.worldbank.org/content/dam/Worldbank/document/SDN/Full_Report_Building_Resilience_Integrating_Climate_Disaster_Risk_Development.pdf (Accessed 21/11/2013).

⑤ World Bank, *Strong, Safe, and Resilient: A Strategic Policy Guide for Disaster Risk Management in East Asia and the Pacific*, 2013, http://www-wds.worldbank.org/external/default/WDSContentServer/WDSP/IB/2013/03/08/000333037_20130308112907/Rendered/PDF/758470PUB0EPI0001300PUBD ATE02028013.pdf (Accessed 21/11/2013).

第三,在灾害风险管理能力建设中,相关的指导性政策和规划是很重要的,尤其是在恢复阶段。恢复重建规划应该将当地的实际情况和文化考虑在内,并特别关注弱势群体的实际需求。[①] 布伦南[②]灾害风险管理框架还应该被主流化,与地方发展规划相融合,诸如城市居民区和住房、农业和水产养殖、道路建设、学校的设计和施工等方面的规划设计需要充分考虑灾害风险管理因素。[③]

第四,资金来源是确保政策和规划得到有效实施的关键。为了应对灾难发生后财政资源可能出现的波动性,世界银行提出的解决方案是确保在国家和地方层面建立应急基金。[④] 当然,也有人认为重要的是要制订一个长期的融资框架,鼓励弱势群体创造自筹资金的方法。[⑤] 除此之外,通过公私合作伙伴关系险也可能有巨大的潜力,以确保灾后重建阶段的金融需求得到满足。经合组织(OECD)强调财政部门在灾害风险管理中的作用发挥,如确保适当风险评估的质量,建立灾害风险管理的财务策略,推动低风险的金融市场等。[⑥]

---

① World Bank, *Wold Development Report* 2014: *Risk and Opportunity Managing Risk for Development*, 2013, http://siteresources. worldbank. org/EXTNWDR2013/Resources/8258024-1352909193861/8936935-1356011448215/8986901-1380046989056/WDR-2014 _ Complete _ Report. pdf. (Accessed 21/11/2013.)

② World Bank, *Strong, Safe, and Resilient: A Strategic Policy Guide for Disaster Risk Management in East Asia and the Pacific*, 2013, http://www-wds. worldbank. org/external/default/WDSContentServer/WDSP/IB/2013/03/08/000333037 _ 20130308112907/Rendered/PDF/7584 70PUB0EPI0001300PUBD ATE02028013. pdf. (Accessed 21/11/2013.)

③ T. Brennan, "Mainstreaming Disaster Risk Management: Some Possible Steps", Paper presented at the International conference on total disaster risk management, Kobe, Japan, 2—4 December 2003.

④ World Bank, *Wold Development Report* 2014: *Risk and Opportunity Managing Risk for Development*, 2013, http://siteresources. worldbank. org/EXTNWDR2013/Resources/8258024-1352909193861/8936935-1356011448215/8986901-1380046989056/WDR-2014 _ Complete _ Report. pdf. (Accessed 21/11/2013.)

⑤ World Bank, *Building Resilience: Integrating Climate and Disaster Risk into Development*, 2013, http://www. worldbank. org/content/dam/Worldbank/document/SDN/Full_Report_Building_Resilience_Integrating_Climate_Disaster_Risk_Development. pdf. (Accessed 21/11/2013.)

⑥ Organisation for Economic Co-operation and Development(OECD), *Disaster Risk Assessment and Risk Financing: A G20/OECD Methodological Framework*. 2012, http://www. oecd. org/gov/risk/G20disasterriskmanagement. pdf. (Accessed 14/10/2013.)

最后，信息质量、透明度和可及性都会影响灾害风险管理的各个阶段。例如，风险信息和建模分析系统是风险识别的关键所在。① 只有政府所有层级和相关部门以及社区和私营部门都及时分享灾害风险信息，才能协同形成合力应对灾害。此外，关于灾害因子、风险、脆弱性以及损失等方面的数据是开展风险评估的重要基础，也是为了发展风险融资工具和策略。②

在此认识的基础上，灾害风险管理和近年来推进的应急管理体系一样，可被视为一个由政府和其他各类社会组织构成的应对突发事件的整合网络，是一个包含法律法规、体制机构、机制与规则、能力与技术、环境与文化的系统。③ 巨灾带来的危机就是对国家基本制度结构的冲击，灾害风险管理或危机管理的体制构成也会是国家治理体系的重要构成。正如温家宝在 2005 年中国应急管理工作会议上指出："加强应急管理工作，是维护国家安全、社会稳定和人民群众利益的重要保障，是履行政府社会管理和公共服务职能的重要内容。"④

什么是灾害风险管理/危机管理中最重要的制度因素，特别是应对汶川地震这样的巨灾？当巨灾超越了制度设定的边界时，更要依赖制度中最活跃的因素"人"发挥主观能动性迎难而上。正是基于此，领导力具有不可替代的重要性。领导者在短时间内通过影响他

---

① World Bank, Wold Development Report 2014: Risk and Opportunity Managing Risk for Development, 2013, http://siteresources.worldbank.org/EXTNWDR2013/Resources/8258024-1352909193861/8936935-1356011448215/8986901-1380046989056/WDR-2014_Complete_Report.pdf (Accessed 21/11/2013); World Bank, *Strong, Safe, and Resilient: A Strategic Policy Guide for Disaster Risk Management in East Asia and the Pacific*, 2013, http://www-wds.worldbank.org/external/default/WDSContentServer/WDSP/IB/2013/03/08/000333037_20130308112907/Rendered/PDF/758470PUB0EPI0001300PUBD ATE02028013.pdf. (Accessed 21/11/2013.)

② Organisation for Economic Co-operation and Development (OECD), *Disaster Risk Assessment and Risk Financing: A G20/OECD Methodological Framework*. 2012, http://www.oecd.org/gov/risk/G20disasterriskmanagement.pdf. (Accessed 14/10/2013.)

③ 薛澜：《中国应急管理系统的演变》，《行政管理改革》2010 年第 8 期，第 22—24 页。

④ 温家宝：《在全国应急管理工作会议上的讲话》，2005 年 7 月 22 日至 23 日，北京。http://www.gov.cn/ldhd/2005-07/25/content_16882.htm。

人，利用环境资源最有效地应对低概率、高冲击的情境影响，这个过程中所表现出来的能力即危机领导力(crisis leadership)。① 危机带来了治理困境：所有人都会假定有领导者来负责，并期望有领导者来领此重任，可是现实情形却会使这一想法变得非常困难，甚至难以实现，因为危机领导力涉及制度设计的根本问题：一是在公共治理体系中，如何在多元化的机构中和行动节点上分配人力资源；二是如何处理危机应对系统中可能出现的管理差异性和冲突。②

Arjen Boin 认为，在危机发生时，社会和组织成员希望自己的领导能够掌控危机，使损失降到最低，与此同时，敌对者们抓住一切机会批评领导的不当行为，为此在日常工作中总结危机经验教训，提高危机领导力是政府必须重视的事项。他指出危机领导力应包括五大关键任务：一是感知(sense making)，领导者应该对发生的危机有全局的认识，掌握尽可能多的信息，包括危机的性质、来源、受害者、损失等；二是决策(decision making)，领导者在危机中根据已有的信息做出关键性的决策，并动员协调资源实施相应的决策；三是使命塑造(meaning making)，领导者在危机的各个阶段都要注重危机沟通(政治沟通)，包括与媒体、大众、其他政治团体的沟通，特别注意不良情绪的控制并对外界关于危机和领导所采取行动的认识进行引导；四是终止危机(terminating)，尽一切力量终止危机，同时关注危机后的政治问责；五是学习(learning)，及时从危机中总结经验教训。③

二、灾害应对与跨部门协作

在巨灾应对中，灾害自身的特性决定了在应对中参与者的多元性、复杂性。Waugh 指出，第一时间的灾难处理将决定整个行动的失

① 张欢：《巨灾下的乡村领导力》，社会科学文献出版社 2011 年版。

② Arjen Boin, Paul Thart, Eric Stern, and Bengt Sundelius, *The Politics of Crisis Management: Public Leadership under Pressure*, Cambridge: Cambridge University Press, 2005, p. 144.

③ Arjen Boin, Paul Thart, Eric Stern, and Bengt Sundelius, *The Politics of Crisis Management: Public Leadership under Pressure*, Cambridge: Cambridge University Press, 2005.

败与成功，并决定恢复阶段的成本①，因此谁能作为决策重心对整个应急过程进行决策和指挥，一直是学术领域和实际应用中讨论的热点。在过去的研究中，人们更多关注的是政府体系内的协调互动，强调以政府的运作为中心。Clary 指出，美国应急管理突出地方功能，一旦当地社区发生灾害，地方政府可以第一时间反应并有第一位的责任。② 县（市）级地方政府承担紧急事态管理的直接责任，而州和联邦政府，只是在地方（县、区）不能应对发生的重大灾难时，由地方政府依据法定的程序向州和联邦政府请求援助。日本的应急处理有完善而细致周到的协调机制，突出的特点是，根据灾害种类不同，启动相应的应急机构和运作机制。③ 俄罗斯在应急管理上，突出了总统的强权作用和联邦安全会议的强势功能。④

2005 年美国发生的"卡特里娜"飓风使得人们再次反思危机管理体系中的格局问题。在那场飓风的应对中，人们发现联邦政府反应迟钝，以政府为中心的危机管理体系几近瘫痪，由此，人们开始将研究重点转向了多主体协同的视角。作为灾害应对中政府失灵的重要补充，企业和社会组织参与灾害应对成为一个关注的重点。

Naim 指出了多个组织间的协作问题（the inter-organizational network），用动态网络（dynamic network theory）和复杂适应性系统理论（complex adaptive systems theory）框架阐释了政府与私营部门、社会组织之间的多组织协作对于提高应急管理效能的重要性。⑤ 在应对巨灾等复杂社会问题的过程中，容易形成从政府失灵到市场失灵再到志愿失灵的困局，此时跨部门协作治理（cross-sector collaborations）正是打破了各类组织之间逐渐弱化的边界，为这一困局寻找出路。

---

① W. L. Waugh, "Regionalizing Emergency Management: Counties as State and Local Government", *Public Administration Review*, 54(3): 253—258, 1994.

② B. Clary, "The Evolution and Structure of Natural Hazard Policies", *Public Administration Review*, 45: 20—28, 1985.

③ 吴江：《公共危机管理能力》，国家行政学院出版 2005 年版。

④ 同上。

⑤ Naim Kapucu, "Interorganizational Coordination in Dynamic Context: Networks in Emergency Response Management", *CONNECTIONS* 26(2): 33—48, 2005, http://www.insna.org/Connections-Web/Volume26-2/4. Kapucu. pdf.

这种跨部门协作治理是在政府、私营部门、社会组织、社区等多元主体之间形成的网络化、动态化的公共治理框架。① Gloria Simo 和 Angela L. Bies 通过对"卡特里娜"飓风和丽塔飓风的实证研究揭示出灾害应对中建立包括社会组织的跨部门协作框架能够有利于公共价值的实现,克服单部门治理的失败,特别是有利于解决灾后公共服务困乏的情况。②

中国作为一个多灾害的国家,70%以上的城市、50%以上的人口分布在气象、地震、地质和海洋等自然灾害严重的地区。③ 灾害的应对一直是国家治理体系中的重要组成,但由于社会政治经济发展都呈现出极强的高度集中性,决策者对于灾害应对的关注更多的是在救助救济的被动应对式维度上,特别是在经济高速发展的阶段,灾害的损失并没有对高速发展的经济为先战略带来直接的重大冲击。自上而下的政治动员和事后的集中指挥始终是重要的应对机制。与此同时,自下而上的社会组织能力基本没有显现,这就形成了我们长期以来的中央政府应对为主、地方政府主动性不足和公民社会缺失的格局。2003 年应对非典(SARS)已经成为中国灾害管理历史承前启后的重要转折点。全社会开始意识到政府公共危机管理能力的不足。作为公共资源的统筹者与安排者,政府并不是万能的。针对现代危机管理的定义、特点、阶段、诱因管理现状,我们需要建立新的治理结构。④ 有效的危机管理需要政府整合各级政府(各部门)、私营部门、社会组织乃至整个社会的力量;有效的危机管理需要政府动员和调动各种社会资源。⑤ 社会组织对危机应对中社会资源的调用具

---

① John M. Bryson, Barbara C. Crosby, and Melissa Middleton Stone, "The Design and Implementation of Cross-Sector Collaborations: Propositions from the Literature", *Public Administration Review*, 66: 44—55, 2006.

② Gloria Simo, and Angela L. Bies, "The Role of Nonprofits in Disaster Response: An Expanded Model of Cross-Sector Collaboration", *Public Administration Review*, Issue Supplement s1, 67: 125—142, 2007.

③ 民政部救灾司:《减灾救灾 30 年》,《中国减灾》2008 年第 12 期,第 5 页。

④ 薛澜、张强:《SARS 事件与中国危机管理体系建设》,《清华大学学报(哲学社会科学版)》2003 年第 4 期,第 1—6 页。

⑤ 张成福:《公共危机管理:全面整合的模式与中国的战略选择》,《中国行政管理》2003 年第 7 期。

有重要作用,但是中国社会组织发育不良、参与不足的状况对其功能发挥会产生影响①,中国应当重视危机应对中社会力量的培育与发展。② 为此,近年来国家出台的相关法律法规一直对社会组织或志愿者的参与有明确的鼓励规定。例如,《中华人民共和国突发事件应对法》规定:“公民、法人和其他组织有义务参与突发事件应对工作。”“国家鼓励公民、法人和其他组织为人民政府应对突发事件工作提供物资、资金、技术支持和捐赠。”③《国家突发公共事件总体应急预案》明确要求:“动员社会团体、企事业单位以及志愿者等各种社会力量参与应急救援工作。”④《国家自然灾害救助应急预案》也明确指出:“工作原则上,依靠群众、充分发挥基层群众自治组织和公益性社会团体的作用”“培育、发展非政府组织和志愿者队伍,并充分发挥其作用”“省或地市级民政部门每年至少组织一次县级及乡镇民政助理员的业务培训。不定期开展对政府分管领导、各类专业紧急救援队伍、非政府组织和志愿者组织的培训”⑤。遗憾的是,在 2008 年汶川地震之前的社会参与往往带有着较强的政府动员色彩,不仅参与规模有限,而且以具有政府背景的社会组织参与为主。

基于公共服务和社会自治两个基本层面来看,汶川地震之前的中国社会组织发展状态是:一方面,政府仍然是公共服务的主导提供者,社会组织开始介入,并显示出专业性、细致性、灵活性等优势,但是力量和规模都无法与政府相提并论。另一方面,作为社会自治的独立主体,社会组织公共政策倡导有效性不足,还不能真正发挥和政府共同作为相对平等独立主体的价值。⑥ 社会组织在灾害应对中的

---

① 邓国胜:《“非典”危机与民间资源的动员》,《中国减灾》2003 年第 2 期,第 4—5 页。

② 毛寿龙:《SARS 危机呼唤市民社会》,《21 世纪经济报道》2003 年 5 月 17 日;龙太江:《社会动员与危机管理》,《华中科技大学学报》2004 年第 4 期。

③ 中华人民共和国第十届全国人民代表大会常务委员会:《中华人民共和国突发事件应对法》,2007 年 11 月 1 日起施行。http://www.gov.cn/flfg/2007-08/30/content_732593.htm。

④ 国务院:《国家突发公共事件总体应急预案》,2005 年 8 月 7 日发布。http://www.gov.cn/yjgl/2005-08/07/content_21048.htm。

⑤ 国家减灾委员会:《国家自然灾害救助应急预案》,2006 年 1 月 11 日公布。http://www.gov.cn/yjgl/2006-01/11/content_153952.htm。

⑥ 张强、余晓敏等:《NGO 参与汶川地震灾后重建研究》,北京大学出版社 2009 年版。

作用,可以从表1-1中窥得一斑。

表1-1 汶川地震前部分巨灾应对中的社会组织参与情况一览

事 件	社会组织参与概况	特 点
1976年唐山大地震	无社会组织参与,甚至拒绝了国际机构的援助。	完全政府主导下的全民动员模式。
1998年特大洪灾	中国红十字会全力投入救灾赈济工作,接受国内外救助款物价值3.2327亿元,自筹款物价值近6.7亿元,还与各级卫生部门合作派出9000多支志愿医疗队赴灾区参加防病防疫工作。	个别社会组织参与,但局限于政府性质的社会组织(GONGO)。
2003年SARS	中华慈善总会、中国社会工作协会、中国红十字会、中国妇女发展基金会等发出倡议,组织向一线医务人员、贫困患者家属的援助活动。值得一提的是,一些草根组织如协作者之友发起了帮助流浪儿童、非建制的建筑民工抗非典活动,一些志愿者也自发参与工作。	社会组织开始了有限参与,虽然还是以GONGO为主,但草根社会组织也开始局部参与。当然,由于缺乏体制之外的组织化渠道,参与规模以及企业、个人的捐赠和志愿者参与并不理想。(政府指定红十字会、中华慈善总会作为接收捐款的组织渠道。)
2008年雨雪冰冻灾害	中国红十字会、中国扶贫基金会、中华慈善总会等传统GONGO积极发挥作用,一些草根社会组织如贵州高地发展研究所等当地八家社会组织组成了"贵州志愿者救援行动小组";李连杰壹基金计划快速拨款95万元参与,个别国际社会组织,如世界宣明会,在金秀瑶族自治县项目点开展救灾工作。	社会组织的作用开始崭露头角,而且出现多元化主体格局,当然参与规模小、作用不甚明显。

资料来源:袁媛:《NGO在汶川地震灾后重建中的参与问题研究》,西南交通大学硕士论文2009年;詹奕嘉:《NGO抗击雪灾:回顾与反思》,《中国减灾》2008年第4期。

究竟什么因素可以促使机会窗口打开，使得汶川地震应对中多部门合作成为可能？Gloria Simo 和 Angela L. Bies 改进后的灾后应对跨部门协作框架更多揭示了过程中的影响因素，但是并没有勾勒出其中的动态过程，特别是社会组织进入形成的跨部门协作格局中各制度主体的行为特征，这是决定相应的灾害应对机制能否可持续、制度化的重要因素。对此问题的探寻，汶川地震应对的回顾将是一个非常切合的案例。我们不难发现汶川的经验不仅涉及巨灾管理这一社会难题应对方略上的变化，还有效凸显出社会组织在其间发挥的重要作用以及政府和社会组织之间的合作新格局。有效的危机管理需要政府、公民社会、企业、国际社会和国际组织的协作伙伴关系。[①]本章将全景回顾作为公民社会的结构性要素的志愿者和社会组织在汶川地震应对中的井喷式参与，也会基于国家与社会关系来勾勒灾后社会组织与地方政府之间的合作模式变化[②]，从而揭示巨灾之后多部门合作的机会窗口是如何打开的，并探讨多部门合作机制制度化过程中的影响因素。

社会组织常常通过发起或参与一个多部门合作的行动参与灾害应对，从而主动或自动地去填补从国家到地方的政府失灵造成的服务缺口。这一格局并不是新的创举[③]，但对于中国的体制环境而言，这一格局的形成有着开拓性的意义。本章将针对性地分析汶川地震后跨部门协作格局中行为主体如中央政府、地方政府和社会组织的行为变迁轨迹，用公共政策过程的多源流框架来揭示这一机会窗口出现的制度原因，从而构建今后灾害应对跨部门协作的制度体系。

本章使用的主要数据分别来源于 2008 年至今笔者及所在的学

---

① 张成福：《公共危机管理：全面整合的模式与中国的战略选择》，《中国行政管理》2003 年第 7 期，第 9 页。

② Jessica C. Teets, "Post-Earthquake Relief and Reconstruction Efforts: The Emergence of Civil Society in China?", *The China Quarterly*, 198: 330—347, 2009.

③ Agranoff, Robert, and Alex N. Pattakos, *Dimensions of Services Integration: Service Delivery, Program Linkages, Policy Management and Organizational Structure*, Washington, DC: U. S. Department of Health, Education, and Welfare, 1979; James E. Austin, "Strategic Collaboration between Nonprofits and Business", *Nonprofit and Voluntary Sector Quarterly*, 29 (1): 69—97, 2000.

院在四川灾区的实地参与式观察、文献分析、结构化访谈以及大样本的入户问卷调查。其中,2012年前针对社会组织参与的规模性追踪调研有两次:第一次是2008年震后追索参与抗震救灾的社会组织共263家,研究了其中129家组织的进入服务信息,并对其中的74家社会组织进行了结构化访谈;第二次是2009年针对灾后重建中的社会组织参与,实地调查了28家社会组织(其中大陆地区社会组织20家,港澳台地区社会组织4家,国际社会组织3家,联合建设组织1家),并对其机构领导人进行了访谈。在这一过程中也对有关中央政府政策制订者及地方政府负责人进行了焦点座谈和访谈。本章的分析还涉及北京师范大学社会发展与公共政策学院"四川汶川地震灾后社会重建居民需求调查"项目(2010)的调研数据。该调研数据的获得采用分层抽样方法,研究选取绵阳地区对受灾居民样本进行县(市)、乡(镇)、村、户4个阶段的抽样。每个阶段的抽样都先将抽样单位按照经济状况排序,并分别从经济状况为好、中、差的抽样单位中抽取等量的样本。最终,共访问灾区居民733人,有效样本730人。

三、案例回顾:汶川地震应对中的跨部门协同

汶川地震后自主性社会参与掀起了井喷式的高潮。以社会捐助为例,2008年度全国接收各类捐赠款物总额达790.2亿元,年增长率达432.8%(如图1-1所示)。据统计,2008年中国大陆地区公民个人捐款总额达458亿元,远高于大陆地区企业捐款388亿元;大陆地区个人人均捐款34.66元,是2007年的人均捐款额(2.5元)的近14倍。① 与此同时,志愿者个体参与也成为重要的救灾力量。需要说明的是,这里讨论的志愿者包括在各类社会组织、志愿团体登记的志愿者以及参与相关公益工作的自发志愿者和自组织志愿者。第一批在5月13、14日进入灾区服务的志愿者,主要是自发志愿者和自组

① 民政部社会福利和慈善事业促进司、中国慈善信息捐助中心:《2008年度中国慈善捐赠报告》,2009年3月10日。

织志愿者。[①] 据四川省民政厅的统计数字，省内有15万余名志愿者直接参与抗震救灾，为参与的部队和灾民提供生活服务。[②] 此外，汶川地震救灾期间入川志愿者达130万人次。[③] 根据中国社会工作协会志愿者工作委员会的测算，在（灾区外）其他省市，参与赈灾宣传、募捐、救灾物资搬运的志愿者超过1000万人。所有志愿者的服务价值高达165亿元。[④] 特别值得指出的是，在这场我国有史以来之最、近年国际之最的灾害应急救援中，本地灾民、志愿者发挥的救援作用凸显。震后救出总人数87000余人，其中自救互救约70000人[⑤]。

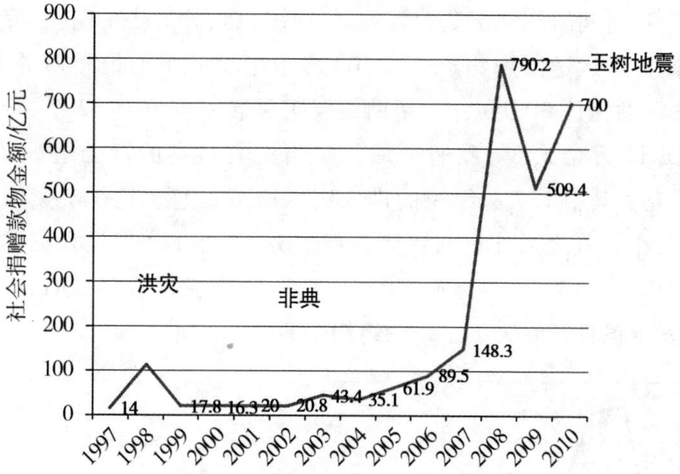

图1-1　近年来中国社会捐赠款物金额变化一览

数据来源：《中国民政统计年鉴2010》。

在震后的社会参与大潮中，社会组织成为重要的资源纽带，也直接促进了灾后政府与社会跨部门协同格局的形成。下文将分成应急

---

① 谭建光：《汶川大地震灾区志愿服务调查分析》，《中国党政干部论坛》2008年7月。

② 边慧敏等编著：《灾害应对中的社会管理创新：绵竹市灾后援助社会资源协调平台项目的探索》，人民出版社2011年版，第11页。

③ 邓国胜：《响应汶川——中国救灾体制分析》，北京大学出版社2009年版。

④ 中华慈善捐助信息中心：《5·12抗震救灾各类捐赠创造纪录》，《中华慈善大会特刊》2008年12月2日，第24页。

⑤ 曲国胜：《汶川地震专业救援综述：经验、教训与建议》，中国地震应急搜救中心，2009年2月27日。

救援和灾后重建两个阶段介绍社会组织在汶川地震中的参与内容与发挥的作用。

1. 应急救援阶段

据四川省民政厅的统计数字,“5·12”汶川特大地震发生后,有6000多个社会组织直接或间接参与抗震救灾工作。有2456个社会组织直接参与抗震救灾,以及为参与的部队和灾民提供生活服务。有5600多个社会组织向社会发出了灾区募捐的倡议,共赠现金人民币26.2亿元,捐赠物资折合人民币16.6亿元。有300多个社会组织在第一时间组织突击队深入灾区抢救生命、救治伤员、转移安置灾民和向灾区运送捐赠物资。这300多个组织共帮助抢救伤员17万余人,救助灾民30万余人,帮助设置灾民转移安置点32个,帮助转移灾民12万余人。① 我们追踪了参与抗震救灾的社会组织共263家,研究了其中137家组织的进入灾区服务信息。这137家组织中有8家在5月之后才进入灾区开展服务,另外129家进入灾区开展服务的时序如图1-2所示。图中,横坐标数字表示5月的日期,纵坐标表示该日开始灾区工作的组织个数。

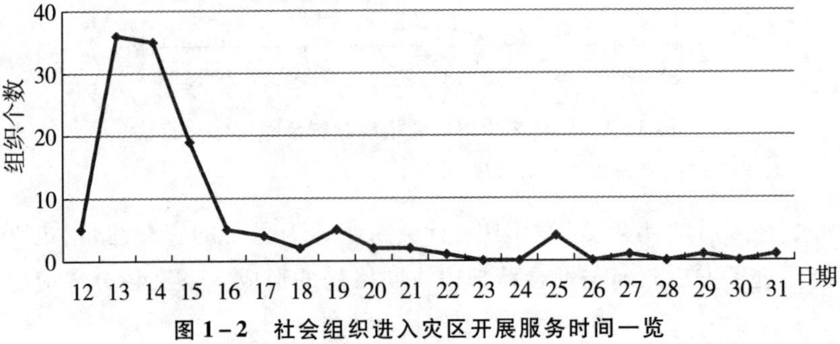

图1-2 社会组织进入灾区开展服务时间一览

资料来源:张秀兰、陶传进、张强、张欢:《抗震救灾中NGO的参与机制研究》(研究报告),2008年。

从图1-2可以看出,社会组织响应的速度非常快。速度之快还表现在他们迅速进行了社会组织联合行动的网络构建。正如一篇新

① 边慧敏等编:《灾害应对中的社会管理创新:绵竹市灾后援助社会资源协调平台项目的探索》,人民出版社2011年版,第11页。

闻报道中称："在灾难发生后的第一时间，全国各地的社会组织都吹响了'集结号'，联合起来向灾区施以援手。"（参看图 1-3）地震发生后第二天，成都城市河流研究会迅速与成都、北京、贵州、上海、云南等地的社会组织及志愿者协商成立了"5·12 民间救助服务中心"，为社会组织和志愿者有序参与四川的抗震救灾活动提供救助信息服务。同日，40 多家来自四川本地以及云南、贵州等地的社会组织倡议发起民间救援行动，最后参与倡议的社会组织达 100 多家。5 月 14 日，"社会组织四川地区救灾联合办公室"在成都成立，并在成都"根与芽环境文化交流中心"办公室正式开展工作。

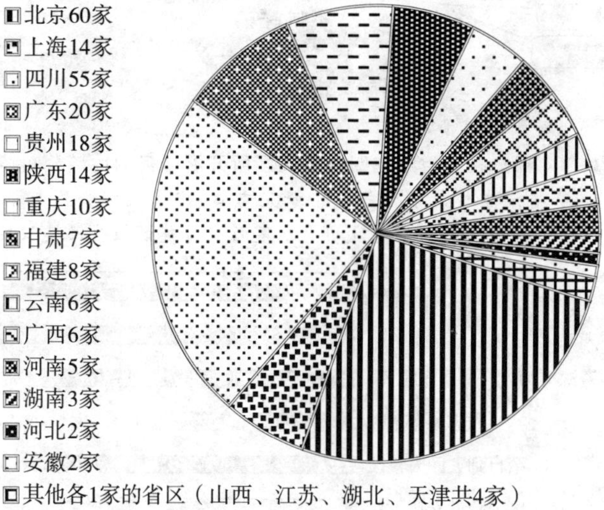

图 1-3　在四川开展服务的社会组织来源地情况示意（不完全统计）

资料来源：陈健民、周雁、张强、张欢、朱建刚、王超：《社会多元参与：巨灾应对中的民间公益组织研究》，专题研究报告，2008 年。需要说明的是，本项统计信息以各社会组织在地开展活动为准，信息搜集截至 2008 年 6 月 5 日，其中有部分组织是跨两地或两地以上开展服务。

如图 1-4 所示，在灾区，志愿者社会组织的服务范围覆盖了成都（都江堰市和彭州市）、阿坝藏族羌族自治州、德阳市、绵阳市、广元市、雅安市这六个四川省内的主要灾区，服务的足迹遍及汶川、茂县、绵竹、都江堰、北川等受灾最严重的县（市）。在灾区后方，北京、上海、贵州、广东、福建等 10 余个省市，社会公益组织积极开展了后方支援灾区的活动，为灾区筹备物资和捐款，提供志愿者以及信息技术支持。

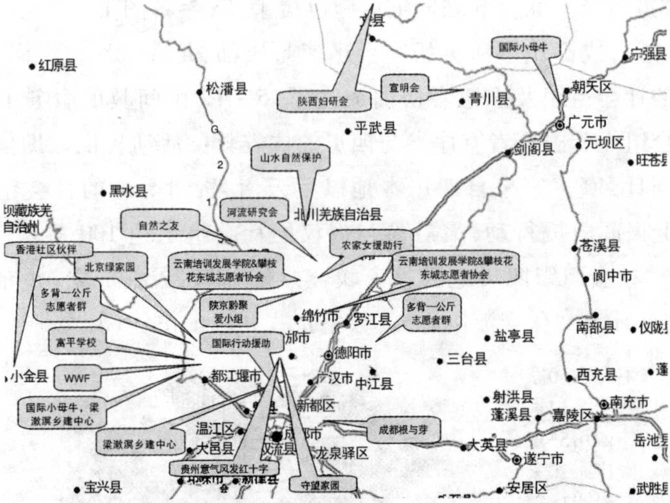

图 1-4　部分社会组织在四川重灾区所开展服务的地域分布情况

资料来源：香港中文大学公民社会研究中心、中山大学公民与社会发展研究中心：《关于民间公益组织参与汶川大地震救灾重建的报告及建议》。

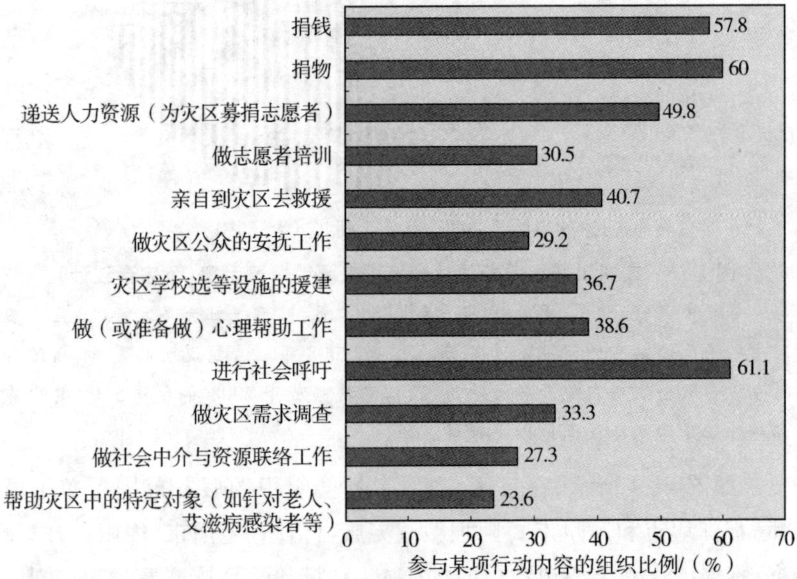

图 1-5　应急救援阶段社会组织主要工作内容示意

资料来源：张秀兰、陶传进、张强、张欢：《抗震救灾中 NGO 的参与机制研究》（研究报告），2008 年。样本为参与汶川灾区工作的 74 家社会组织。

表 1-2　应急救援阶段参与抗震救灾的社会组织类型

组织类型	个　数	占比/(%)
登记注册的社会组织	41	57.7
工商登记的企业	7	9.9
以个人为主的组织	4	5.6
此前就存在的未登记注册的社会组织	11	15.5
挂靠在政府内部的社会组织	3	4.2
其　他	5	7.0

资料来源:张秀兰、陶传进、张强、张欢:《抗震救灾中 NGO 的参与机制研究》(研究报告),2008 年。需要说明的是,以上样本仅包括提供相关信息的 71 家组织。

从表 1-2 中不难发现,草根性的社会组织也占据了比较重要的位置。其中工商登记的企业实质上就是典型的草根性的社会组织,同样的情形还包括“此前就存在的未登记注册的社会组织”和“以个人为主的组织”。在应急救援过程中,社会组织大致通过以下四种方式提供服务:一是提供款物支持,从工作内容示意图中不难发现超过一半以上组织都在从事捐款和捐物工作;二是在一线灾区现场开展专项服务和救助,并配合政府进行宣教倡导;三是提供技术和信息支持;四是针对志愿者进行协调管理,以及提供专门的培训。在抗震救灾中,一些组织暂时放弃了自己的主要服务领域转向以为灾区提供紧缺的服务为重心。通过调研还发现,很多社会组织的本职工作不是救灾,但在地震后这些组织也积极投入到赈灾活动中来。这种倾向在一些地方性社会组织上表现尤为明显。①

中国科学技术发展战略研究院课题组进行的 2008 年度灾区社会资本调查显示,在灾区居民参与的公益活动中,由群众自发组织的比例最高,接近七成(67.9%)。社会资本的研究者们特别强调,灾区群众的自发组织和社会力量(包括非政府组织)的积极介入成为一个

① 韩俊魁、纪颖:《汶川地震中公益行动的实证分析:以 NGO 为主线》,《中国非盈利评论》第三卷,社会科学文献出版社 2008 年版,第 11 页。

亮点，这是公民社会基本特征即公民自发的社会参与的充分展示。①

2. 灾后重建阶段

国务院在2008年6月8日颁布实施了《汶川地震灾后恢复重建条例》，规定了地震灾后恢复重建应当遵循的六条原则。其中第二条就是：政府主导与社会参与相结合，赋予了社会组织作为社会参与的重要力量，参与灾后重建的合法地位和活动空间。事实证明，从灾害发生后社会组织第一时间投入到应急救援当中，到灾区进入灾后重建阶段，社会组织一直在以政府为主导的灾后恢复重建工作体系中，广泛活跃在灾后重建的各个领域，发挥了重要的不可替代的作用。而且，国内外的经验表明，专业化较强的社会组织不仅在抗震救灾中发挥其专业性的优势，更是在灾后重建这一更加持久和艰巨的工作中发挥着不容忽视的作用。

社会组织在灾后重建中从事了诸多领域的工作，主要包括：住房重建、医疗卫生、生计发展、环境保护、心灵重建、教育发展、文化保全和资源支持。② 笔者根据主要功能选取了28家典型机构进行了深入的实地调研和结构化访谈，其中20家是汶川地震前成立的，5家是在地震应急响应阶段（5月12日—6月8日）成立的，3家在6月8日后即灾后重建阶段成立的。组织类型构成如表1-3所示。

表1-3　灾后重建阶段部分社会组织类型构成

组织类型	个　数	占比/(%)
民政部登记注册	10	35.7
工商部门登记注册	7	25.0
港台地区登记注册	4	14.3
国外登记注册	2	7.1
未登记注册	5	17.9

资料来源：张强、余晓敏等：《NGO参与汶川地震灾后重建研究》，北京大学出版社2009年版。

① 赵延东、邓大胜、李睿婕：《汶川地震灾区的社会资本状况分析》，《中国软科学》2010年第8期。

② 张强、余晓敏等：《NGO参与汶川地震灾后重建研究》，北京大学出版社2009年版。

在灾后重建阶段,社会组织参与发挥了令世人瞩目的作用(具体可参见表1-4所示)。总体上说,首先,有效参与了公共服务的提供。在政府主导的硬件设施重建领域,比如住房重建和校园重建,社会组织可以发挥服务个性化的优势,努力发掘当地的人文特色,在住房重建和校舍重建中更好地体现当地居民的需求。在无形公共产品的提供方面,比如在心理重建和残疾人康复等领域,社会组织有可能会发挥主导作用。这是因为政府一直以来在这些领域能力不足,无法满足震灾所引发的大量需求。而社会组织一直以来在这些领域有着专业优势。更为重要的是,社会组织从下而上的参与也激发了灾民的自主参与。社会组织可以搭建资源的协调平台,建立社区服务中心,为社区残疾、孤老等特殊人群提供个案关怀,帮助他们重建生活;并在此基础上,通过社区服务,整合社区资源,将生计发展与生活、社会重建相结合,通过各种形式的参与式活动,挖掘社区居民的潜力,实现赋权公民,为中国基层民主建设贡献力量。

表1-4　灾后恢复重建阶段社会组织参与主要功能一览

业务领域	社会组织功能	典型机构	问题和挑战
住房重建	资金支持	香港福幼基金会	灾民信用无保证 利益协调难 与政府合作难
	技术指导	绵竹民生合作社	
	直接参与建房	中华仁人家园	
医疗卫生	伤残人士服务	财团法人伊甸社会福利基金会/国际助联	灾民观念保守 成本高 当地资源结合难
	艾滋病防治	成都同乐健康咨询中心 爱白成都青年同志活动中心	
生计发展	项目全过程服务	凉山彝族妇女儿童发展中心 野草文化传播中心 友成基金会 社会组织备灾中心	资金和技术不足 灾民配合不够
环境保护	环保与生计发展结合	北京山水自然保护中心 野草文化传播中心	灾民观念保守 资源不足

续表

业务领域	社会组织功能	典型机构	问题和挑战
心灵重建	专业心理视角	江苏志愿服务绵竹计划心理援助队 爱白成都青年同志活动中心	专业性技术不足 灾民观念保守
	专业社工视角	社会组织备灾中心 AEA 助学行动 北京泓德中育 中国扶贫基金会 凉山彝族妇女儿童中心	
教育发展	援建学校	中国扶贫基金会 香港福幼基金会 友成基金会 AEA 助学行动	无突出问题
	援助儿童	社会组织备灾中心 AEA 助学行动	
文化保全	结合生计的民族产品开发	凉山彝族妇女儿童发展中心 藏羌科技扶贫开发协会	资源不足
资源支持	资金支持	友成基金会 社会组织备灾中心	社会组织能力不足 社会组织间协作不够
	信息平台	遵道社会资源协调办公室 5·12 民间协助中心 我要公益网	
	咨询服务	成都同乐健康咨询服务中心	

资料来源：张强、余晓敏等：《NGO 参与汶川地震灾后重建研究》，北京大学出版社 2009 年版。

特别值得一提的是，友成企业家扶贫基金会等社会组织与绵竹市政府的合作具有典型的代表性，不仅建立了合作的实体部门，而且该合作机制在 3 年的过程中亦不断完善和发展，从“遵道志愿者协调办公室”到“遵道社会资源协调办公室”，再到“绵竹社会资源协调平台”，再到“绵竹公益组织联席会议”，开创了一种政府与社会组织合作的典型路径，也为绵竹市灾后重建贡献了巨大的力量。① 绵竹模

① 边慧敏等编：《灾害应对中的社会管理创新：绵竹市灾后援助社会资源协调平台项目的探索》，人民出版社 2011 年版，前言。

式的形成过程，展现出了在汶川地震应对的社会创新中呈现出社会组织参与的程度，已在公共服务供给中的互补关系(supplementary)、合作互补关系(complementary)，增加了社会自治层面的冲突关系(adversarial)维度，即社会组织参与推动政府制订公共政策，以保证政府能够对公众负责，而政府也通过管制社会组织的服务和回应社会组织的倡导行动来影响社会组织的行为。①

四、"机会窗口"：一个多源流的分析框架

从上述全景回顾，我们不难发现在汶川地震应对中已经呈现了政府与社会组织协同的治理行为，并引致了一定层面的政策变迁(中央文件中明确了政府主导与社会参与的格局，地方政府也出现了绵竹模式等自主的政策创新)。究竟是什么引致了这一系列自下而上、社会组织广泛参与的跨部门协作现象？如何揭示这一政策变迁现象背后的动力？当前，围绕政策变迁(policy change)的分析及原因解释，学术界已经形成了一些经典的理论，如多源流理论(multiple-streams framework)、间断均衡理论(punctuated equilibrium theory)和倡导联盟理论(advocacy coalition framework)。为了刻画政策变迁过程中的动态复杂性，演进理论(evolutionary theory)也逐渐成为人们使用的基础理论框架。②

为了便于呈现巨灾相对单一时空情境下的政策变迁，本书选择多源流政策变迁框架来揭示变迁背后的动因。这一政策过程模型最早由美国公共政策专家金登(Kingdon)提出。金登认为："一个项目被提上议程是由于在特定时刻汇合在一起的多种因素共同作用的结

---

① Dennis R. Young, "Complementary, Supplementary, or Adversarial? A Theoretical and Historical Examination of Nonprofit-Government Relations in the United States", in Elizabeth T. Boris and C. Eugene Steuerle, eds., *Nonprofits and Government: Collaboration and Conflict*, Washington: Urban Institute Press, 1990, p. 60.

② Peter John, "Is There Life After Policy Streams, Advocacy Coalitions, and Punctuations: Using Evolutionary Theory to Explain Policy Change?", *The Policy Studies Journal*, Vol. 31, No. 4: 481—498, 2003.

果，而并非它们中的一种或另一种因素单独作用的结果。”①这种共同作用也就是问题源流（problem stream）、政策源流（policy stream）和政治源流（political stream）三者的连接与交汇。

问题源流内包括的是种种有待政府关注并需要加以解决的问题；政策源流内包括的是各种各样的政策建议、政策主张与政策方案；政治源流内包括的则是国民情绪、公众舆论、权力分配格局、利益集团实力对比等因素，这些因素反映着政治形势与政治背景等方面的状况。因此，三条源流的交汇便意味着特定的问题、政策方案与政治形势之间的有机结合。三条源流要实现交汇，还需要政策企业家（policy entrepreneurs）的大力推动作用（或者说政策企业家有效利用政策之窗打开的机会）。金登认为，当在某个时间点上，三种“源流”汇集在一起时，“机会窗口”打开，问题便进入政策议程，政策方案随之得到了确定。②

有研究者将多源流理论对政策变迁的解释逻辑表示如下：问题源流或政治源流内发生变化→政策之窗打开→政策企业家有效利用机会→三条源流实现交汇→政策变迁发生。③ 但是，由于实际情境中，三者源流的汇聚常常并没有呈现必然的线性关系，所以本研究更倾向于一个动态互动的框架，如图1-6所示，美国人口咨询局（Population Reference Bureau，PRB）提出的政策行动模型，即三种源流互动，当有机融合时呈现政策变迁的机会窗口。有三种行动将有利于推进机会窗口的形成：议程设置（agenda-setting）、联盟建设（coalition building）和政策学习（policy learning）。④

---

① J. W. Kingdon, *Agendas, Alternatives, and Public Policies* (2nd ed.), New York: Addison Wesley Longman, Inc., 1995.

② 具体可参阅 Thomas A. Biddand, *An Intruduction to the Policy Process: Theories, Concepts, and Models of Public Policy Making*, M. E. Shape, Inc. 2001, p. 224.

③ 柏必成：《改革开放以来我国住房政策变迁的动力分析——以多源流理论为视角》，《公共管理学报》2010 第4期。

④ Lori S. Ashford, Rhonda R. Smith, Roger-Mark De Souza, Fariyal F. Fikree and Nancy V. Yinger, "Creating Windows of Opportunity for Policy Change: Incorporating Evidence into Decentralized Planning in Kenya", *Bulletin of the World Health Organization 2006*; 84: 669—672, 2006.

本部分将分析从中央政府、地方政府到社会组织这一系列制度主体在汶川地震后的行为特征，并结合公共政策过程的多源流框架来揭示社会创新"机会窗口"出现的制度原因。当然这些分析都是基于公共选择学派(public choice school)对于政府行为的假设，即每一层级的政府作为"理性经济人"都会追逐自我利益的最大化。

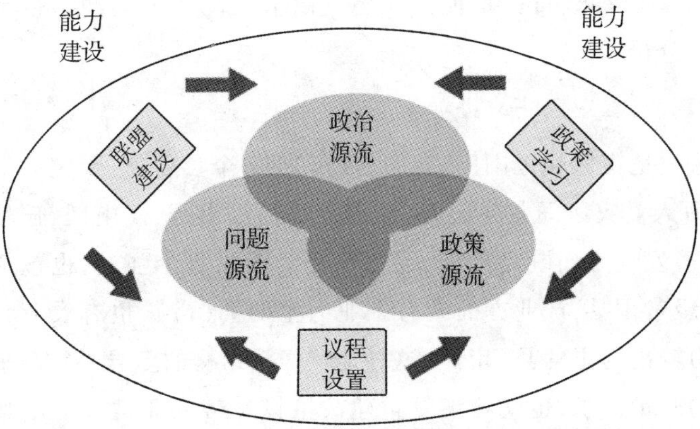

图 1-6　知识到政策行动的转化理论框架示意图

资料来源：Lori S. Ashford, Rhonda R. Smith, Roger-Mark De Souza, Fariyal F. Fikree & Nancy V. Yinger, "Creating Windows of Opportunity for Policy Change: Incorporating Evidence into Decentralized Planning in Kenya", *Bulletin of the World Health Organization*, 84:669—672, 2006.

1. 问题源流：巨灾冲击下的政府失灵

在多源流理论框架中，问题源流引起决策者关注的原因不是政治压力，而是一些准系统性的指标(quasi-systematic indicators)：(1)受到广泛关注的指标发生了或好或坏的变化；(2)一个或一些焦点事件的突然发生或反馈(正式或非正式的)引起公众和精英注意；(3)问题是否存在一定的可选择的解决方案。① 在这个视角下，灾害就是一种典型的焦点事件，而且引致了灾区居民社会基本生存指标的巨大变化，受到全球人们的关注。

① J. W. Kingdon, *Agendas, Alternatives, and Public Policies* (2nd ed.), New York: Addison Wesley Longman, Inc., 1995, p. 90.

汶川地震使得房屋大量倒塌损坏,基础设施大面积损毁,工农业生产遭受重大损失,生态环境遭到严重破坏。这些不仅直接影响到灾区居民的日常生活生产,也直接对国家治理能力产生了不可忽视的冲击。传统的自上而下(top-down)型政府应对体系面临了巨大的公共政策困境①,从而呈现出"政府失灵"(government failure)②或"弱国家"(weak state)的能力状态。以下是汶川地震冲击带来的政策影响分析。

(1) 灾区政策需求差异大

汶川地震影响范围广,有四省(市)417 个县受灾,受灾人口达到 4624 万人。灾区间差异极大,地理上囊括深山区、浅山区、丘陵和平原;经济发展方面既有什邡、绵竹这样的四川省十强县,也包括国家级、省级贫困县;产业方面既有工业为主的县(市),也有农业为主和劳动力输出为主的县(市)。这种地域经济结构的差异必将带来多种不同的政策需求,也就给恢复重建政策设计带来非常大的困难和公平性挑战。由于此次灾区面积过于广大、受灾群众数量过于庞大,灾区恢复重建政策的公平性问题格外受到普遍关注。灾区恢复重建政策的公平并非是相等,也不是简单地依据灾情损失排先后等级次序,更大程度上是受灾群众的心理感受。因此,灾区恢复重建政策的公平性无法仅从政策结果获得,更需要从政策制定过程中获得。

(2) 巨灾社会冲击对传统应急能力的挑战

地震灾害除了带来惨重的人员伤亡和巨大的经济损失之外,还带来了难以估量的社会冲击③:人们的家庭亲属关系、社区邻里关系、单位同事关系由于地震而不再健全;不少群众多次转移安置,离开了熟悉的生活场所,乡村自治组织和社区功能发生了重大变化;灾

① 张强、张欢:《巨灾中的决策困境:非常态下公共政策供需矛盾分析》,《文史哲》2008 年第 5 期,第 20—27 页。

② 有关政府失灵的阐述,可参看 Julianle Grand,"The Theory of Government Failure", *British Journal of Political Science*, Vol. 21(4):423—442, 1991。

③ 北京师范大学社会发展与公共政策学院:《汶川地震的社会影响分析与对策研究——侧重对儿童、妇女与青少年的影响》,与 UNICEF 中国办公室合作的研究报告。

区失去亲人的中年人①、当地救援人员中有家属遇难的人员和部分志愿者也不同程度地存在社会角色和情感关系方面的严重问题。残疾人的康复②、社区功能的重建、心理重建③等问题都会在一定时间段内长期存在,并直接影响灾区的恢复重建工作。然而,中国以往的灾害管理体系和经验还集中于灾后简单生活、生产方面的救助、救济,自上而下的行政动员机制很难处理此类社会重建议题。

(3) 政策的执行难题更加凸显

在日常的政策设计和制订中,都自觉不自觉地将政策的执行当作理所当然或者通过对基层政府的督促检查来确保其正常实施。但是在本次地震灾害中,一来作为执行主体的基层政权和行政事业机构本身同样受到严重破坏,人员、财产、房屋损失同样惨重。在设计制定政策的时候不能忽视灾区基层政府严重受损的事实,而过高估计基层政府政策执行的能力。在紧急救灾阶段,由于一些重灾区党政官员大量伤亡,导致行政指挥系统失灵,例如北川县466名干部遇难,占全县震前干部总数的23%,另外还有两百多名干部受伤。④ 二来,震灾导致了信息通讯渠道的中断。据四川省通信管理局的统计,地震致使重灾区8县辖下的109个乡镇通信中断。汶川地震救援初期,由于通讯和大量道路中断,无法快速获取和传输灾情到前方指挥

---

① 特别需要关注的是,大量校舍垮塌导致许多学生伤亡。截至2009年5月8日,四川省经审核认定的死亡学生和已经核查但尚未宣告为死亡的失踪学生共有5335名。在既有的计划生育政策环境下,失去年青一代的家庭也就意味着失去了一个重要的人生希望寄托。

② 有专业人士根据以往地震伤亡人数估计本次地震将造成14.5万人轻微伤残,8.3万人中等伤残,3.1万人严重伤残。参见 http://scitech.people.com.cn/GB/7332696.html,2009年5月30日。

③ 唐山大地震(1976年7月28日),震后余生的人出现了创伤后应激性障碍(PTSD),长期影响了他们的身心健康。他们中患神经症、焦虑症、恐惧症的比例高于正常的流调数据,有的高于正常值3—5倍。根据零点研究咨询集团与中国扶贫基金会和友成企业家扶贫基金会联合做出的"5·12地震灾区居民生活监测首期调查结果"显示,灾区高达66.7%的成年人具强烈的压力感,33.1%具有较高的忧郁哀伤情绪。其中,自己和亲人都受伤的成年人灾区居民(66%)以及失去亲人的成年人灾区居民(57.7%)具有更为严重的"创伤后应激性障碍"。

④ 邓国胜:《响应汶川——中国救灾体制分析》,北京大学出版社2009年版。

部,造成灾情分布和程度不清,海事卫星在5月13至14日也出现堵塞现象,无法对指令进行快速的传送,救援队伍得不到准确的救援地点信息,达不到最需救援的区域,在一定程度上延误了最佳救援时机。特别是,北川县城遭到地震毁灭性的破坏,但北川县委县政府却无法在第一时间内向上级政府汇报受灾情况,只能连续派出三拨人步行前往绵阳市委市政府进行汇报。结果导致地震发生至少一天后,国务院和四川抗震救灾指挥部才判断出北川是地震破坏最严重的地区之一,对整个抗震救灾工作带来了巨大的困难。其他极重灾区乡镇因通讯中断而不得不采用最原始的方式派人步行前往上级政府汇报受灾情况的案例可以说比比皆是。在笔者访谈的238个乡镇中,所有乡镇在震后都面临通讯中断问题,严重受损的地方通讯甚至到两周后才完全恢复。

在巨灾的冲击下,由于灾情以及冲击层面的高度不确定性,更需要弹性的领导力框架,以向下启发工作团队的创新能力和协同意识,并要建立容错的激励机制。① 与此相比较,就不难想象传统的自上而下政策决策过程中面临的决策困境。一方面,地震巨大的破坏性,使得受灾范围广泛、受灾群众数量庞大,特别是严重的信息不对称性,加剧了政策决策的困难,迫切要求决策者谨慎小心对待每一项政策的出台。另一方面,震后大量灾区群众所面临艰难的生存环境又强烈催促决策者快速做出政策响应。在这种政策决策的两难处境下,如何平衡相悖的需求,就成为巨灾情景下政策决策者必须面对的一个难题。②

2. 政策源流:创新性解决方案

在多源流框架中,政策源流是指可能的解决方案或一系列替代的解决方案。随后的选择过程有点像生物世界的自然选择过程,在众多的主意或方案中,只有那些满足以下两个要求的才能真正成为

① Arnold M. Howitt, and Herman B. Leonard, *Managing Crises: Response to Large-scale Emergencies*, CQ Press, 2009.

② 张强、张欢:《巨灾中的决策困境:非常态下公共政策供需矛盾分析》,《文史哲》2008年第5期。文中论及的灾区房屋安全鉴定和灾区临时安置活动板房建设会是较为典型的案例。

可选的方案：一是在技术具备可行性(technical feasibility)，这不仅涉及预算分析，还包括执行的路径和可预想的结果是否符合预期。二是在价值观层面能够被接受(value acceptability)，一个比较典型的例子就是意识形态的衡量。在这样的过程中，一个政策社区中的政策企业家就会扮演重要的角色。①

灾害发生的不确定性和独特性，使得灾害应对中这一政策源流的形成就有赖于两个方面。其一是国际经验的有效分享。几乎所有的全球经验都强调，在灾后救助和重建中，政府、学界、民间和企业四个方面应该组成通力合作的团队。不同部门在每个阶段都有其不同的需要和角色。表1-5呈现的是台湾"9·21"大地震之后，不同部门在紧急救援、安置和重建三个阶段的不同角色和定位。其二就是行为主体在这种不确定情景下的大胆创新尝试并进行动态地政策调整。

表1-5　灾害应对不同阶段不同部门的角色和定位

阶　段	政　府	科研机构	企　业	民间机构和志愿者
紧急救援	主导者 执行者	支持者 信息提供者	资源提供者 支持者	支援者 资源调查整合者
安置	主导者 资源提供者	监督者 信息提供者	资源提供者 服务提供商	协调者 参与者
重建	支持者 政策制定者	监督者 支援者	资源提供者 服务提供商	协调者 服务执行者

资料来源：张强，余晓敏等：《NGO参与汶川地震灾后重建研究》，北京大学出版社2009年版。

在汶川地震应对过程中，即便是巨灾使得政府体系的公共服务出现了供给不足，如果不是中央政府、地方政府以及社会组织之间进行了可能的行为创新尝试以及国际经验的分享，也很难为这一跨部门协作机会窗口的出现创造可行的解决方案选择。

(1) 对于中央政府而言

一方面之前经过近年来应急管理体系的建设，已经形成了较为

① J. W. Kingdon, *Agendas, Alternatives, and Public Policies* (2nd ed.), New York: Addison Wesley Longman, Inc., 1995, pp. 116—144.

完备的灾害应急救援和救助系统性预案;另一方面是推动决策中心的下移并建立对口援建体制。2008 年 5 月 19 日,前方指挥部决定建立江苏、浙江、山东、广东、湖北、河南六省对四川灾区五市对口支援救灾物资的体制,这一系列的创新尝试为随后的政策变迁奠定了基础。

(2) 对于地方政府而言

一些创新试点的出现也为随后的政策变迁积累了可行的方案选择。一个典型的例子是绵竹模式的形成。2008 年 5 月 15 日,在友成基金会、共青团绵竹市委员会的协调下,遵道镇政府联合万科、深圳登山协会等机构,合作建立了首个政府和企业合作参与救灾的开放性平台——遵道镇志愿者协调办公室。该办公室成立以后,在多方的共同努力下,以办公室为平台,形成了与政府、企业、社会组织及个人志愿者、外部资源四方协调的机制。先后有 40 家社会组织(其中 28 家为注册机构,12 家未经注册),470 多位在册志愿者参与其中,号称遵道志愿者联盟,被业内广泛传播和媒体广泛报道为遵道模式。为此,地方政府及时进行试点总结,进一步将相关机制制度化。2008 年 7 月 17 日,以“接受资源,展示援助”为宗旨的“绵竹市灾后援助社会资源协调平台”在绵竹市成立。2008 年 9 月 26 日,遵道镇政府正式发文成立遵道镇社会资源协调小组,由镇委书记担任组长,一位镇委副书记和万科志愿者负责人担任副组长,下设遵道社会资源协调办公室。2009 年友成企业家扶贫基金会、绵竹市人民政府、绵竹市政务服务中心、共青团绵竹市委员会、绵竹市民政局联合在绵服务的 30 家社会组织,共同建立了“绵竹市公益组织联席会议机制”。①

(3) 对于社会组织而言

各个组织之间的网络化联动为发育并不成熟的中国社会组织可以弥补政府失灵的缺口并与之有机协同提供了可行的路径选择。

① 首先是发生在社会组织,GONGO、非正式的志愿者团体和企

---

① 有关案例的介绍也参考冉倩婷:《社协平台 + 联席会议中“绵竹模式”将社会救援“拧成绳”》,《四川日报》2011 年 2 月 14 日,第 3 版。

业之间的快速而广泛的线下组织间网络联盟(如图 1－7 所示)。超过 70 家(近 58.6%)的受访社会组织在四川与三个以上的组织合作开展过赈灾活动,只有 28.6% 的组织独立开展活动。图 1－7 的内容还表明,网络为寻求参与赈灾的组织和志愿者团体提供了重要的平台。在协助社会组织进入灾区方面,这些网络的作用几乎并不亚于地方政府。在 64 家受访的组织中,有 48% 的组织依靠这些网络,近似于依靠政府进入灾区的组织比例(50%)。并不出人意外的是,调查表明,相比(正式)注册的组织(包括官方和非官方背景的组织在内),工商注册和未注册组织更倾向于依靠社会组织网络进入灾区。① 其中最突出的是“5·12 民间救助服务中心”②和“社会组织联合救灾办公室”。③

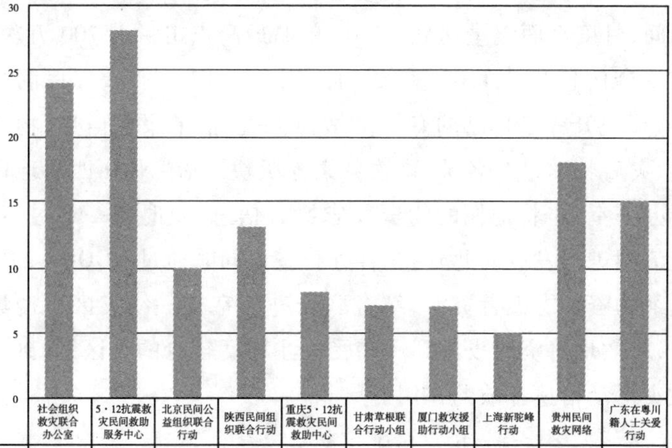

	社会组织救灾联合办公室	5·12抗震救灾民间救助服务中心	北京民间公益组织联合行动	陕西民间组织联合行动	重庆5·12抗震救灾民间救助中心	甘肃草根联合行动小组	厦门救灾援助行动小组	上海新驼峰行动	贵州民间救灾网络	广东在粤川籍人士关爱行动
协作组织数量	24	28	10	13	8	7	7	5	18	15

图 1－7　社会组织之间协作开展服务的地区性网络示意

备注:有的组织可能同时存在于两个协作性网络中,以上统计示意已对该

① Shawn Shieh, and Guosheng Deng, “An Emerging Civil Society: The Impact of the 2008 Sichuan Earthquake on Grassroots Civic Associations in China”, *THE CHINA JOURNAL*, No. 65, 2011.

② 赵荣:《公民社会的联合行动——四川“5.12”民间救助服务中心》,载王名主编:《汶川地震公民行动报告——紧急救援中的 NGO》,社会科学文献出版社 2009 年版。

③ Chelsea Lei, *Grassroots NGOs' Response to the 2008 Wenchuan Earthquake*, Teaching Case for Prof. Tony Saich, Harvard Kennedy School, 2012.

情况进行了适当的区分。以“社会组织救灾联合办公室”为例，响应其倡议的组织数量多达100多家，但是直接提供物资或志愿者协作的机构则为40多家，而且其中有的组织或机构本身就处在其他地区性协作网络中，所以最后呈现在此的统计数据仅为24家。

② 互联网平台在信息沟通方面发挥了重要作用。各种民间力量通过互联网搭建起了信息交流的平台，在信息和技术方面为一线的救灾服务提供支持：及时转发政府在救灾方面所公布的权威信息；发布救灾需求信息以及救灾物资、志愿者信息；发出各种倡议以及提供与救灾有关的研究性资料等。其中比较典型的如“NGO发展交流网”（NGOCN），该网站是一个网络公益交流平台，成立于2005年。汶川地震后，NGOCN开设了一个专门网页“5·12地震灾害救援行动”，为公益组织参与震灾救援提供信息交流服务。在地震紧急救援期间，月度页面流量达到77万，单贴最高点击量近700万次，提供救灾综合信息共计1100多条。此外，“5·12抗震救灾民间救助服务中心”也开辟了自己的专题网站，其中包括了服务信息、物资配送资料、灾后救助组织名录、物款募集等版块。而“NGO四川地区救灾联合办公室”也将他们的物资及志愿者信息，及时统一通过NGO发展交流网进行发放。此外，联合办公室也同时通过NGOCN的网站直接吸纳物资和志愿者资源，结合联合办公室在一线灾区所搜集到的信息，有效地将资源投放到一些受关注程度较少的灾区，起到对政府的救灾活动拾遗补缺的作用。[①]

3. 政治源流：中央与地方政府关系

在多源流框架中，政治源流是独立于问题和政策源流的，它具有自己的动态和规则，它最重要的影响因素有国民情绪的变化、选举结果、政体的变化、意识形态、政党政治、国会的席位变化以及利益团体的运动策略。[②]

① 张秀兰、陶传进、张强、张欢：《抗震救灾中NGO的参与机制研究》（研究报告），2008年。

② J. W. Kingdon, *Agendas, Alternatives, and Public Policies* (2nd ed.), New York: Addison Wesley Longman, Inc., 1995, p. 162.

中央与地方政府的关系一直以来都是中国政治体制改革和经济发展的重要议题。一方面，地方政府作为中央政策的执行主体来具体践行国家对社会的管理；同时，地方政府在自己的行政区域内又有着相对大的行为自主权，地方政府之间差异化程度很大，同时存在一定的竞争关系。① 在巨灾的应对中，这种政治格局也为机会窗口的出现奠定了基础，使得地方政府有可能开放与外部社会组织的合作。

地方政府面临着几个维度上的压力，首先是要执行中央政府确定的应急救援和灾后重建的紧迫任务，同时，更是作为政府体系的代表去处理纷繁复杂的灾区、灾情、灾民事宜。此外，还要在完成统一的政治目标中与其他地方政府进行资源上的竞争。在灾后资源紧缺的情况下，每一项任务都不易完成。如图 1－8 和表 1－6 所示，2008 年和 2010 年对灾区群众的满意度调查中受灾群众对地方政府工作的评价都不高。

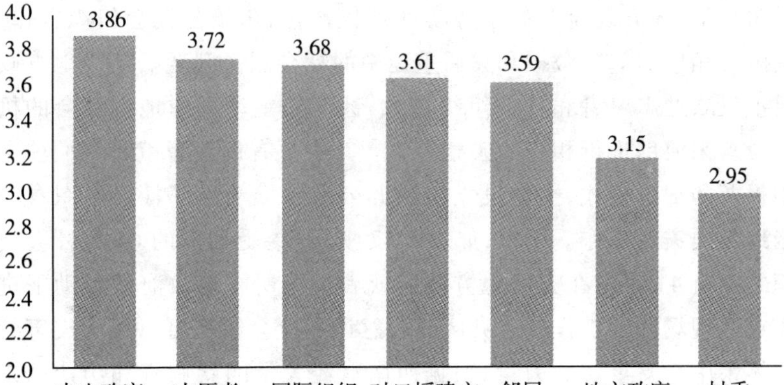

图 1－8　受灾群众满意度调查

注：受访者就满意度对相关机构进行打分，1—4 的分值分别代表"很不满意""不太满意""一般满意""非常满意"。图中标注的分值为所有受访样本的打分均值。

资料来源：零点研究咨询集团、友成企业家扶贫基金会：《5·12 震后灾区居民生活需求监测调查报告》，2008。

① Tony Saich, *Governance and Politics of China*, Palgrave Macmillan, 3rd Edition, 2011.

表 1-6　板房社区和城镇社区样本基层政府满意度

测量条目	板房社区		城镇社区		独立样本 t 检验		
	Mean (A)	S. D.	Mean (B)	S. D.	Mean 差 (A—B)	t 值	P 值
应急处置能力	3.10	0.91	2.92	0.94	0.18	1.492	0.49
应急处置效率	3.17	0.94	2.87	1.04	0.30	2.259	0.90
应急策略合理性	3.24	0.84	2.92	0.97	0.32	2.691	0.64
重建能力	3.09	0.92	2.90	1.08	0.19	1.400	0.06
重建效率	3.14	0.88	2.82	1.01	0.32	2.556	0.09
重建政策合理性	3.29	0.86	2.98	0.95	0.31	2.605	0.83
累积满意度	3.23	0.99	2.97	1.02	0.26	1.922	0.42

资料来源：北京师范大学社会发展与公共政策学院“四川汶川地震灾后社会重建居民需求调查”项目(2010)的分层抽样问卷调查数据，有效样本 730 人。

在完成中央政府任务、灾区群众舆论压力和地方政府竞争的多重驱动下，地方政府开始了务实的理性选择，乐于与社会组织合作，去解决相应的应急救援和灾后重建中的社会服务问题。不少地方政府不仅欢迎志愿者和社会组织进入，甚至还主动利用地方红会的机构设置来协助进行相应的善款募集。其中更有创新者就是我们前文中提及的绵竹模式，主动设立协调办公室来推动外部社会组织参与当地各类灾后工作。所以，如表 1-7 所示，接受调查的 64 家社会组织之中有 41 家是在灾区地方政府或者组织所在地政府的帮助下进入灾区现场开展工作的。灾区政府意识到社会组织可以成为灾害管理体系中一支重要的力量，根据西南财经大学问卷调查和访谈结果显示，干部对非盈利组织提供的服务总体上比较满意，认为社会组织的工作能够积极协助、配合政府工作的开展，切实满足群众需求，解决群众诉求，在抗震救灾和灾后重建中扮演了重要的角色，是政府的得力助手。社会组织为维护社会稳定，促进灾区重建，推动和谐社会的发展作出了重大的贡献，能够成为党和政府解决社会问题、舒缓社会矛盾、增进社会团结、维护社会稳定的重要依靠力量。① 所以在资源匮乏的情况下,尽力协助社会组织开展服务工作。调查显示,地方政府对社会组织的协助中,提供活动场地的为67.7%、与上级部门的沟通协调的占63.5%、提供办公场地的占49.5%、帮助安排工作人员食宿的占41.7%、提供政策咨询的占44.3%、提供交通工具的占19.8%、处理社会组织反映的群众需求的占45.3%、提供资金支持的占10.4%;地方政府提供了其他方面的协助的占1.6%,如为社会服务组织介绍当地的情况,为社会服务组织的服务对象进行沟通协调活动等。当然,政府为社会组织提供的协助中,活动场地、与上级部门的沟通协调、办公场地占有的比例较大,而资金投入最少。②

表1-7　社会组织赴灾区开展服务的进入渠道

机构类型	个人社会网络	机构所在地地方政府	灾区地方政府	社会组织网络	其　他
整体情况	23.8%	14.1%	50.0%	48.4%	12.5%
民政注册	20.0%	20.0%	62.9%	48.6%	5.7%
工商注册	33.3%	16.7%	66.7%	66.7%	33.3%
未注册	9.1%	0.0%	27.3%	45.5%	18.2%
以个体为主	50.0%	0.0%	25.0%	25.0%	0.0%

资料来源:有关数据来源于北京师范大学陶传进教授对64家参与救灾NGO的调查报告,2008年12月18日。该调查为多项选择题。

五、小结

我们不难发现汶川地震后跨部门协作“机会窗口”出现的动因。根据多源流政策过程模型的应用分析,正是由于汶川地震作为突发事件的巨大冲击使得政府失灵形成了问题源流,此时各参与主体的

① 边慧敏等编:《灾害应对中的社会管理创新:绵竹市灾后援助社会资源协调平台项目的探索》,人民出版社2011年版,第25页。

② 边慧敏、韦克难、邓湘树等:《关于抗震救灾和灾后恢复重建中社会工作服务情况的调查报告——基于非营利组织提供的社会工作服务》,2009年度民政部社会工作人才队伍建设与志愿者队伍建设招标课题研究报告。

动态创新行为也为问题的解决提供了可行且多赢的解决方案，即中央政府采取对口援建促进重心下移、鼓励社会参与，地方政府开放与社会组织的合作并探索了诸如“绵竹模式”的工作机制，以及社会组织采取更进一步的网络化联合运作增强了服务递送能力，也就为机会窗口的打开提供了政策源流，并由于现有的中央与地方政府关系格局，使得地方政府有激励性开展跨部门协同形成了政治源流，于是三种源流汇聚，使得前文所述的风起云涌般的政府与社会合作进行巨灾应对的机会窗口得以呈现。

随着灾后重建的进展，制度主体面临的决策情境也在不断发生变化。人们都在期待这一创新是否可以引致中国今后灾害应对机制以及公民社会等长期的制度化政策变迁。遗憾的是，机会窗口并不是永远的打开，有时候机会稍纵即逝。总体上看来，中央政府层面，已经逐步走出了巨灾后政府失灵的决策困境，进入常态下的国家治理格局。地方政府层面，客观上由于中央政府采取的大规模的政府间对口援建，会对社会组织的重建参与产生一定的“挤出效应”；主观上，之前大部分地方政策制定者期望建立“公民捐款——社会组织筹钱——政府花钱”的合作伙伴关系①，使得社会组织与地方政府之间建立的合作关系大部分还停留在计算型信任、关系型信任两个层面上，即便是在协调机制上有所突破的绵竹模式，也更多着眼于有利于资源引进的角度上，并没有完全上升到制度型信任。② 机会窗口的出现，使得汶川地震的应对中出现了一些政府与社会有机协同的社会创新行动，但能否真正形成社会的制度变迁，还有待长期的观察。后文中将结合 2013 年芦山地震应对情况进一步分析。

当然有一点是可以肯定的，就是汶川地震后公民社会还在急速增长。截至 2013 年底，全国共有社会组织 54.7 万个，比上年增长 9.6%；吸纳社会各类人员就业 636.6 万人，比上年增加 3.8%；形成固定资产 1496.6 亿元；社会组织增加值为 571.1 亿元，比上年增长 8.7%，

---

① 罗鸿彦：《汶川地震中的公民自组织参与分析》，中国政法大学硕士论文，2010 年。

② 有关计算型信任、关系型信任和制度型信任，可具体参看徐贵宏：《非政府组织与中国政府部门间的信任与合作关系实证研究》，西南交通大学博士论文，2008 年。

占第三产业增加值比重为 0.22%；接收各类社会捐赠 458.8 亿元。其中，全国共有社会团体 28.9 万个，比上年增长 6.6%。全国共有基金会 3549 个，比上年增加 520 个，增长 17.2%；全国共有民办非企业单位 25.5 万个，比上年增长 13.1%。[①] 通过汶川经验，人们也在逐步意识到强大的社会团体可以和强大而具有弹性的国家并存，也就是说"强社会"并不一定意味着"弱国家"，可以实现社会和国家的互相赋权，但是，没有嵌入社会的"强"国家事实上是脆弱的，不能经受社会变迁的考验。正如约瑟夫·奈在与笔者的交流中指出，西方发达国家的软实力是来源于公民社会的蓬勃发展，而非简单的政府政策推动。中国的未来应该汲取国际经验，动员全社会发展软实力（soft power）并有机融合硬实力（hard power）从而形成国家的巧实力（smart power）。[②] 那么我们的未来方向不是"强国家"和弱社会的组合，而是"智国家"（smart state）和"强社会"（strong society）的双赢组合。

① 民政部：《2013 年社会服务发展统计公报》，http://www.mca.gov.cn/article/zwgk/mzyw/201406/20140600654488.shtml。

② Joseph S. Nye，"Is America in decline?"，2012 年 2 月 15 日在美国坎城哈佛大学肯尼迪学院做的专题演讲。

第二章 灾害应对的中国模式：1949年以来的历史演进

福来有由，祸来有渐。

——(晋)陈寿

法与时转则治，治与世宜则有功。

——(战国)韩非子

人类每一个时代的进步都会受到自然灾害等因素的困扰。[①] 中国灾荒的频繁性、复杂性、严重性和广泛性，在世界上可以说是颇为少见的。[②] 回顾过去，二十四史几乎就是一部中国灾荒史。而一部中华文明史，从某种意义上说，就是一部中华民族与自然灾害不断抗争的历史。[③] 我们不仅可以发现总结应对自然灾害的宝贵经验，也能探索一个国家治理的结构变迁与其灾害风险管理能力之间的互动关系。虽说"前事不忘，后事之师"，但人类的历史经验警醒我们，人们并不能理解灾难统计数据的全部意义，也通常不容易从他人的不幸中吸取教训。在危机发生时，人们都会产生强烈的情感，但是随着危机的结束，其注意力就会减退。美国"卡特里娜"飓风发生9个月后，对美国沿海地区的1000多人进行的调查显示，85%的居民没有

---

① J. Acton, *The History of Freedom and Other Essays*, eds. by John Neville Figgis and Reginald VereLaurence, London: Macmillan, 1907.

② 李文海：《灾难锤炼了我们民族的意志》，《人民日报》2008年6月24日，第14版。

③ 夏明方、朱浒：《〈中国荒政全书〉的编纂及其历史与现实意义》，《中国图书评论》2007年第2期，第10—12页。

采取任何行动来保护自己的家园，应对未来的灾难。与此同时，未曾亲身经历过飓风的人认为，灾难降临在他们身上的可能性微乎其微，完全可以忽略。不幸的是两年后，得克萨斯州发生艾克飓风，100 多人丧生，造成的损失超过 350 亿美元。① 因此，我们需要关注的重点是灾害风险管理作为一种国家治理的基本制度构成，如何在不断的行为实践中建立科学的学习机制。中华文明史上关于灾害风险管理的经验文献汗牛充栋，本章将集中分析 1949 年新中国建立以来的灾害应对体系，试图勾勒出历史演进中的制度全景，以便为理解本书随后展开的具体分析奠定基础，从而深入反思灾害对于中国公共治理能力及结构的本质冲击，并探寻未来的变革路径。

一、历史回顾的起点和框架

在讨论历史阶段划分的时候，最重要的起点就是要对我们分析的对象进行界定。究竟什么是我们关注的灾害？在国家治理体系中，灾害风险管理究竟是一种什么样的能力架构？

基于第一章讨论的灾害特性，我们可以确定的是，需要分析的不仅是直接应对灾害的政策措施，还包括一个由政府以及私营部门、社会组织等多元构成的整合网络。这一网络是包含法律法规、体制机构、机制与规则、能力与技术、环境与文化的系统。

分析制度体系的历史变迁其实是很困难的工作，因为从每一个参与者、每一个事件、每一个时段来看都会有着不同的图景。对建国以来的灾害管理制度变迁，也有着许多不同的认知。② 薛澜认为可分成两个阶段：第一代应急管理系统为建国后至 2003 年“非典”事件；第二代则为 2003 年“非典”事件之后。③ 需要说明的是，中国政

---

① Erwann Michel-Kerjan, and Paul Slovic, “A More Dangerous World: Why We Misunderstand Risk”, *Newsweek*, March 1, 2010.

② 这里需要说明的是，由于 2004 年之后已经把自然灾害管理作为应急管理四项内容之一，所以更多的历史回顾表述为应急管理工作的阶段回顾，而不是灾害管理的阶段回顾。

③ 薛澜：《中国应急管理系统的演变》，《行政管理改革》2010 年第 8 期，第 22—24 页。

府最终采取的表述是"应急管理体系",而非"危机管理体系"。国家发改委"十二五"规划重大问题"我国灾害应急体系建设"研究中,对建国以来应急体系历程划分成四个阶段:第一阶段是全民运动式的救急阶段,时间跨度从新中国成立直至20世纪70年代末;第二阶段是现代应急管理体系萌芽阶段,时间为1978年至2001年底;第三阶段是现代应急管理体系初具规模,时间为2001年底至2005年;第四阶段是应急管理体系的完善阶段,即2006年至今。① 王振耀认为,我国自然灾害风险管理体系建设总体上经历了以下转型:管理目标从强调减少经济损失转向以人为本;管理内容从事后救济转向全方位救助与减灾、备灾;管理机构从单一职能部门转向系统预案与综合协调;管理过程从封闭转向全方位透明;管理标准从经验性转向数据化、程序化、项目化;管理手段从传统工作手段到高科技装备的应用。②

什么是阶段划分的标准呢?以冲击性的焦点事件还是以典型性政策出台的时间节点?这里建议的视角是要透过事件本身来看待制度主体之间的互动关系变化。特别是中国处在一个历史的转型期,在一个相对集中的时间段上要经历经济转型、社会转型、政治转型和开放转型。③ 其中除了中国政府体系自身的行政管理变革之外,国家与社会的关系已经成为这一转型中备受关注的领域。④有鉴于此,此处选择政府治理体系(中央与地方政府)以及国家和社会的互动等几方面的变化来作为中国灾害应对制度体系历史变迁的主轴。

由此,本书将中国1949年以来的灾害风险管理体系划分为四个发展阶段:第一阶段时间跨度为自1949年新中国建立至1978年改革开放前;第二阶段是从1978年改革开放后到2003年"非典"爆发

---

① 国家发改委"十二五"规划重大问题研究课题组:《我国灾害应急体系建设研究报告》2009年9月30日,第36—38页。

② 王振耀:《汶川大地震救援与中国应急管理体制:应急体制内创新的空间与探索》,2010年4月20日于美国费城宾夕法尼亚大学的专题演讲。

③ 胡鞍钢、王磊:《中国转型期的社会不稳定与社会治理》,《国情报告特刊2》2005年6月。

④ 参看 Kang Xiaoguang and Han Heng, "Graduated Controls: The State-Society Relationship in Contemporary China", *Modern China*, 34: 36—55, 2008。

前;第三阶段时间跨度为2003年“非典”爆发后至2008年汶川地震发生前;第四阶段时间跨度为2008年汶川地震发生至今。本章的第二部分将会具体分析不同历史阶段的特点。

对于时段的选取,可能的标准是考量系统的变迁程度。在第一阶段,灾害的影响并不足以超过整体社会的系统性变化,而1978年开始的改革开放是一种整体性的社会变迁,远不只是经济的变革,而是包括政治改革在内的全面变革,是社会政治、经济和文化的全面进步。[①] 灾害风险管理体系只是国家治理体系中的一个环节而已,也会随着整体的系统变迁发生改变。因此,笔者选择改革开放为第一阶段的分界点。之后,中国政治体系稳步发展,在这样的状态下重大灾害事件是政府和社会反思灾害应对体系的重要契机,其带来的巨大冲击成为灾害风险管理制度变迁的重要推动力。因此,第二、三、四阶段的时间分界点选择为重大灾害事件的发生,例如2003年“非典”、2008年汶川地震等,这些特别重大的灾害发生及应对过程对灾害风险管理体系发展产生了巨大的影响。

在具体剖析时,笔者更为关注的是三个方面:其一是政府宏观发展战略的重大变化情况。应急(灾害风险)管理体制与机制的建设要与现阶段国家的相关制度相适应和匹配,同时其内涵与外延还应根据国家的发展得以进一步调整。[②] 其二是政府体系内的纵向关系(等级协调)、横向关系(无等级协调)以及时序协调(从灾前到灾中再到灾后的全过程)的变化情况。地方政府与中央政府的关系一直以来都是中国政治体制改革和经济发展的重要议题。一方面,地方政府作为中央政策的执行主体,具体践行国家对社会的管理;同时,地方政府在自己的行政区域内又有着相对大的行为自主权,地方政府之间差异化程度很大,存在一定的竞争关系。[③] 传统的体制下,往往出现等级协调中的“地方主义”,无等级协调中的“部门主义”以及

---

① 俞可平主编:《国家治理评估——中国与世界》,中央编译出版社2009年版。

② 闪淳昌、周玲、钟开斌:《对我国应急管理机制建设的总体思考》,《国家行政学院学报》2011年第1期,第8—12页。

③ Tony Saich, *Governance and Politics of China*, 3rd Edition, Palgrave Macmillan, 2011.

时序协调中的“临阵磨枪”。[①] 哈佛大学肯尼迪学院的研究者讨论美国“卡特里娜”飓风应对和中国汶川地震应对的能力比较，其基本的考量维度就是两国国情的相似性和应对能力的差异性，特别是中央与地方政府的协同关系。[②] 其三，政府和社会之间的互动关系变化，即社会组织参与灾害应对的情况。在应对灾害等复杂社会问题的过程中，容易形成从政府失灵到市场失灵再到志愿失灵的困局，此时跨部门协作治理打破了各类组织之间逐渐弱化的边界，构建网络化、动态化的公共治理框架为这一困局寻找到了出路。[③] 这三个重要维度即构成了本处历史回顾中“一轴两维”的互动框架。

二、中国灾害应对模式的演进分析

基于以上分析框架，中国灾害风险管理体系建设阶段划分[④]具体如下：

1. “政治挂帅的生产救灾”阶段（自1949年新中国建立至1978年改革开放前）

此阶段的基本特征是，由于灾害频发，灾害应对一直是国家治理体系中的重要组成，但由于综合国力不足，百业待兴，社会政治经济发展都呈现出极强的高度集中性，政策决策者对于灾害应对的投入少[⑤]，政策关注更多的是在生产救灾与救助救济的维度上。自上而

---

① 北京市哲学社会科学规划办公室编：《应急管理研究报告2007》，同心出版社2007年版，第24—35页。

② Arnold M. Howitt and Herman B. Leonard, “Wenchuan Earthquake and Hurricane Katrina: Comparative Perspectives on Landscape-scale Disaster Response”, speech given at “Review and Prospect: the First Anniversary of Wenchuan Earthquake and WET” Round-table Conference in Beijing Normal University, 2009-05-09.

③ John M. Bryson, Barbara C. Crosby, and Melissa Middleton Stone, “The Design and Implementation of Cross-Sector Collaborations: Propositions from the Literature”, *Public Administration Review*, 66: 44—55, 2006.

④ 也可参阅张强、陆奇斌、张秀兰：《汶川地震应对经验与应急管理中国模式的建构路径——基于强政府与强社会的互动视角》，《中国行政管理》2011年第5期，第50—56页。

⑤ 20世纪60年代中央财政补助各省的特大抗旱经费实际支出年均只有0.61亿元，50年代则更少。参见郑功成等：《多难兴邦——新中国60年抗灾史诗》，湖南人民出版社2009年版，第123页。

下的全面政治动员和事后的集中指挥始终是重要的应对机制，与此同时，自下而上的社会组织能力基本没有显现，这就形成了长期以来的中央政府应对为主，地方政府和公民社会缺失的基础格局。

中国作为一个多灾害的国家，70% 以上的城市、50% 以上的人口分布在气象、地震、地质和海洋等自然灾害严重的地区。[①] 有史以来，中国救灾救济的一大特色即为政府的有效组织。无论是隋唐时期的仓廪制度，还是 18 世纪的荒政[②]，都曾令发达国家的历史学家们叹服莫名。[③] 建国伊始国家就对灾害管理工作很重视。如表 2-1 所示，1949 年底中央政务院就设立内务部，主管包括救灾工作在内的多项民政事务，同时在各大行政区设立民政部，在各省、自治区、直辖市设民政厅，大城市设民政局，专区设民政处、科，从而形成了全国性的减灾救灾职能体系。1949 年，全国各地旱、冻、虫、风、雹、水灾相继发生，尤以水灾最为严重，被淹耕地约 1 亿亩，减产粮食 120 亿斤，灾民约 4000 万人。针对这种情况，12 月 19 日中央人民政府政务院发布《关于生产救灾的指示》，1950 年 1 月 6 日又发出《关于生产救灾的补充指示》，要求各级人民政府提高对救灾重要性的认识，切实开展生产救灾工作，采取措施帮助灾民度过灾荒，“不许饿死一个人”[④]。1950 年 2 月 27 日，救灾领导协调机构——中央救灾委员会正式成立。在救灾委员会成立大会上，党和政府首次提出救灾工作方针，即：生产自救，节约度荒，群众互助，以工代赈，并辅之以必要的

---

① 民政部救灾司：《减灾救灾 30 年》，《中国减灾》2008 年第 12 期，第 5 页。

② 荒政是中国封建政治中的重要组成部分。在长期以来与自然灾害不断斗争的过程中，各项救灾措施逐渐产生、发展，到了明代，报灾、勘查、蠲缓、赈济等政策基本确立，清代前期在此基础上进一步发展，到了晚清已经形成了一套全面的制度，分为报灾、核查、蠲缓、赈济、仓储、河政等方面。参阅康沛竹：《中国共产党执政以来防灾减灾的思想与实践》，北京大学出版社 2006 年版，第 116 页。

③ Pierre-etienne Will, *Bureaucracy and Famine in Eighteenth - Century China*, translated from the French by Elborg Forster, Stanford University Press, California, 1990. 转引自王洛林：《特大洪水过后的中国经济发展的思考：长江中游三省考察报告》，社会科学文献出版社 2000 年版，第 183 页。

④ 政务院：《政务院关于生产救灾的指示》，《新华月报》1950 年第 1 卷第 3 期。

救济。[1] 1958年农村人民公社化以后,减灾工作方针又调整为“依靠群众,依靠集体。生产自救为主,辅之以国家必要的救济”[2]。

表2-1 建国以来救灾主要组织机构的变化情况

时 间	救灾组织机构变迁	背 景
1949年	政务院下成立内务部,规定内务部社会司主管社会救济(灾)工作。	建国初期根据《中华人民共和国中央人民政府组织法》设立。
1950年	中央救灾委员会成立,政务院副总理董必武任委员会第一任主任,成员包括内务部、财政经济委员会、财政部、农业部、铁道部、卫生部、中华全国妇女联合会等单位的相关负责人,委员会日常工作委托内务部办理。同时,各地也相继成立生产救灾委员会,吸收政府各部门领导和各界人士参加,由各级党政主要领导担任主任,并从有关单位抽调得力干部,设立办公室专门负责日常工作。	1949年末,政务院发出《关于生产救济的指示》,要求“各级人民政府须组织生产救济委员会,包括民政、财政等部门及人民团体代表,由各级人民政府首长直接领导,务必使领导集中,得到配合,增加效率。”
1950年	中央防汛总指挥部成立,首届主任由政务院副总理董必武担任。1971年,国务院、中央军委决定撤销中央防汛总指挥部,成立中央防汛抗旱总指挥部。1985年,重新恢复中央防汛总指挥部。1988年,国务院和中央军委决定成立国家防汛总指挥部。1992年,国家防汛总指挥部更名为国家防汛抗旱总指挥部。	建国之初便面临全国性大水灾,灾情遍及16个省(区)。
1957年	中央救济委员会设立办公室,具体工作由内务部农村社会救济司承担。	

① 内务部农村福利司编:《建国以来灾情和救灾工作史料》,法律出版社1958年版,第7页。

② 张建民、宋俭:《灾害历史学》,湖南人民出版社1998年版,第436页。

续表

时　间	救灾组织机构变迁	背　景
1958 年	中央救灾委员会被撤销，除了一些多灾地方仍然保留生产救灾机构外，地方的相应生产救灾机构也同时被撤销或合并。自此，协调全国救灾工作的任务基本划归内务部，同时各地救灾工作任务大都由民政部门承担。	在“大跃进”时期极“左”思想的影响下，提出要在短时间内消灭自然灾害的观点。既然自然灾害可以被消灭，相应的救灾机构便没有存在的理由。
1966 年	邢台地震后，根据周恩来同志的指示，首次成立抗震救灾指挥部，4 月 5 日撤销，成立河北省抗震救灾指挥部。（1976 年唐山大地震后，中央也成立了抗震救灾指挥部。其后大震之后即成立抗震救灾指挥部。）	1998 年 3 月 1 日施行的《中华人民共和国防震减灾法》第三十条规定：“造成特大损失的严重破坏性地震发生后，国务院应当成立抗震救灾指挥机构，组织有关部门实施破坏性地震应急预案。”
1969 年	内务部被撤销，原由内务部农村社会救济司承担的救灾工作任务分散到中央农业委员会、农业部、财政部等部门。	在“文化大革命”时期，国务院几十个部委有的被撤并，有的被下放五七干校，在北京只剩下了留守机构，同期被撤销还有劳动部等。
1971 年	1969 年，渤海湾 7.4 级大地震后组建了中央地震工作小组。1971 年 8 月 2 日国务院国发 56 号文，决定撤销中央地震工作小组办公室，成立国家地震局作为中央地震工作小组的办事机构，统一管理全国的地震工作，国家地震局由中国科学院代管。（1975 年 12 月，国家地震局改为国务院直属局。1998 年更名为中国地震局。国务院抗震救灾指挥机构的办事机构设在中国地震局。）	国家地震局成为那个特殊年代里为数不多的新建国家机关之一。

续表

时 间	救灾组织机构变迁	背 景
1978 年	民政部成立,民政部下设农村社会救济司主管全国农村救灾工作。但民政部没有接管“文化大革命”中由中央农业委员会负责的组织协调全国抗灾救灾工作。1978 年到 1989 年间,综合协调工作先后由中央农委、国家经委农业局、国家计划委员会安全生产调度局承担。1998 年国务院第四次机构改革后,抗灾救灾综合协调职能移交给民政部。	“文化大革命”结束。
1989 年	中国国际减灾十年委员会成立。该委员会是一个部际协调机构,由民政部等 32 个部委、局和中国人民解放军有关部门的负责人组成,办公室设在民政部救灾救济司。委员会的主要任务是:制定中国国际减灾十年活动的方针、政策、行动计划和减灾规划,组织有关部门统一行动,共同开展防灾、抗灾、救灾工作。(2000 年,根据我国开展减灾工作的需要和联合国有关决议的精神,更名为“中国国际减灾委员会”。2005 年,经国务院批准改为现名,即“国家减灾委员会”。)	响应第 42 届联合国大会第 169 号决议《确定 1990—2000 年为国际减轻自然灾害十年的倡议》。
1989 年	部分省(自治区、直辖市)设立了非常设的抗灾救灾办公室,有的设在省(自治区、直辖市)办公厅(室),有的设在省计经委,有的设在民政厅或省委农委。	国务院发出《国务院批转国家计委〈关于加强和改进全国抗灾救灾工作的报告〉的通知》。
2003 年	进一步明确了全国救灾业务由民政部承担“组织、协调救灾工作;组织核查灾情,统一发布灾情,管理、分配中央救灾款物并监督使用;组织、指导救灾捐赠;承担中国国际减灾委员会日常工作,拟定并组织实施减灾规划,开展国际减灾合作。”	根据第五次国务院机构改革的安排。

续表

时　间	救灾组织机构变迁	背　景
2005 年	确立我国五个层次的应急管理机构：一是领导机构，国务院为其最高行政领导机构。二是办事机构，国务院办公厅设国务院应急管理办公室（国务院总值班室），承担国务院应急管理的日常工作和国务院总值班工作，履行值守应急、信息汇总和综合协调职能，发挥运转枢纽作用。三是工作机构，国务院有关部门依据有关法律、行政法规和各自的职责，负责相关类别突发事件的应急管理工作。四是地方机构，地方各级人民政府是本行政区域应急管理工作的行政领导机构。目前全国省、市、县各级政府基本成立了应急管理领导机构，所有省级政府和绝大部分的市级、县级政府设立了应急管理办公室，发挥信息汇总、参谋助手和综合协调作用。五是专家组，国务院和各应急管理机构建立各类专业人才库。	2003 年抗击"非典"胜利之后，党中央和国务院开始认识到突发事件应急机制不健全，处理和管理危机能力不强，随即开始了中国应急管理体系"一案三制"的建设。

资料来源：孙绍骋：《中国救灾制度研究》，商务印书馆 2005 年版；邓国胜等：《响应汶川——中国救灾体制分析》，北京大学出版社 2009 年版；《中华人民共和国国务院公报 2000 年》《中华人民共和国国务院公报 2005 年》；中国地震局官网，http://www.cea.gov.cn/；杨懋源：《浅议国家抗震救灾指挥部办公室及其工作》，《国际地震动态》，2004 年第 5 期，第 19—22 页；闪淳昌等：《中国应急管理大事记（2003—2007）》，社会科学文献出版社 2012 年版；国家防汛抗旱总指挥部办公室简介，http://fxkh.mwr.gov.cn/zzjg/；国务院：《国家突发公共事件总体应急预案》，http://www.gov.cn/yjgl/2006-01/08/content_21048.htm。

当时中央救灾委员会由政务院副总理董必武任主任，委托内务部（民政部前身）办理该委员会的日常工作，对于重大灾害的应对大都采取全面动员的体制，之后很快就形成了专门部门应对单一灾种并针对重大灾害成立中央指挥部的体制，如 1950 年 6 月 7 日，成立中央防汛总指挥部，水利部负责防洪抗洪；1971 年成立国家地震局应对地震灾害等。早在 1951 年，中央生产救灾委员会就发布了《关于统一灾情计算标准的通知》。然而，在建国后的很长一段时间里，由于产业活动主要为农业生产，自然灾害的承灾对象比较单一，灾情调查统计比较简单，以农业受灾情况为主。①

中央人民政府政務院

關於生產救災的指示

一、今年中國各地區都有異常嚴重的災害。自春至秋，旱、凍、蟲、風、雹、水、疫等災相繼發生，尤以水災爲最嚴重。全國被淹耕地約一萬萬畝，減產糧食約一百二十萬萬市斤，災民（包括輕重受災人民在內）約四千萬人。[illegible]華東區被淹面積即達五千餘萬畝，約佔其總耕地五分之一，其中毫無收成者二千餘萬畝，減產七十餘萬萬斤，災民一千六百萬人。河北一省，被淹耕地即達三千萬畝，災民約一千萬人。其他牲畜房產資財損失，不可數計。

當災害發生時，我各地人民政府均發動與組織了群眾，進行頑強的鬥爭。春旱時，發動群眾挑水點種、打土井、担水點種。蟲災發生後，即組織群眾捕打害蟲。風、雹、凍等災害發生後，即進行補苗、改種。防汛期間，即領導群眾搶修堤口，日以繼夜地與洪水作鬥爭，使超過十幾年來最大流量的黃河，終未決口。但雨水過大，積水成災，我各級人民政府又領導群眾[illegible]境百分之八十以上。在所有災區，組織群眾開展副業與運輸業，進行生產自救。如華東安慶專區，組織群眾打柴、捕魚、挑担運輸，全區十萬人投入生產自救運動，解決了五十餘萬人的生活問題。華中的江西、湖南等省，[illegible]幹部，除領導群眾搶堵水搶種晚稻二百萬畝外，並組織災民進行副業生產與從事運輸，使五十萬人以上的生活得以維持。河北發展手紡織業，已訂銷土布一百二十萬疋。文安、武清從事捕魚，編蓆的農民達九萬人，每月平均收入小米六十萬斤。其他編[illegible]、編蘆袋、開粉房、榨油、軋花及運輸約有六萬人，能維持二十萬人的生活。無法進行副業生產的群眾也投入打草籽、採野菜的運動中。

二、雖然如此，但我們決不能自滿於上述這些成績，必須認識災情仍是嚴重的，救災工作仍是艱鉅的。由於帝國主義蔣匪幫的戰爭破壞、堤防水利失修、農村生產力降低，因而遭到此空前災害。又由於帝國主義蔣匪幫的搜刮破壞，民無儲蓄，使得救災工作發生不少困難；特別是新區，在担負戰爭、剿匪、反霸等繁重任務下，又缺乏生產自救的經驗。據目前統計全國無吃缺吃的尚有七

图 2-1　1949 年中央人民政府政务院发布《关于生产救灾的指示》档案原件首页

资料来源：国家档案局：《1949 年档案：第 51 集政务院发布〈关于生产救灾的指示〉》，http://www.zgdazxw.com.cn/NewsView.asp? ID = 8983。

1954 年爆发的江淮大水灾被称之为“新中国（遭受的）第一（次）巨灾”，仅长江中下游五省受灾的县市就有 123 个，淹没耕地 317 万公顷，受灾人口 1888 万人，死亡 3.3 万多人。② 此次应对充分彰显了当时的灾害管理模式：政府主导下的全民（解放军、工人、农民等）动员模式，强调的是工程式应对（赶工抢修荆江分洪过程）、抢险为主（危急时组织人墙来保卫大堤）和各地区的全力援助（当时一封慰问信如此写道：“防汛就是战斗，物资好比弹药，你们要什么，我们就支

① 袁艺、张磊：《中国自然灾害灾情统计现状及展望》，《灾害学》2006 年第 4 期，第 89—93 页。

② 国家统计局、民政部：《中国灾情报告（1949—1995）》，中国统计出版社 1995 年版，第 25 页。

援什么！"）。据统计，灾区各省有计划、有组织转移的灾民共有 1300 万人。当时也有专家意识到，长江流域的水旱灾害严重，除了气象方面的客观原因，主要的还是由于流域内生态环境失调。① 但对于百业待兴的新中国建设而言，灾害的应对主要还停留在"救灾"阶段，而且"单靠救济是不能解决问题的，而主要的要靠领导和组织灾民努力自救"②。

1959—1961 年，中国出现了前所未有的以旱灾为主的三年严重自然灾害，使得粮食异常短缺，全国大半人口处于饥饿状态，人口非正常死亡数以千万计③，还伴随着大规模的人口迁移。这场灾难的发生原因被人们认为是"三分天灾，七分人祸"④。由于政治上的左倾导致"大炼钢铁"的大跃进、"高产卫星"的浮夸风，使得政府对于灾害的形势判断失误，甚至认为"灾荒，现在看来已经不是什么大的问题"⑤。为此，指导全国救灾工作的中央救灾委员会被取消，各地除河南、安徽等一些多灾地区之外，也都撤销或合并了救灾机构。在实际的农田水利建设中，不仅疏于科学规划、规范管理，而且随意夸大规模，甚至也成为农业"大跃进"的号角。⑥ 当时，国家本身财力捉襟见肘，经济机构严重失调，全民沉浸在"跑步进入共产主义"的疯狂浪潮中，也就更为丧失应对灾害的有效能力。

---

① 夏明方、康沛竹：《20 世纪中国灾变图书》中册，福州：福建教育出版社 2001 年版，第 366—418 页；郑功成等：《多难兴邦——新中国 60 年抗灾史诗》，湖南人民出版社 2009 年版，第 61—75 页。

② 《人民日报》1949 年 11 月 10 日。

③ 三年自然灾害导致的非正常死亡人口数已经成为中国灾害史的一个谜。相关情况可以参阅：从进：《1949—1989 年的中国：曲折发展的岁月》，河南人民出版社 1989 年版；李成瑞：《"大跃进"引起的人口变动》，《人口研究》1998 年第 1 期；〔美〕彭尼·凯恩：《中国的大饥荒（1959—1961）——对人口和社会的影响》（郑文鑫等译），中国社会科学出版社 1993 年版；李澈：《大饥荒年代非正常死亡的另一种计算》，《炎黄春秋》2012 年第 7 期，第 46—52 页。

④ 刘少奇 1962 年 1 月 11 日在北京召开的中共中央"七千人大会"上的讲话，《刘少奇选集》下卷，人民出版社 1991 年版，第 337 页。

⑤ 内务部农村福利司编：《建国以来灾情和救灾工作史料》，法律出版社 1958 年版，序言。

⑥ 薄一波：《若干重大决策与事件的回顾》（修订本）下卷，中共中央党校出版社 1997 年版，第 707 页。

1965年,我国的国民经济调整工作基本完成,随后就遭遇了1966年的邢台大地震(震级6.8),因灾死亡8064人,这一次地震应对也掀开了中国地震预报科学实践的序幕。[①] 不过,遗憾的是,中国社会当年5月随即进入了“打倒一切,全面内战”的十年“文化大革命”。在此期间,自然灾害的频繁发生犹如雪上加霜,尤其以地震灾害为多,1970年云南通海发生7.7级地震(因灾死亡15621人),1974年云南昭通发生7.1级地震(因灾死亡1423人),1975年辽宁海城、营口发生7.3级地震(因灾死亡2041人),1976年唐山发生7.8级地震(因灾死亡242419人)。[②] 在这一系列的地震应对中,既有预报成功并将损害后果控制在最低程度的(海城地震),也有麻木无知致死万人的(通海地震),更有惨绝人寰的(唐山大地震)。[③] 唐山大地震用惨痛的教训给出了警示。在地震之前,唐山大部分的楼房防震设计只有6度,几乎就是一座不设防的城市,人们都在忙于政治运动,以至于有专家总结说:“唐山地震是在不尊重科学、不尊重知识的社会背景下发生的。”[④]当然,这一历史时段中,还需要关注的是1975年8月河南驻马店地区发生的“75.8”特大洪水灾害,这场由特大暴雨引发的淮河上游洪水使得板桥、石漫滩两座大型水库,竹沟、田岗两座中型水库和58座小型水库以及两个滞洪区在短短数小时之内相继垮坝溃决,导致22000人死亡。[⑤]

总体上说,这一时段是新中国建设初期,大部分时间处于毛泽东时代。这一时代实现了低人类发展阶段到下中等人类发展阶段的跨越,人类发展指标(HDI)从0.225(1950年)提高到0.521(1975

---

① 张国民、李志雄、杨林章:《邢台地震与我国地震预报的发展》,《华北地震科学》2006年6月,第24卷第2期,第16—23页。

② 顾功叙:《中国地震目录(公元1970—1979年)》,地震出版社1984年版。

③ 郑功成等:《多难兴邦——新中国60年抗灾史诗》,湖南人民出版社2009年版,第199页。

④ 夏明方、康沛竹:《20世纪中国灾变图书》下册,福建教育出版社2001年版,第492—501页。

⑤ 参阅驻马店水利局编:《河南省驻马店地区“75.8”抗洪志》,黄河水利出版社1998年版。

年)。[①] 这一时期，中国开始建立了以行业或部门为主体的减灾专业队伍和条块结合的灾害管理系统，大力开展大江大河的防洪工程建设以及农田水利基本建设，为防灾奠定了一定的基础，并在防震抗震方面获取了一系列的经验与教训。[②] 但这一时段还是中国共产党从革命党向执政党的转型期，“政治挂帅”理念占据主导，公众减灾意识和社会减灾基础比较薄弱，甚至还有“人定胜天”的思想存在。在防减灾的策略上虽然早在50 年代就已经有“预防为主”“以救灾推动防灾，以防灾带动救灾”的防减灾结合思想[③]，但实施中大多以“生产救灾”为主。一方面大兴水利，大跃进时期的思路使得治理水患只是见缝插针地遍地修建大大小小的水库，但缺乏长期管理和综合治理[④]；另一方面还在强调生产自救，努力确保人民的基本需要，要求“千方百计做到不饿死人，不冻死人”。对于灾害，正如《关于生产救灾的指示》中指出，“关系到几百万人的生死问题，是新民主主义政权在灾区巩固存在的问题，是开展明年大生产运动，建设新中国的关键问题之一”。这也就意味着，此时首要的是确保政权巩固存在的问题，为此，三年自然灾害、“75.8”洪水等重大灾害应对没有正式的总结报告，甚至连相应的非正常死亡人数都成了历史谜团。在相关历史的回顾中，有人如此写道：“的确，当时国家政治生活正是处于一场巨大政治风浪，哪里还顾得上这种事情。”[⑤]此时的民众参与也是“社会主义制度优越性”的充分体现，甚至为此在唐山大地震之后专门拒绝了国际社会的任何援助。[⑥]

在这一历史时期，救灾主体首先是中央政府，救灾款项几乎都由

---

① 联合国开发计划署：《2003 年人类发展报告》中文版，中国财政经济出版社 2003 年版，第 247 页。

② 郑功成等：《多难兴邦——新中国 60 年抗灾史诗》，湖南人民出版社 2009 年版，第 200—202 页。

③ 内务部农村福利司编：《建国以来灾情和救灾工作史料》，法律出版社 1958 年版，第 4 页；方樟顺主编：《周恩来与防灾减灾》，中央文献出版社 1995 年版，第 354 页。

④ 陈惺：《“75.8”特大水灾回忆与教训》，《河南水利》1995 年第 2 期。

⑤ 张广友：《目睹 1975 年淮河大水灾》，《炎黄春秋》2003 年第 1 期，第 14—21 页。

⑥ 郑功成等：《多难兴邦——新中国 60 年抗灾史诗》，湖南人民出版社 2009 年版，第 198—199 页。

中央政府负担，形成了“灾民找政府，下级找上级，全国找中央”的救灾格局。这种救灾体制的基础是与建国初期高度集中的计划经济体制相适应的。① 至于社会动员方面，主要依赖的是作为中国共产党斗争胜利的三件法宝之一的群众路线。这时社会组织的自身发展还是蹒跚起步，还基本谈不上参与到灾害风险管理工作中来。1950 年 9 月，政务院颁布《社会团体登记暂行办法》，使用“社会团体”的概念来定义社会组织，并从国家政权的角度初步建立了规范民间社团的管理体系。从那时到 60 年代中期，社会团体总的来说得到了一定的发展，据统计，到 1965 年，全国性社团由解放初期的 44 个增长到近 100 个，地方性社会团体发展到 6000 多个。遗憾的是，1966 年“文化大革命”开始，就中断了在法制基础上社会团体的健康发展。②

2. “经济为先的灾害管理”阶段（自 1978 年改革开放后至 2003 年“非典”爆发前）

此阶段的基本特点：这一阶段随着政治稳定和社会主义市场经济体制建设的开始，灾害应对的能力和民众减灾意识逐步增强，减灾工作开始与蓬勃发展的经济建设相关联，被纳入国民经济发展的战略规划。此阶段的灾害应对更多地出现经济建设为中心的伴随型发展特征，虽然政府主导作用逐步减弱，但还是停留在“自上而下响应、政府应对为主”的灾害管理阶段，社会组织逐步得到发展，开始参与到灾害应对中来，并发挥了一定的作用。

1978 年改革开放后，特别是自 20 世纪 80 年代农村广泛实行家庭联产承包责任制之后，为适应发展新情况，国家救灾工作方针也做出了相应的调整。1983 年，第八次全国民政工作会议将 1958 年确定的救灾工作方针修订为“依靠群众，依靠集体，生产自救，互助互济，辅之以国家必要的救济和扶持”。在此基础上，1988 年第九次全国民政会议上，又增加了救灾工作要同扶持生产相结合、有偿和无偿救

① 康沛竹：《中国共产党执政以来防灾减灾的思想与实践》，北京大学出版社 2006 年版，第 122—123 页。

② 王名、贾西津：《中国 NGO 的发展分析》，《管理世界》2002 年第 8 期，第 30—43 页。

济相结合以及救灾向社会保险方向过渡的内容。1993 年，为了适应社会主义市场经济体制，全国救灾救济工作座谈会提出了深化救灾工作改革，建立救灾工作分级管理、救灾款分级承担的救灾管理体制新思路。[①] 自 1994 年起（第十次全国民政会议后），中央与地方开始推行救灾分级管理，核心是救灾资金的分级负担，形成了"政府统一领导，部门分工负责，上下分级管理"的救灾工作管理体制。[②] 这也和当时中央政府向地方政府财政分权的趋势相一致，不过随后的实践中也发现由于地区发展不均衡带来的一些问题，所以其后又进一步明确了民政部门要确保紧急救助和荒情救济，并做好与最低生活保障相结合。[③]

特别值得关注的是，随着综合国力的发展，我国这一时期的减灾工作在有效保护人民生命财产、减少破坏损失的基础上，还要致力于为经济建设保驾护航。在中国国际减灾十年委员会成立大会上，我国正式提出："要把减灾活动纳入国民经济发展的战略规划中去"，"应把减灾工作作为推动社会经济发展的一件大事，列入各级政府的重要议事日程"，"我们的各项经济活动都要考虑减灾的因素"[④]。这一阶段的灾害以洪灾频发为突出特点，1991 年、1998 年长江流域先后遭受了两次特大洪水。1991 年 4 月，七届人大第四次会议通过的《关于国民经济和社会发展十年规划和第八个五年计划纲要的报告》中，第一次正式明确写入"要把水利作为国民经济的基础产业，放在重要的战略地位"。同年 11 月，党的十三届八中全会的《决定》中明确规定："水利是农业的命脉，是国民经济和社会发展的基础产业，兴修水利是治国安邦的百年大计。"[⑤]这也就折射出，这一阶段党和政

---

① 康沛竹：《中国共产党执政以来防灾减灾的思想与实践》，北京大学出版社 2006 年版，第 126 页。

② 李本公：《建立符合国情的救灾分级管理体制》，《中国民政》1997 年第 9 期第 6 页。

③ 康沛竹：《中国共产党执政以来防灾减灾的思想与实践》，第 127 页。

④ 同上书，第 157 页。

⑤ 中共第十三届中央委员会：《中共中央关于进一步加强农业和农村工作的决定》，1991 年 11 月。

府的工作重心转移到经济建设上来，开始建立社会主义市场经济体制，[①]使得灾害应对的基础能力有所增强，同时经济建设客观上要求一定稳定的社会环境作为保障。为此，党和政府在坚持保护人民生命财产、维护社会稳定的基础上，把减灾和经济建设紧密联系起来，强调减灾要为经济建设服务的思想。事实说明，与“三年自然灾害”和唐山大地震的救灾过程相比，在1991年江淮大水中，党和政府表现出了实事求是的态度，工作效率和科学化程度都大大地提高了。[②]但值得关注的是，此时的管理策略基本还留在工程应灾的思路上，在1998年全国抗洪抢险总结表彰大会上，时任中央领导人指出：“加强水利建设，要坚持全面规划、统筹兼顾、标本兼治、综合治理的原则，实行兴利除害结合，开源节流并重，防洪抗旱并举。”[③]中央组织部在1996年制定了《县级党政领导班子政绩考核办法及考评标准体系》，这一考评体系共分三大类十八个指标体系，一是经济发展指标，二是社会发展指标，三是精神文明建设和党的建设指标。同时还有一票否决权，如计划生育一票否决权、社会综合治理一票否决权、党的建设领导班子一票否决权等。[④] 由此可见，当时应对灾害以及安全发展等方面的指标还未能纳入到中央政府对地方政府的考核体系中。

这一阶段，灾害风险管理与经济建设工作紧密结合的另一个特征就是，救灾与扶贫也开始结合起来。1983年中共中央办公厅、国务院办公厅转发了《第八次全国民政会议纪要》，确定了我国救灾改革的相关措施，其中由单纯的生活救济转变为生活救济和扶持灾民生产自救相结合，适当地用于帮助灾民农副业生产。[⑤] 上述改革措

---

① 十一届三中全会(1978年)明确把工作重心转移到经济建设上来；十二届三中全会(1984年)确立以公有制为基础的有计划的商品经济；十三届三中全会(1988年)治理和整顿经济秩序；十四届三中全会(1993年)提出建立社会主义市场经济体制；十五届三中全会(1998年)提出建设中国特色社会主义新农村。

② 康沛竹：《中国共产党执政以来防灾减灾的思想与实践》，北京大学出版社2006年版，第56页。

③ 江泽民：《在全国抗洪抢险总结表彰大会上的讲话》，《求是》1998年第19期。

④ 张青：《科学的领导干部政绩考核评价体系建设》，《行政与法》2005年第5期，第65—67页。

⑤ 孟昭毕、彭传荣：《中国灾荒史》，水利电力出版社1989年版，第232页。

施实际上就是把救灾和扶贫结合起来，改变了以往受灾后单纯救济的传统模式。在 1985 年 4 月 26 日国务院批转的《关于扶持农村贫困户发展生产治穷致富的指示》中也明确指出："要把扶贫和救灾结合起来。救灾款在保障灾民基本生活前提下，可用于灾民生产自救扶持贫困户发展生产。救济款有偿收回的部分用于建立扶贫救灾基金，有灾救灾，无灾扶贫。"此后，形式多样的救灾与扶贫相结合的扶持形式相继出现。

从国家与社会的互动关系来看，此时的灾害风险管理系统体现出的主要格局就是"强国家与弱社会"。在抽象的公共利益下，国家对社会生活实现了较强的全面控制，治理体系呈现出极强的高度集中性。自上而下的政治动员和事后的集中指挥始终是重要的应对机制。此时的社会由于长期的社会细胞化(social cellularization)造成了社会的两极化，一端是政策制订的最高层，一端是直接执行政策的地方官员，在这中间则是各级很少拥有真正权威的组织。[①] 同时，随着单位制的形成、盛行和崩溃，社区结构在逐步发展，但尚未构成社会的有效基础单元。于是，自下而上的社会组织能力基本没有显现。与此同时，中央集中指挥机制使得地方政府缺乏"第一响应人"应有的主动姿态，这就继续了我们长期以来的中央政府应对为主，地方政府和公民社会缺失的格局。这一阶段中，由于经济建设是压倒性的主要命题，虽然自然灾害损失影响占了 GDP 的一定比重(如前言的图 0-1 所示)，对于灾害的冲击认知还局限在直接的经济冲击，并没有重视相应的社会冲击，更谈不上公共治理机制层面的调整，所以还是工程建设为主的应对性机制、救助式方式、日常单部门为主、灾时建立指挥部战争动员式的管理模式。就连我国现代的救灾物资储备制度都是在 1991 年、1994 年南方大水和 1998 年河北张北地震备受冲击后才开始建立起来，当时的民政部、财政部出台了《关于建立中央级救灾物资储备制度的通知》，才着手建立中央级救灾物资储备制

---

① Vivienne Shue, "State Power and Social Organization in China", in Joel S. Migdal, Atul Kohli and Vivienne Shue, eds., *State Power and Social Forces: Domination and Transformation in the Third World*, Cambridge: Cambridge University Press, 1994, pp. 65—88.

度。[①] 关于救灾主体的界定，从这一阶段发生的几次重大灾害应对总结中就可窥一斑。如在 1998 年长江大水之后，我国总结了伟大的抗洪精神“万众一心、众志成城，不怕困难、顽强拼搏，坚韧不拔、敢于胜利”，充分肯定的主体主要就是中央和地方各级党委、政府以及政府动员下的广大群众和军队。[②] 当然人们也有所意识，单一行政性体系抑制了市场机制和非政府机构，应该构造一个包含政府、社会捐赠、灾害保险等三根支柱的救灾和灾后重建体制。[③] 总体上，这一阶段应对灾害的特点是以政府管理体制为中心，集中统一的决策指挥系统、行之有效的行政系统和基层党组织的战斗堡垒作用是我国灾害应对乃至政治制度和公共管理体系的主要优势。[④]

这一阶段中，几次巨灾的应对过程充分展现了这一格局的特点。1998 年的特大洪灾[⑤]中，中国政府开始主动呼吁国际社会的救助，并接受来自国内外的捐款。但作为社会组织层面，只有官方性质社会组织（GONGO）[⑥]如红十字会等的身影。[⑦] 成立于 1904 年的中国红十字会，其救灾职能在这一历史阶段得到了进一步的规范。1993 年颁布的《中华人民共和国红十字会法》将中国红十字会规定为人道主义团体，其职责之一就是“开展救灾的准备工作；在自然灾害和突发事件中对伤病人员和其他受伤者进行救助”，并规定“在自然灾害和

---

① 邓国胜等：《响应汶川——中国救灾体制分析》，北京大学出版社 2009 年版。

② 江泽民：《在全国抗洪抢险总结表彰大会上的讲话》，《求是》1998 年第 19 期。

③ 王洛林：《特大洪水过后的中国经济发展的思考：长江中游三省考察报告》，社会科学文献出版社 2000 年版，第 206—214 页。

④ 政治学所课题组：《我国防治非典的制度分析》，《政治学研究》2003 年第 3 期，第 100—106 页。

⑤ 1998 年发生的长江洪水，是仅次于 1954 年的 20 世纪第二位全流域型大洪水，据统计，灾情涉及全国 29 个省（直辖市、自治区），农田受灾面积达 2229 万公顷（3.34 亿亩），死亡 4150 人，倒塌房屋 685 万间，直接经济损失达 2551 亿元。参阅中华人民共和国水利部：《中国 98 大洪水》，水利水电出版社 1999 年版。

⑥ White Gordon, Howell Jude, and Shang Xiaoyuan, *In Search of Civil Society: Market Reform and Social Change in Contemporary China*, Oxford: Clarendon Press, 1996, p. 112.

⑦ 袁媛：《NGO 在汶川地震灾后重建中的参与问题研究》，西南交通大学硕士论文，2009 年，第 21—24 页。詹奕嘉：《NGO 抗击雪灾：回顾与反思》，《中国减灾》2008 年第 4 期，第 16—17 页。

突发事件中，执行救助任务并标有红十字标志的人员、物资和交通工具有优先通行的权利。”[①]1998 年的抗洪救灾中，中国红十字会就接受了大量港澳台同胞和国外非政府组织对中国的捐款。成立于 1994 年的中华慈善总会，把紧急救灾作为一项主要的工作，先后开展了 1998 年张北地震、1998 年特大洪灾、内蒙古和新疆雪灾的紧急救助，1998 年我国收到的各界募捐总额为 2 亿元人民币，中华慈善总会直接和间接募捐总额占到全国的五分之二以上。[②] 与此同时，由团中央 1989 年发起的中国青少年发展基金会在 1998 年长江大洪水之际，专题向海内外推出“希望工程救灾劝募行动”[③]。成立于 1989 年的中国扶贫基金会在 2003 年正式设立紧急救援项目部，将自然灾害与贫困地区相结合的地区作为重点工作地区，建设以救援物资捐赠、现场采买救援物资、生产恢复与灾后重建、备灾与救援能力建设为主的救灾模式。[④]

在这一阶段，我国对国际社会的救灾援助也是逐步开放，1980 年我国常驻联合国代表团在联合国大会上呼吁国际社会向遭旱灾较重的湖北、河北两省灾区提供人道主义的救灾援助，得到了 20 多个国家政府和国际组织的价值 2000 多万美元的奶粉、粮食等物资援助。这是我国 1949 年建国后第一次接受外国政府的救灾援助。从 1981 年底到 1987 年夏，中国接受救灾外援的工作基本上又处于停滞状态。直到 1991 年华东地区发生大水灾后，我国政府以中国国际减灾十年委员会的名义，呼吁国际社会向灾区提供人道主义紧急援助。这是我国有史以来第一次正式地、直接地向国际社会发出呼吁。

在这一历史阶段，我国政府在推行一种类似于“法团主义”（corporatism）的社会管理方式，政府扶持不同领域的代表组织来协助政

---

① 《中华人民共和国红十字会法》，参见 http://www.gov.cn/banshi/2005-08/01/content_18932.htm。

② 王艳：《中华慈善总会：扶贫济困》，《中国市场》2003 年 2 月 13 日。有关中国慈善总会的情况介绍，可参见 http://cszh.mca.gov.cn/article/zhjs/。

③ 参见中国青少年基金会网站“历年大事”栏目，http://www.cydf.org.cn/liniandashi/。

④ 有关内容参见中国扶贫基金会网站紧急救援项目内容，http://www.cfpa.org.cn。

府对多元利益的社会进行管理。① 社会组织自身的发展还是非常迅猛的。从20世纪80年代开始,社会团体的数量增长呈现出空前的势头。这一时间中国社团组织的勃兴是推进现代化和经济体制改革从而加速社会分化的结果。② 当时,我国就提出要大力发展与政府职能转变相衔接的中介组织,中介组织被视为政府的"助手"和连接社会、市场的桥梁。③ 进入90年代,中国政府确立了"小政府、大社会"的改革目标,经济体制的转轨和政府职能的转变为社会组织的发展提供了较为广阔的空间,中国社会对社会组织的态度由忽视转向默认。1995年第四次世界妇女大会在中国召开,"非政府组织"这一名词正式进入中国,从此,社会组织日益受到重视,国家开始采取了"监督管理,培育发展"并重的管理方针。90年代,以商业、行业和专业协会的增长最快,其次为学术性社团,宗教、慈善及公共事务性社团则发展较慢。④ 1997年召开的党的十五大上提出,要"培育和加强社会中介组织"⑤,2002年召开的党的十六大报告指出,"社会中介组织的从业人员"也是中国特色社会主义的建设者,要加大在社会团体和社会中介组织建立党组织的工作力度。⑥ 在这一阶段,有关社会组织登记管理的法律法规相继出台,以《社会团体登记管理条例》

---

① Chan Kin-man, "Intermediate Organizations and Civil Society: The Case of Guangzhou", in Chor-chor Lau and Xiao Gang, eds., *China Review1999*, Hong Kong: The Chinese University Press, 1999: 259—284.

② 王颖、折晓叶、孙炳耀:《社会中间层——改革与中国的社团组织》,中国发展出版社1993年版。

③ 这里讨论的社会中介组织一定程度与社会组织的内涵有所交叉,其中不仅有市场性中介组织,还包括社会性社会团体、公益性组织、政府直属事业单位、行业协会以及民办非企业单位。参阅:中国行政管理学会课题组:《我国社会中介组织发展研究报告》,《中国行政管理》2005年第5期。

④ M. Pei, "Chinese Intermediate Associations: An Empirical Analysis", *Modern China*, Vol. 24, 285—318, 1998.

⑤ 江泽民:《高举邓小平理论伟大旗帜,把建设有中国特色社会主义事业全面推向二十一世纪》,在中国共产党第十五次全国代表大会上的报告,1997年9月12日。http://xibu.tjfsu.edu.cn/elearning/lk/15c.htm。

⑥ 江泽民:《全面建设小康社会,开创中国特色社会主义事业新局面》,在中国共产党第十六次全国代表大所上的报告,2002年11月13日。http://www.ce.cn/ztpd/xwzt/guonei/2003/sljsanzh/szqhbj/t20031009_1763196.shtml。

（1989 年 10 月发布，1998 年作大幅修订）、《基金会管理条例》（1988 年发布《基金会管理办法》，2004 年后修订为条例）和《民办非企业单位登记管理暂行条例》（1998 年发布）三个条例以及若干规章和规范性文件为架构的登记管理制度初步形成，以《企业所得税法》及实施条例、《公益事业捐赠法》《民办教育事业促进法》等一批法律和相关政策法规为框架的社会组织配套政策不断健全完善。为此，在 90 年代中期出现了一个新的发展高潮。[①] 到 1998 年底，全国共有社会团体 16.5 万个。[②] 根据 2000 年清华大学对全国范围内社会组织的问卷调查显示，当时中国社会组织发展迅速且活动较为集中的，往往是社会需要旺盛、存在公共物品供给“缺位”且政府在政策上又相对允许或鼓励发展的领域，如社会服务（44.63%），调查研究（42.51%），行业协会、学会（39.99%），文化、艺术（34.62%），法律咨询与服务（24.54%），政策咨询（21.88%），以及扶贫（20.95%）。相对来说，当时救灾领域主要是政府主导，所以参与防灾减灾的民间组织还不多，仅占 11.27%。[③]

3．“政府主导的应急管理”阶段（自 2003 年“非典”爆发至 2008 年汶川地震前）

在总结应对非典的工作经验中，中国领导人正式提出科学发展观的战略思想，随即开始强化中央政府的综合协调职责和地方政府的权能以及社会参与，建设以“一案三制（制订、修订应急预案，建立健全应急体制、机制和法制）为核心”[④]的应急管理体系。该体系建设以科学发展观为统领，以构建和谐社会为目标，应急预案体系建设作为抓手，应急管理体制建设是核心与基础，应急管理机制建设是关键，应

① 王名、贾西津：《中国 NGO 的发展分析》，《管理世界》2002 年第 8 期，第 30—43 页。

② 吴忠泽：《认真抓好对社会团体的引导和管理》，《求是》2000 年第 10 期。

③ 王名：《中国 NGO 研究 2001——以个案为中心》，联合国区域发展中心研究报告，2001 年，第 11 页。

④ 闪淳昌：《构建中国特色的应急管理体系》，《中国浦东干部学院学报》2008 年 9 月第 5 期，第 12—18 页。

急法制建设是保障。① 在国家总体应急预案中明确,“在党中央、国务院的统一领导下,建立健全分类管理、分级负责,条块结合、属地管理为主的应急管理体制”,建立联动协调制度,充分动员和发挥乡镇、社区、企事业单位、社会团体和志愿者队伍的作用,依靠公众力量,形成统一指挥、反应灵敏、功能齐全、协调有序、运转高效的应急管理机制。

2003年抗击“非典”事件②已经成为中国灾害管理史上承前启后的重要转折点。“非典”事件对中国高层领导应对灾害(突发事件)的观念造成了很大的冲击。从一个卫生疫情发展到政治危机③,“非典”事件使得中国政府第一次全面感受了时代变迁中的国际化、社会化特征,并意识到应对突发事件和危机事关科学发展观的基本层面。2003年7月28日胡锦涛在全国防治非典工作会议上指出:“通过抗击非典斗争,我们比过去更加深刻地认识到,我国的经济发展和社会发展、城市发展和农村发展还不够协调;公共卫生事业发展滞后,公共卫生体系存在缺陷;突发事件应急机制不健全,处理和管理危机能力不强;一些地方和部门缺乏应对突发事件的准备和能力。”④全社会开始意识到政府公共危机管理能力的不足,作为公共资源的统筹者与安排者,政府并不是万能的,针对现代危机管理的定义、特点、阶段、诱因管理现状,需要建立新的治理结构。⑤ 2003年10月,中共十六届三中全会审议通过的《中共中央关于完善社会主义市场经济体制若干问题的决定》强调:“要建立健全各种预警和应急机制,提高政

① 闪淳昌、周玲、钟开斌:《对我国应急管理机制建设的总体思考》,《国家行政学院学报》2011年第1期,第8—12页。

② “非典”的全称为“非典型肺炎”,学名为“严重急性呼吸道综合症”(Severe Acute Respiratory Syndrome,简写为SARS)。从2002年11月16日至2003年8月16日,中国内地共确诊病例5327例,死亡349人。有关情况参阅:郑功成等:《多难兴邦——新中国60年抗灾史诗》,湖南人民出版社2009年9月,第323—348页。

③ Joseph Fewsmith, “China's Response to SARS”, *China Leadership Monitor*, No.7: 2, 2003.

④ 胡锦涛:《在全国防治非典工作会议上的讲话》,2003年7月28日,北京,http://www.china.com.cn/chinese/OP-c/374564.htm。

⑤ 薛澜、张强:《SARS事件与中国危机管理体系建设》,《清华大学学报(哲学社会科学版)》2003年第4期,第1—6页。

府应对突发事件和风险的能力。”①

2003 年 12 月，国务院成立了国务院办公厅应急预案工作小组，将应急预案的编制工作列为国务院 2004 年工作重点任务之一。2004 年 3 月，在国务院召开的部分省（区、市）及大城市制订完善突发公共事件应急预案座谈会上，时任国务委员、国务院秘书长的华建敏指出：“要做好‘一案三制’工作，即制定完善突发公共事件应急预案，加强应急体制、机制、法制建设。”这是国家领导人第一次在正式会议上提出“一案三制”。此后，国务院即全面部署了“一案三制”的建设工作。2006 年 7 月，温家宝在国务院召开的全国应急管理工作会议上强调，各级政府要以“一案三制”为重点，全面加强应急管理工作。2006 年 10 月，党的十六届六中全会通过的《关于构建社会主义和谐社会若干重大问题的决定》指出：“完善应急管理体制机制，有效应对各种风险。建立健全分类管理、分级负责、条块结合、属地为主的应急管理体制，形成统一指挥、反应灵敏、协调有序、运转高效的应急管理机制，有效应对自然灾害、事故灾难、公共卫生事件、社会安全事件，提高突发公共事件管理和抗风险能力。按照预防与应急并重、常态与非常态结合的原则，建立统一高效的应急信息平台，建设精干实用的专业应急救援队伍，健全应急预案体系，完善应急管理法律法规，加强应急管理宣传教育，提高公众参与和自救能力，实现社会预警、社会动员、快速反应、应急处置的整体联动。”这是党的全会第一次完整地提出“一案三制”。② 这一战略的核心是从建立应急管理预案体系为突破口，先从规范应对突发事件的流程入手，逐步转变、调整和建立应急管理法制、体制和机制。此后的自然灾害作为四类突发公共事件之一，被纳入到整体应急管理体系，成为中国应急管理体系中的重要环节。《国家突发公共事件总体应急预案》明确了突发事件的分类分级管理体制，即统筹了自然灾害、事故灾难、公共卫生事

---

① 中国共产党第十六届中央委员会：《中共中央关于完善社会主义市场经济体制若干问题的决定》，2003 年 10 月 14 日，北京，http://www.gov.cn/test/2008-08/13/content_1071062.htm。

② 高小平：《“一案三制”对政府应急管理决策和组织理论的重大创新》，《湖南社会科学》2010 年 5 期，第 64—68 页。

件、社会安全事件等四类突发事件,并按照社会危害程度、可控性和影响范围等因素,将突发事件分为四级:特别重大、重大、较大、一般。在应对中,强调“统一领导、分级负责;综合协调、分类管理;条块结合、属地管理”的原则。① 从2003年到2007年,中央政府在应急管理工作方面紧抓不放,逐步稳步推进一案三制的建设。2003年,国务院办公厅成立预案工作小组;2004年,重点推进应急预案编制工作;2005年,重点推进预案落实和组织落实工作;2006年:重点推进应急管理进企业工作;2007年,重点推进应急体系建设和应急管理进基层工作。② 到2007年底,中国应急管理体系建设的“一案三制”战略框架基本形成。全国基层应急管理工作座谈会的召开和国务院办公厅发布的《关于加强基层应急管理工作的意见》,特别是《中华人民共和国突发事件应对法》的发布和实施,标志着我国以“一案三制”为核心内容的应急管理体系建设取得了重大进展。③ 预案层面,编制发布了国家总体应急预案,明确了国家总体应急预案、国家专项应急预案(可参见图2-2所示)、部门应急预案、地方应急预案和企事业单位应急预案等构成的预案体系。④ 经过几年的努力,全国已制订各级各类应急预案130多万件,涵盖了各类突发公共事件,应急预案之网基本形成。体制方面,全国31个省(区、市)都成立了省级应急管理领导机构,国家防汛抗旱、抗震减灾、海上搜救、森林防火、灾害救助、安全生产等应急管理专项机构职能得到加强。机制方面,我国初步建立了应急监测预警机制、信息沟通机制、应急决策和协调机制、分级负责与响应机制、社会动员机制、应急资源配置与征用机制、奖惩机制、社会治安综合治理机制、城乡社区管理机制、政府与公众

---

① http://www.gov.cn/yjgl/2006-01/08/content_21048.htm.

② 华建敏:《我国应急管理工作的几个问题》,2007年11月27日在中央党校的专题讲话,北京。

③ 闪淳昌等:《中国应急管理大事记(2003—2007)》,社会科学文献出版社2012年版,第411页。

④ 温家宝:《在全国应急管理工作会议上的讲话》,2005年7月22日至23日,北京,http://www.gov.cn/ldhd/2005-07/25/content_16882.htm;闪淳昌、周玲:《从SARS到大雪灾:中国应急管理体系建设的发展脉络及经验反思》,《甘肃社会科学》2008年第5期,第40—44页。

联动机制、国际协调机制等应急机制。[①] 法制方面，2007 年 8 月 30 日全国人大常委会通过、2007 年 11 月 1 日起正式实行的《中华人民共和国突发公共事件应对法》[②]，是我国应急管理领域的一部基本法，该法的颁布实施标志着我国公共应急法律制度体系的基本完成，也是实现我国公共应急法治的关键步骤。[③] 截至当时的统计，我国已制定涉及突发事件应对的法律 35 件、行政法规 37 件、部门规章 55 件，有关文件 111 件。[④] 有学者认为，《突发事件应对法》的出台对我国传统的行政应急管理体制实现了三个方面的制度创新：从“事后型”体制向“循环型”体制转变；从“以条为主型”体制向“以块为主型”体制转变；从“独揽型”体制向“共治型”体制转变。[⑤]

至此，中国灾害风险管理工作进入了“一案三制”为中心的应急管理阶段，逐渐从以往过分倚重功能型机构和临时性机构，向使能型（enabling）机构和功能型机构相结合、临时性机构和常设性机构相结合转变，逐渐建立和完善“统一领导、综合协调、分类管理、分级负责、属地为主”的应急管理体系。特别是在“非典”事件之后，从传统的响应式政治动员模式开始转向多元化的社会性、制度性、防范性、长期性应对体系。[⑥] 在胡锦涛同志提出了科学发展观的要求后，随着应急管理体系的建设，中组部印发实施了《体现科学发展观要求的地方党政领导班子和领导干部综合考核评价试行办法》，将处理突发事

---

① 高小平：《中国特色应急管理体系建设的成就和发展》，《中国行政管理》2008 年 11 期，第 18—24 页。

② http://www.gov.cn/flfg/2007-08/30/content_732593.htm.

③ 莫于川、肖竹：《突发事件应对法：制度解析与案例指导》，中国法制出版社 2009 年版，第 19 页。

④ 参见国务院法制办负责人就突发事件应对法答记者问，2007 年 10 月 31 日。http://news.xinhuanet.com/legal/2007-10/31/content_6976818.htm。

⑤ 戚建刚：《〈突发事件应对法〉对我国行政管理之创新》，《中国行政管理》2007 年第 12 期，第 12—15 页。

⑥ 张强、陆奇斌、张秀兰：《汶川地震应对经验与应急管理中国模式的建构路径——基于强政府与强社会的互动视角》，《中国行政管理》2011 年第 5 期，第 50—56 页。

件能力纳入到地方党政领导班子的14项综合考核评价要点中。[①] 这一考核指标的出现，也就进一步推动地方政府由“GDP增长为先”逐步向“兼顾安全的科学发展”转变。当然，在国家层面的具体救灾业务还是依托先后建立的国家减灾委员会、国家防汛抗旱总指挥部、国务院抗震救灾指挥部、国家森林防火指挥部、国家核事故应急协调委员会等协调性机构来综合协调相关救灾事宜，民政部、水利部、地震局等各部门主管相应种类灾害的格局基本没有发生变化，在省及以下地方各级政府中，也采用了同样的机制。2006年，为了贯彻科学发展观，第十二次全国民政工作会议正式提出了“政府主导，分级管理，社会互助，生产自救”的救灾方针，在原有基础上正式提出“社会互助”的方针，以推动灾害救助的社会化。

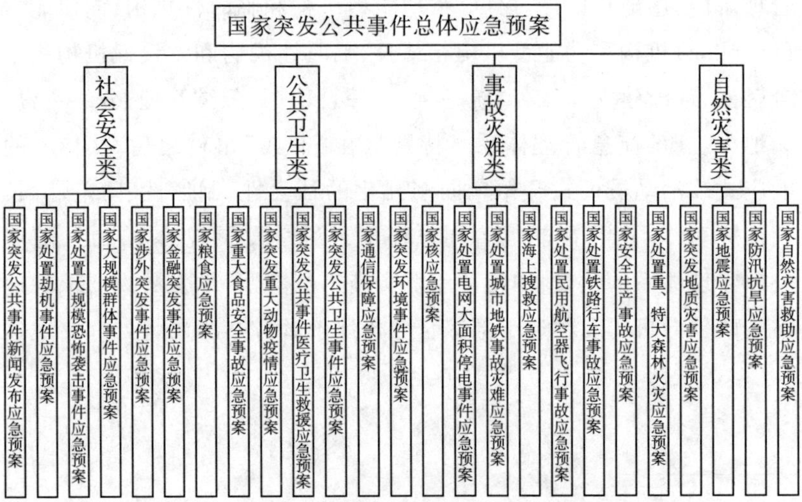

图2-2 中国应急管理预案体系（国家层面）示意

资料来源：根据国务院应急管理专家组组长闪淳昌教授于2008年5月20日在北京作的题为“中国的公共安全与应急管理”专题演讲资料整理。

回顾“非典”事件之后的建设，人们常常关心的是，“非典”事件

① 新华社：《体现科学发展观要求建设高素质干部队伍：中央组织部印发实施〈体现科学发展观要求的地方党政领导班子和领导干部综合考核评价试行办法〉》，《人民日报》2006年7月7日，第1版。

的冲击究竟是像“中国的切尔诺贝利”一样产生影响广泛的基本制度变化，还是简单地吸收冲击没有形成根本改变。[①] 从现实来看，“非典”应对确实是中国灾害风险管理体系建设的里程碑，催生了中国政府应急管理体系的出现，使得应急管理成为国家治理能力建设的重要构成内容。但是由于在行政体系上还是采用传统的外挂叠加式组织体系，并未能实质触及内在发展理念和评估方式，也未能整合原有的多部门应对模式，新建的从上到下的应急管理办公室体系没能成为预期的使能型机构。与此同时，在法律上，已有的《突发事件应对法》涵盖了四大类突发公共事件，试图进行全面覆盖，实际上失于细节，不能有效针对自然灾害进行相应的制度安排。缺乏一个统一的自然灾害基本法作为该领域的基础协调性法律。各单项法律往往采取部门立法模式，如国土资源部负责制订《地质灾害防治条例》，水利部负责制订《洪灾法》，气象局负责制订《气象法》，地震局负责制订《防震减灾法》。这些法律多达几十部，之间又缺乏协调性，复合型灾害的发生就很难用现有的体系来高效应对。基于“部门应对”的设计制度使得应急管理难以做到统一领导、综合协调。而且在内容上不仅有重复，甚至有一定的冲突，在某种意义上更加剧了灾害应对的无序和低效。在实际执行中，“上面千根线，下面一根针”，所有的执行要求都是在社区实施，缺乏整合，每个部门都要单独实施，不仅浪费资源，有时候还会冲突，以至于“有还不如没有”（如《消防法》《防震减灾法》都有规定应急演练的内容，但实施体系却缺乏协同）。与此同时，涉及自然灾害管理的有关日常生活事务的法律和制度框架，例如《土地法》《通信法》、城市规划、《宪法》以及其他一些关于灾害管理的法律也可以在这个主题下的其他不同法律中找到。但是，这些法律大部分都没有提供灾害预防和应对的具体规定。目前有些内容亟待修订、完善。首先是社会组织参与救灾的协同机制有待立法明确。现有的《突发事件应对法》没有明确赋予参加应急的社会组织和公民一定意义上的应急权力，致使履行应急义务的社会组织和公民

---

① Joseph Fewsmith, “China’s Response to SARS”, *China Leadership Monitor*, 2003, No. 7:2.

承担了不合理的可能负担。①

社会组织对危机应对中社会资源的调用具有重要作用,但是中国社会组织发育不良、参与不足的状况对其功能发挥会产生影响。②中国应当重视危机应对中社会力量的培育与发展。③ 为此,近年来国家出台的相关法律法规一直对社会组织或志愿者的参与有明确的鼓励规定。但此阶段的实际情形还是社会组织参与程度和规模都极为有限,而且有限的参与者也多为 GONGO。(可参阅本书第一章第二部分)

2003 年抗击“非典”胜利之后,胡锦涛同志从八个方面对抗击非典斗争积累的经验、获得的启示进行了总结。④ 我们最终取得了防治非典的阶段性胜利,可是也不难发现,“全社会总动员,团结一致,打赢非典歼灭战”“万众一心,众志成城”等口号以及强制性的控制措施都说明这一应对措施其实还是传统的毛泽东时代“人民战争”全民动员模式的延续。⑤ 这场应对中,中国的社会组织基本没有发挥出快速反应的组织优势,在有限的参与中也多是中华慈善总会、中国社会工作协会、中国红十字会、中国妇女发展基金会等带有官方性质的非政府组织。少数的草根组织如“协作者之友”有所参与 2008 年雨雪冰冻灾害的应对,但是由于缺乏体制之外的组织化渠道,企业、个人的捐赠和志愿参与并不理想。⑥

随着市场经济的逐步确立,我国政府对公民社会组织的提法从“中介组织”到“社会中介组织”进而到“社会组织”的变化与构建和谐社会的战略任务相配合,也是一个相对独立的社会正在从政治中

---

① 莫纪宏:《〈突发事件应对法〉及其完善的相关思考》,《理论视野》2009 年第 4 期,第 47—49 页。

② 邓国胜:《“非典”危机与民间资源的动员》,《中国减灾》2003 年第 2 期,第 4—5 页。

③ 毛寿龙:《SARS 危机呼唤市民社会》,《21 世纪经济报道》2003 年 5 月 17 日;龙太江:《社会动员与危机管理》,《华中科技大学学报》2004 年第 4 期。

④ 胡锦涛:《在全国防治非典工作会议上的讲话》,2003 年 7 月 28 日,北京。http://www.gov.cn/test/2005-06/28/content_10715.htm。

⑤ Elizabeth Perry, “Studying Chinese Politics: Farewell to Revolution?”, *The China Journal*, No. 57: 1—22, 2007.

⑥ 詹奕嘉:《NGO 抗击雪灾:回顾与反思》,《中国减灾》2008 年第 4 期,第 16—17 页。

分离出来的佐证。同时，这也意味着国家发展战略重心从全能主义一统天下开始向政治、市场和社会分野发展的转移。① 截至 2007 年底，依法登记的社会组织已经超过 38.7 万个，其中社会团体 21.2 万个，民办非企业单位 17.4 万个，基金会 1340 个。自 2000 年的持续增长情况见表 2-2 所示。②

表 2-2　2000—2007 年社会团体及民办非企业的发展情况

指　标	2000	2001	2002	2003	2004	2005	2006	2007
社会团体/万	13.1	12.9	13.3	14.2	15.3	17.1	19.2	21.2
民办非企业/万	2.3	8.2	11.1	12.4	13.5	14.8	16.1	17.4
社团年增长率/(%)	-4.6	-1.6	3.1	6.8	7.7	11.8	12.3	10.4

资料来源：民政部：《2007 年民政事业发展统计报告》，http://mjj.mca.gov.cn/article/xwzx/200806/20080600017591.shtml。

从政府体系而言，由于法治化程度不足，且应急管理统一管理机构的设置未能彻底打破传统的条块分割格局，以至于应急管理职能依旧多部门碎片化分布，使得决策主体多元且能力缺失。在实际的操作过程中，决策重心的形成和变化会受到个人利益、部门利益、个人能力等多种因素的影响，造成信息点和决策点分离、主体协同不畅、决策权限受限等诸多现实问题。从纵向来看，没有实现危机应对中心的重心下移，使得第一响应人层面不能充分发挥临机决策作用；从横向来看，各部门习惯于常态下的协作决策行为模式和思维定式，缺乏应对突发性事件协同决策的模拟与演练，更谈不上处理巨灾时的弹性领导力（adaptive leadership）。在巨灾的冲击下，由于高度的不确定性，更需要弹性的领导力框架，以向下启发工作团队的创新能

① 褚松燕：《国家建构视野下的公民社会组织发展》，《国家行政学院学报》2008 年第 5 期，第 24—27 页。

② 民政部：《2007 年民政事业发展统计报告》，http://mjj.mca.gov.cn/article/xwzx/200806/20080600017591.shtml。

力和协同意识,并有容错的激励机制。①

从政社互动层面来看,应急管理的有关职能分布在多个部门以及不同层级的政府,面临着功能定位不清、职能不完善、行政能力较弱、激励和约束机制不健全等多种制度问题,不仅缺乏对决策主体的激励机制,而且常常处于"政府包办"的管理现状,社会参与机制不甚清晰,缺乏与包括媒体、志愿者、社会组织等外部资源的交流与合作。

4. 迈向多元参与的灾害治理阶段(自 2008 年汶川地震发生至今)

此阶段的基本特点:汶川地震的发生是对此前建立的综合性应急管理体系的全面考验。实践证明,举国体制的应急救灾体系、既有的应急管理能力建设发挥了重要的作用,同时,汶川地震应对中遇到的一系列挑战又说明了有效应对灾害还需要建立在法治基础上的中央政府与地方政府及社会部门联动的跨部门协同机制。为此,这一阶段的主要建设目标就是应急管理法治化、决策重心地方化、应对结构社会化,向建构灾害治理的方向发展。2013 年芦山地震应对中政社合作的新型模式开始显现,可以期待的未来是创新性的强国家与强社会共赢状态,实现自上而下(top-down)和自下而上(bottom-up)两个体制的有机融合。

汶川地震的发生无疑是对中国灾害管理体系又一次巨大的挑战。8.0 级特大地震使四川、甘肃、陕西等地受到重创,这场地震是新中国成立以来破坏性最强、波及范围最广、救灾难度最大的一次地震。②巨震带来不可估量的经济损失和社会冲击,也让我们有机会全面检验和重新审视国家的灾害管理政策体系。由于政策需求差异大、公平性挑战加大、执行难、信息不对称加剧等因素使得政府应对体系面临了巨大的公共政策困境,从而呈现出弱国家的能力状态。③

① Arnold M. Howitt and Herman B. Leonard, *Managing Crises: Response to Large-scale Emergencies*, CQ Press, 2009.

② 胡锦涛:《在全国抗震救灾总结表彰大会上的重要讲话》,2008 年 10 月 8 日。http://www.gov.cn/ldhd/2008-10/08/content_1115091.htm, Accessed Dec. 4, 2012。

③ 张强、张欢:《巨灾中的决策困境:非常态下公共政策供需矛盾分析》,《文史哲》2008 年第 5 期,第 20—27 页。

随即就开始了一场志愿者和社会组织广泛参与的“世纪应对”。

诚然，回顾这一时段，“全党全军全国各族人民众志成城、迎难而上，迅速展开气壮山河的抗震救灾工作，奋勇夺取抗震救灾斗争重大胜利，谱写了感天动地的英雄凯歌。”①但我们似乎还没有真正推动灾害管理在公共治理体制层面上的变革，更多的还是停留在“中国特色社会主义举国体制”的动员机制②。巨灾冲击下社会呈现出一定的脆弱性以及相应的公共政策困境，揭示出这些挑战不仅涉及灾害风险管理的技术能力，更关乎整个国家和社会在基本发展模式上的认知。

2013 年 4 月 20 日，距离汶川仅一百多公里的芦山又发生了 7.0 级地震。如本书前言分析，对比汶川地震应对，芦山地震的应对工作在政府应对体制、政社合作机制、社会组织网络化、专业化以及信息化技术支撑等方面都呈现出新的变化。

这一阶段中，社会组织工作上升为党和国家重大发展战略，党的十八届三中全会《决定》明确提出“激发社会组织活力”。党的十八届二中全会和十二届全国人大一次会议通过《国务院机构改革和职能转变方案》，国务院制定《关于政府向社会力量购买服务的意见》（国办发〔2013〕96 号），对改革社会组织管理制度、推动政府向社会组织转移职能、购买社会力量服务等做出重大部署。社会组织管理制度改革上升为党和国家重大任务部署，相关改革配套政策制定和法规修订取得重大进展，有 25 个省份直接登记了 19000 多个社会组织，政府向社会力量购买服务制度已经建立，260 多万群众直接受益的中央财政支持社会组织参与社会服务项目有效实施。修订《救灾捐赠款物统计制度》，积极引导社会力量有力、有序、高效参与应急救灾和灾后重建，稳妥做好国外救灾捐赠款物接收和使用工作。启动实施全国性社会组织参与四川芦山地震救灾捐赠活动情况专项评估，开展社会组织参与自然灾害救助工作专项调研，研究探索社会力

---

① 见何增科为萧延中等：《多难兴邦：汶川地震见证中国公民社会成长》（北京大学出版社 2009 年版）一书所写的序言。

② 叶笃初：《“生命第一与举国体制”》，《理论导报》2008 年第 6 期，第 4 页。

量参与灾害救助有效机制。[①]

这一阶段中，随着十八大的顺利召开，中央领导集体从以胡锦涛为总书记过渡到以习近平为总书记。对于社会体制改革，十八大报告提出："要围绕构建中国特色社会主义社会管理体系，加快形成党委领导、政府负责、社会协同、公众参与、法治保障的社会管理体制，加快形成政府主导、覆盖城乡、可持续的基本公共服务体系，加快形成政社分开、权责明确、依法自治的现代社会组织体制，加快形成源头治理、动态管理、应急处置相结合的社会管理机制。"之后，新一届中央领导集体注重从破解"三大问题"与"四大危险"寻找治国理政的切入点和突破口。"三大问题"，即各方面的体制机制弊端，固化的利益格局，发展进程中面临的突出矛盾和问题。"四大危险"，即精神懈怠、能力不足、脱离群众、消极腐败。新一届中央领导集体治国理政所解决的总问题及其执政方略和执政逻辑，就是正确把握和处理改革发展稳定的关系。十八届三中全会的主线与核心精神，就是以全面深化改革为统领解决好发展和稳定问题。[②] 十八届三中全会通过了《中共中央关于全面深化改革若干重大问题的决定》，指出全面深化改革的总目标是完善和发展中国特色社会主义制度，推进国家治理体系和治理能力现代化。必须更加注重改革的系统性、整体性、协同性，要创新社会治理。

对于灾害应对工作而言，这也就意味着从政府主导的灾害管理向多元参与的灾害治理的转型。当然，我们还不能对这一阶段发展做出明确的定论，需要进一步从不同角度回顾在汶川、芦山地震应对中的经验和教训，破解从管理向治理转型的一系列制度难题。如何建立科学可行的评估体系，从而使得灾害风险管理能力与地区的经济发展议程有机融合？如何克服各地增加灾害管理"硬实力"的惯性冲动，加强"软实力"的建设？如何加强法治化步伐，使得社会各界参与灾害应对再无后顾之忧？如何增进社会参与，实现多部门协同的

---

① 中华人民共和国民政部：《2013 年民政工作报告》，http://mzzt.mca.gov.cn/article/qgmzgzsphy/gzbg/。

② 韩庆祥：《十八大以来新一届中央领导集体的执政逻辑》，《学习时报》2014 年 2 月 11 日。

应对机制建设？希望通过这一尝试能够实现灾害应对上的“居安思危，思则有备，有备无患”，并通过这一领域的努力探索中国建立一个国家强大、社会繁荣的“和谐架构”，也为世界各国的灾害风险管理体系提供借鉴。

三、小结

如表 2－3 所示，显而易见，从生产救灾到灾害管理，再从应急管理到灾害治理，这不仅是灾害应对制度的发展路径，也是整个国家社会治理的演进历程。这也证明了政社关系、经济结构和社会转型都会对灾害治理产生影响，整体治理不善的社会和国家肯定在灾害治理方面也会表现乏力。① 在应对灾害的过程中，国家治理体系建设中的几个重要影响因素被国际学界所关注，多中心和多层级的制度体系（polycentric and multi-layered institutions）、参与和合作（participation and collaboration）、学习和沟通（learning and communication）以及社区能力（community competence）。②为此，我们建设灾害治理体系的过程中需要关注的不仅是理想、抽象的国家，还要把握“实践”的国家体系③，即从最高决策中心、中央政府到地方政府以及执行者，从中央确定的基本发展战略以及相应的政府体系中横向（不同部门间）与纵向（上下层级）的互动关系；需要关注的不仅是政府体系的自身变革，还要关注国家与社会处于相互形塑的动态变迁过程，推动社会的多元参与以期实现“国家与社会共治”④。

---

① Kathleen Tierney, “Disaster Governance: Social, Political, and Economic Dimensions”, *The Annual Review of Environment and Resources*, 37: 341—363, 2012.

② C. Folke, T. Hahn, P. Olsson, and J. Norberg, “Adaptive Governance of Social-ecological Systems”, *Annual Review of Environmental Resources*, 30:441—473, 2005; A. Duit, Galaz, K. Eckerberg, and J. Ebbesson, “Governance, Complexity, and Resilience”, *Global Environmental Change*, 20(3): 363—368, 2010.

③ Joel S. Migdal, *State in Society: Studying How States and Societies Transform and Constitute One Another*, Cambridge: Cambridge University Press, 2001.

④ Peter B. Evans, *State-Society Synergy: Government and Social Capital in Development*, Berkeley: University of California, 1997.

表 2-3 1949 年至今的中国灾害应对应对模式演进纵览

时 段	主要特征	国家发展战略特点	政府灾害应对体系特点	市场参与灾害应对特点	社会参与灾害应对特点
1949 年新中国建立至 1978 年改革开放前	政治挂帅的生产救灾阶段	整体上处于建国初期，高度中央集权和“左倾”思想盛行。	强调应对为主的生产救灾，灾时采用指挥部方式进行全国政治动员。地方政府没有充分发挥应对能力。不仅中央与地方之间缺乏协调，各部门之间也缺乏协调。	完全的计划经济体制，国家指派参与生产救灾。	社会动员以党和政府的群众路线体现为主，社会组织基本没有发展。
1978 年改革开放至 2003“非典”爆发前	经济为先的灾害管理阶段	工作重心转移到经济建设上，开始建立社会主义市场经济体制。	整体上中央政府明确“以经济建设为中心”，推动向地方的财政分权，将防减灾工作与经济建设挂钩。	社会主义市场经济体制开始建立，除了国有企业之外，私营企业开始出现参与。	社会组织有了初步发展，只有零星参与，而且以 GONGO 为主。
2003 年“非典”爆发至 2008 年汶川地震发生前	政府主导的应急管理阶段	完善社会主义市场经济体制，逐步建立科学发展观。	由于应急管理“一案三制”体系建设，中央和地方纵向以及横向部门之间的沟通协作有所加强，但没能良好实现使能型效果。	企业社会责任（CSR）开始出现。	社会组织稳步发展，逐步开始增大对灾害应对的主动参与，但效用不甚明显。继续发扬党和政府政治动员的群众路线。

续表

时　段	主要特征	国家发展战略特点	政府灾害应对体系特点	市场参与灾害应对特点	社会参与灾害应对特点
2008 年汶川地震发生至今	多元参与的灾害治理孵化阶段	全面深化改革的总目标是完善和发展中国特色社会主义制度，推进国家治理体系和治理能力现代化。	整体开始注重社会建设，强调提升社会治理能力。中央政府加大发挥综合协调作用，强调地方政府的属地管理为主作用，而且还创新了“对口援建”模式来激发地方政府之间的创新能力。地方政府还开始探索政社合作的规范性渠道。	企业社会责任进入 3.0 时代，公私合作（PPP）模式发展，企业部门开始参与社会创新。	除了政治动员之外，社会组织和志愿者蓬勃发展，自下而上的社会力量发挥引人注目。不仅积极主动参与，而且还日趋专业化、网络化。

“凡事预则立，不预则废。”需要讨论的内容不仅是历史的过程，还有未来建设的基本框架。针对地震巨灾、金融危机等全球面临的多元风险挑战，我们也在试图提出社会抗逆力（social resilience）的概念发展框架。① 它意在进行文化、制度的建构，调动起社会每个细胞、每个系统抵御风险的潜在能力，分散风险，分散承担风险的主体，以少投入、多收益的原则来进行风险管理，完善社会抗逆力建设框架，实现从中央到地方政府有效协同并实现与社会基础单位有机融合，形成政府与社会的共赢。

① 张秀兰、张强：《社会抗逆力：风险管理理论的新思考》，《中国应急管理》2010 年第 3 期，第 36—42 页。

第三章　乡镇灾害应对的困境分析：亟待破题的灾害治理

故治天下者若身使臂，臂使指，小大适称而不悖。

——（唐）陆贽

地方多一事，则有一事之扰；宽一分，则受一分之惠。灾地疲民，不堪催督。

——（明）张居正

根据第二章中对新中国建立以来的灾害应对体系的回顾，可以发现我国并没有完全按照国际的灾害风险管理框架建设相关的体系，而是基于中国的发展实际和治理文化创建了有中国特色的应急管理体系。在这一体系下，将自然灾害作为四类突发公共事件之一纳入了应急管理体系。但是，遗憾的是应急管理体系作为一个新兴的职能体系，并没有快速建立起一整套相对独立、从上而下的体制和机制，国务院应急管理办公室以及各层级应急管理办公室大都还是作为一个内设在政府综合办公机构内的事务性、以协助领导决策为重的办事机构。对于自然灾害领域而言，尽管主要的职责还是在民政系统，但从1989年由民政部等32个部委、局和中国人民解放军有关部门的负责人组成、具有部际协调职能的中国国际减灾十年委员会的成立，到2005年经国务院批准改为“国家减灾委员会”，中国在自然灾害应对领域已经形成了从国务院到基层的正式运行体系，而且相应明确的职责不仅是救灾，还涉及系统的防灾、抗灾。[①] 这两个体系还在不同的交融过程中，应急管理作为一项政府综合性的职能要求会对各级政府加强原有灾害应对体系产生正向的加强和激励作用；但同时，由于应急管理作为一项使能型基础性职能，对传统“条块分割”、强调管理性职能为主的中国治理模式提出了重大的挑战，即基层政府如何在传统的经济发展、政治维稳条块分割的格局上有效融合应急管理能力建设。

近年来灾害的频发一直在检验着这一体系。是不是能够在经济与社会治理转型的大背景下实现区域性的灾害风险管理能力提升，尤其是在基层政府乃至社区层面的能力，成为一个至关重要的考量。我们需要发现和理解究竟什么样的制度因素在影响基层灾害风险管理能力的建设。为此，我们用在四川从2008年到2013年五年间发生的两次地震灾害来进行一次实证比较研究。鉴于对中国乡镇灾害风险管理能力建设缺乏实证研究，笔者在建构乡镇灾害风险管理能力评估框架的基础上，于汶川地震之后对极重灾区北川县选取了16个乡镇进行了实地调研，并对乡镇负责人进行了灾害风险管理能力评估访谈。在2013年芦山地震之后，又对极重灾区芦山、宝兴两县选取了16个乡镇进行了实地调研，并对乡镇负责人进行了灾害风险管理能力评估访谈。两者的比较结果表明，虽然不同程度上有了一些进步，但更为显著的结论是即便经过五年的灾后重建，相似的问题和挑战依然存在。这一追踪性的比较研究也揭示出：灾害风险管理能力的提升并不能简单地随着经济发展、城镇化率提升而“水涨船高”，实际上现行治理体系中的乡镇职能框架限制了乡镇灾害风险管理能力的发展，不仅是资金和激励机制的匮乏，还有自下而上的政策参与不足以及农村社区动员乏力。同时，新型城镇化国家战略实施带来的快速城市化，也导致了乡镇人力资源的单向流动，以致基层防灾减灾的人力资源出现了较为严重的短缺问题。

---

① 孙绍骋：《中国救灾制度研究》，商务印书馆2005年版；邓国胜等：《响应汶川——中国救灾体制分析》，北京大学出版社2009年版；国务院：《中华人民共和国国务院公报2000年》《中华人民共和国国务院公报2005年》。

一、乡镇灾害风险管理能力评估框架

在讨论五年的灾害风险管理能力变化之前，首先面临的问题就是用什么样的框架来进行评估。评估已经成为全球公共政策研究中的重要领域和基础工具，但一直以来都未能形成一个简单的定论。究竟谁来评估？评估什么？如何评估？这些看似简单的问题都还是较为复杂的理论和实践挑战。我国早在2006年1月正式发布的《国家突发公共事件总体应急预案》中即专门规定"要对特别重大突发公共事件的起因、性质、影响、责任、经验教训和恢复重建等问题进行调查评估"。随后的实践主要还是集中在事故灾难等领域，对于自然灾害更多的行动还是聚焦在灾情的评估。关于应急管理能力评估方面，一些地方进行了有益的探索，如北京市在加强公共安全风险管理工作中特别强调了动态评估工作，开展了以风险控制为重点的专项和区域性评估工作。除此之外，国家减灾委推进的"全国综合减灾示范社区"创建活动，其实也是在减灾工作制度建设、预案制定和演练、减灾设施和避难场所建设、减灾宣传教育活动等方面开展了一定的社区层级的能力评估工作。本书将梳理国际上灾害风险管理能力的建构要素，并结合中国乡镇层级的特征，试图提出一个可以用于我国乡镇层级的灾害风险管理能力评估框架。

正如本书第一章所述，综合目前不同机构提出的加强灾害风险管理能力的路径和方法，大致上有五个关键要素值得关注：(1)建立有效的政府管理制度，使得相关部门协同进行灾害风险管理，并为各级官员提供适当的激励；(2)实现政府、企业以及非营利组织的跨界合作，并强调社区层面的有效参与；(3)制定有远见的政策和规划，将灾害风险管理纳入长期的社会经济规划，并充分结合当地的实际需要；(4)确立相应的财政保障制度和使用多元的金融工具，以确保稳定且可持续的财政资源；(5)完善灾害风险和冲击信息分享体系，使得全社会都可以获取并共享相关信息。

除了上述的灾害风险管理能力体系发展之外，基于突发事件的应急管理评估，各国都有一些实践探索，如英国对于伦敦连环爆炸事件的评估、美国对于"卡特里娜"飓风的评估。其中，美国的经验是非常值得关注的，它是世界上最早系统进行政府应急管理能力评价的国家。1997 年，美国联邦应急管理署和美国国家应急管理学会共同开发了针对州及地方层面的应急管理评估体系，其中对基本应急管理功能（Emergency Management Functions，简称为 EMFs）有如下的描述：

表 3－1　基层社区应急管理功能一览

序号	功能名称
1	法律和授权（Laws And Authorities）
2	危险源识别和风险评估（Hazard Identification and Risk Assessment）
3	危险源管理（Hazard Management）
4	资源管理（Resource Management）
5	应急预案（Planning）
6	指挥、控制和协调（Direction，Control and Coordination）
7	沟通和预警（Communications and Warning）
8	运营和程序（Operations and Procedures）
9	后勤保障和设施（Logistics and Facilities）
10	培训（Training）
11	演练（Exercises）
12	公众教育和信息公开（Public Education and Information）
13	财务及行政管理（Finance and Administration）

资料来源：http://www.allhandsconsulting.com/go/services/disaster-preparedness-response-and-recovery/97-capability-assessment-for-readiness-car.

CAR 体系下除了表 3－1 中所述的 13 个一级指标外，还设有具体可用来自我评估的 209 项二级指标（attributes）以及 1014 项三级指标（characteristics）。①

① 具体指标可参阅 Federal Emergency Management Agency and National Emergency Management Association, *State Capability Assessment for Readiness*, The Agency Press, U. S., 2001。有关中文资料也可参看张欢：《应急管理评估》，中国劳动社会保障出版社 2010 年版，第 103—129 页。

日本地区防灾与危机管理能力评估的参评对象为日本的各地方自治体，评估并不针对个别灾种，而是全方面灾害管理能力的综合评估，评估将灾害管理分为三个部分：灾害前的准备、灾害时的应急、灾害后的处理。三个部分互相关联，构成一个有机的整体。根据其地方性防灾能力评估计划，日本的灾害管理能力评估项目为九个方面，分别为：(1)危机掌握评价以及灾情预估；(2)受害减轻；(3)体制配备；(4)信息联络体制；(5)建筑、机械材料以及紧急储金的确保及管理；(6)工作计划策定；(7)和居民共享信息；(8)教育与训练；(9)评估。①

目前国内大部分的研究还是关于城市的应急管理能力评估框架方面。如冯百侠提出的城市灾害应急能力评价指标大致包括六个方面，即灾害预测与预警能力、社会控制效能、居民行为反应能力、工程防御能力、灾害救援能力和资源保障能力。② 邓云峰、郑双忠等提出的城市应急能力评估体系包括18个一级指标，分别是：法制基础、管理机构、应急中心、专业队伍、专职队伍与志愿者、危险分析、监测与预警、指挥与协调、防灾减灾、后期处置、通信与信息保障、决策支持、装备和设施、资金支持、培训、演习、宣传教育、预案编制。③ 除此之外，也有研究者针对单项灾害进行应急能力评估，提出重大冰雪灾害应急管理能力指标为：政府抗冰救灾指挥部应急能力（主导作用）、气象部门监测与预警能力（灾前监测与预警）、居民应急反应能力（大众参与）、电力部门应急能力（保电力供应）、运输管理部门应急能力（保交通、保民生）、其他部门应急能力（不是很重要，但是重大冰雪灾害中不可缺少的部门）。④

对于地方政府的灾害风险管理能力建设，需要关注的不仅是城

---

① 朱正威、胡增基：《我国地方政府灾害管理能力评估体系的构建——以美国、日本为鉴》，《学术论坛》2006年第5期，第47—53页。

② 冯百侠：《城市灾害应急能力评价的基本框架》，《河北理工学院学报（社会科学版）》2006年第4期，第210—212页。

③ 邓云峰、郑双忠、刘功智等：《城市应急能力评估体系研究》，《中国安全生产科学技术》2005年第6期，第33—36页。

④ 徐选华、李芳：《重大冰雪灾害应急管理能力的评价——以湖南省为例》，《灾害学》2011年第2期，第130—137页。

市层面，更为紧迫的是乡镇层级。因为乡镇层级作为我国《宪法》规定的正式行政区划设置中的最低层级（如图 3-1 所示），是国家与乡村社会之间的中间衔接环节，上接县市、下连村社。它既是我国社会服务递送的重要环节，也是三农发展、新型城镇化等国家基本战略实施的关键层级，更是自然灾害侵袭的第一线。建立长治久安的灾害应对体系就必须高度重视乡镇层级的灾害风险管理能力建设。遗憾的是，基于乡镇层面开展灾害管理能力建设和评估的管理实践和理论研究都不是很多。台湾台北县对其所辖乡镇进行过应急能力评估，其灾害应急工作绩效考核主要类别共有 11 项，分别是总则、灾害潜势分析、救灾资源分布、灾害应急各阶段各单位分工与权责、灾例调查与分析、风灾与水灾应急对策、震灾应急对策、其他类型灾害应急共通对策、灾变管理、附件、其他等。①

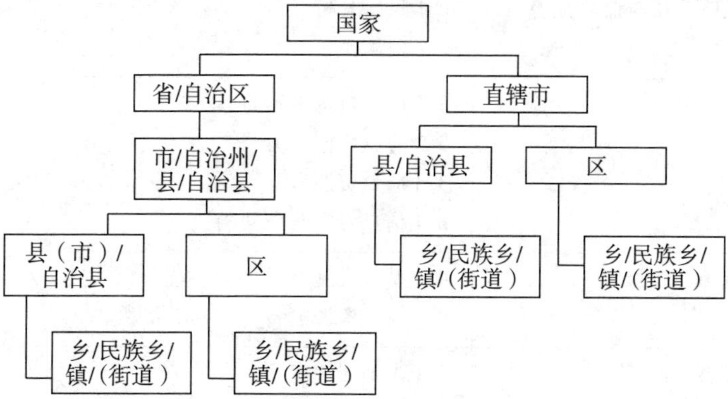

图 3-1　中国政府行政区划结构

资料来源：根据全国人民代表大会 2004 年修订版《中华人民共和国宪法》中第三十条制作。

HYPERLINK " http://news. xinhuanet. com/newscenter/2004-03/15/content_1367387. htm"。其中需要注意的是，街道并不是现行宪法中的正式区划层级，但在实际操作中已经作为准行政层级设置。

为此，本书的关注视角选择为乡镇层级，希望借鉴上述国际经

① 邓云峰、郑双忠、刘铁民：《突发灾害应急能力评估及应急特点》，《中国安全生产科学技术》2005 年第 5 期，第 56—58 页。

验,结合中国乡镇实际并经实践从业者和专家研究会商,提出了乡镇灾害风险管理能力的评估框架。对于具体的评估方法,有许多定量的方法如层次分析法、模糊综合评判法、数据包络分析法、人工神经网络评价法、灰色综合评价法以及综合评价方法的"两两集成"。[①]但在实践中,往往很难有条件系统执行,反倒是参与式的自主评价方法比较易行执行。所以,如表3-2所示,我们借鉴美国的LCAR体系以及国内相关政策框架和理论研究基础,设计重点指标以便进行实地访谈评估。

表3-2 乡镇灾害风险管理能力评估框架

指 标	具体子项描述
1.应急预案与体制建设	1.1 应急预案 1.2 体制建设
2.风险分析与监测预警	2.1 风险分析 2.2 监测预警
3.应急处置	3.1 应急机构设置与人员配备 3.2 应急协同能力 3.3 应急资源 3.4 信息发布与公共沟通
4.保障与支撑	4.1 基础设施 4.2 应急资源贮备
5.社会参与	5.1 本地居民参与 5.2 社会组织参与 5.3 私营部门参与
6.宣教、培训与演练	6.1 宣传教育 6.2 培训 6.3 演习演练
7.恢复重建	7.1 重建规划机制 7.2 重建资源管理

① 杜栋、庞庆华:《现代综合评价方法与案例精选》,清华大学出版社2005年版。

表3-2中涉及的指标具体阐释如下：

一级指标通常可以选择以应对主体或应对流程来划分。本研究的指标选择以国际应急管理常用流程（备灾 prepareness→应灾 response→减灾 mitigation→灾后重建 recovery）为基础，同时有机结合中国应急管理"一案三制"体系下的政府实际操作功能模块，细化成以下一级指标：1. 应急预案与体制建设；2. 风险分析与监测预警；3. 应急处置；4. 保障与支撑；5. 社会参与；6. 宣教、培训与演练；7. 恢复重建。

1. 应急预案与体制建设

此类指标不仅对应着"一案三制"中心内容和应急管理工作的基础——应急预案，又兼顾体制建设情况，范围又有所扩大。当然此处需要注意的是，乡镇层面没有立法权，所以并没有设计法制相关条目。至于"一案三制"就具体分解到各个流程之中了。

此类指标下具体涉及预案建设和体制建设。预案建设主要关注应急预案编制、各专项内容科学性及相互衔接。体制建设主要关注乡镇层面的应急管理工作机构建设情况、编制保障、人力资源等情况。

2. 风险分析与监测预警

灾害风险管理能力不仅涉及面对突发公共事件的应对处置，更需要坚持预防为主的原则，将预防与应急处置有机结合起来。需要关口前移，从风险评估入手，一方面从源头控制降低灾害的发生，另一方面有效监测预警，提高防范意识，争取有效控制，实现早发现、早报告、早控制、早解决，将灾害造成的损失减少到最低程度。

具体分为风险分析和监测预警两类属性指标。风险分析具体关注：是否有制定有风险分析的步骤、方法和程序；有否对当地重大风险进行了分析并开展隐患排查以及相应的安全监督。监测预警主要关注：日常监测预警工作机制建立、人员配备、信息确认及通报和发布制度情况。

3. 应急处置

应对灾害的能力既有硬件层次的资源积累，也有大量管理、组织

“软性”的能力积累。具体关注以下四类属性指标。

(1) 应急机构设置与人员配备。第一响应人的具体设置会直接影响应灾的效率和最终效果。为此要分析乡镇层面第一响应人(包括本地救援队伍)的建设情况、能力状况。

(2) 应急协同能力。这一点主要关注本地对各类专兼职救援队伍的协同机制建设情况。

(3) 应急资源。此处关注除了人力资源以外的应急物资运输、调配、生产等能力情况以及医疗救护队伍、应急现场抢救急救能力情况。

(4) 信息发布与公共沟通。主要关注紧急救援过程中灾情信息的核实、审查和发布以及建立舆情收集和分析机制。

4. 保障与支撑

这是有效应对灾害的重要基础,具体分为基础设施和应急资源储备两项。基础设施关注交通、通讯、电力及紧急避难场所等建设情况;应急资源储备主要关注资金保障(包括日常预防与处置突发公共事件经费、应急储备金等)和应急资源储备制度的建立情况(涉及各种应急物料、装备、器材、生活用品等物资储备情况)。

5. 社会参与

社会参与已经成为有效应对灾害的必要组成,也是当前我国应急管理体制建设、机制完善的重要内容。此部分重点关注本地居民、社会组织以及企业部门的参与情况。具体涉及本地群众参与日常应急管理工作情况、社会组织(包括志愿者)在应急管理中的作用发挥以及企业的有效参与。

6. 宣教、培训与演练

灾害风险管理工作要落到实处,最根本的是让普通公众增强避险、自救、互救技能,了解安全常识,掌握应急知识,熟悉应急预案,并有效参与到灾害应对来。要做到这些,只能通过宣传教育、培训和演习演练才能实现。具体分为三类属性指标。一是宣传教育,关注公共安全和应急防护知识纳入学校教学内容情况以及组织开展各类应急预案、预防、避险、自救、互救、减灾等知识和技能的公众宣传和教育活动的情况；二是培训，主要关注针对政府、应急救援、志愿者等各类第一响应人开展的应急管理培训情况；三是演习演练，重点考察当地各类预案的演习计划及执行的情况。

7. 恢复重建

恢复重建是灾害风险管理的重要阶段，也是一个长期的过程。此部分重点关注在规划机制和资源管理两个方面。重建规划机制方面关注在交通、产业等整体恢复重建规划的参与机制以及对防灾减灾目标的有效融入；资源管理关注重建阶段的人力资源、资金管理、对口援建协同等。

二、比较研究案例的基本情况

本章将选取汶川地震（2008 年）和芦山地震（2013 年）为评估中国乡镇应急管理能力的比较个案。作为两次地震的震中地区，汶川县和芦山县、宝兴县都位于处于活跃期的四川省龙门山断裂带上（具体地震灾情见前言表 0-1 所示）。灾害风险管理能力在日常状态下很难进行测度，通常都是通过灾害应对过程才能有所完整显现。为此，我们选择 2008 年时的北川县区作为基准。因为芦山和宝兴两县也是汶川地震中的极重灾区，但由于当时未能采取此两县信息，所以用北川的调研情况进行类比。尽管地理位置上存在差异，但人口和社会经济条件非常相似，也遵循着相同的应急管理制度安排。然后作为比较样本的是 2013 年芦山地震发生后芦山、宝兴两县的应对情况。由此，我们来分析 2008 年至 2013 年五年来四川乡镇灾害风险管理能力发生的变化。在 2008 年国务院颁布的《汶川地震灾后恢复重建总体规划》（国发〔2008〕31 号）中专门明确了重建目标之一就是“生态有改善，生态功能逐步修复，环境质量提高，防灾减灾能力明显增强”。我们关注的研究问题就是经过五年投入巨大的汶川地震灾后重建，乡镇灾害风险管理能力究竟发生了什么样的变化？什么因素在影响着当前中国乡镇灾害风险管理能力的发展？

四川省是中国西南地区的地理位置和经济发展的中心区域。2012 年，四川省的 GDP 达到 23870 亿人民币，居于全国第八位、西南地区第一位。① 四川省是全国第二大劳务输出省份，其总人口的26%到城市或沿海省份务工。②

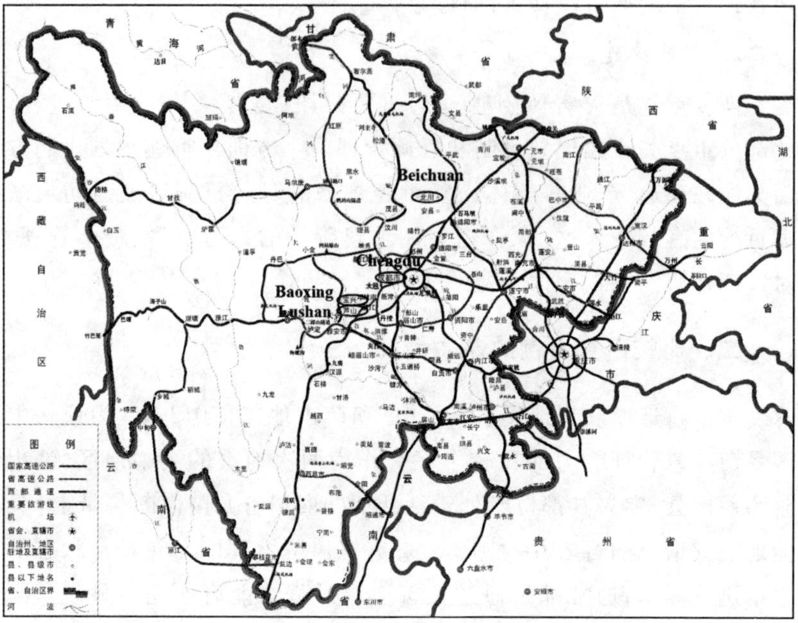

图 3-2　北川县、芦山县、宝兴县地理位置示意图

资料来源：四川省交通厅：《四川省高速公路网布局规划图》，http://www.moc.gov.cn/xinxilb/xxlb_fabu/fbpd_sichuan/201001/t20100113_651241.html。

如图 3-2 所示，汶川地震极重灾区之一的北川县位于四川省会成都西北 160 公里处，是一个多山的地区，在 2012 年，其人口的 36.65% 是少数民族。③ 芦山、宝兴两县既是 2013 年芦山地震的极重灾区，也是 2008 年汶川地震的极重灾区。其中芦山县位于四川盆地的西部边缘，县城距成都 156 公里。④ 芦山地震极重灾区之一宝兴县是在芦山县东侧，距离成都市 200 公里，境内有著名的野生

① 参见人民网，http://finance.people.com.cn/GB/8215/356561/359047/。
② 参见政府网，http://www.gov.cn/jrzg/2012-08/15/content_2204588.htm。
③ 北川县概况，参见北川政府网（http://www.beichuan.gov.cn）。
④ 芦山县概况，参见芦山县政府网（http://www.yals.gov.cn）。

大熊猫栖息地，少数民族人口占宝兴总人口的18.17%。[1] 这些县的城市化进程和经济发展都滞后于国家平均水平，经济增长主要贡献仍来源于农业。表3-3列出了四川省及北川、芦山、宝兴各县的近几年国内生产总值、人口和城镇化的发展情况。

表3-3　北川、芦山、宝兴三县近年来的发展情况

		四川省	北川县	芦山县	宝兴县
GDP/(10亿人民币)	2008年	1260.1	10.6(2007)	13.1	11.1
	2012年	2387.3	31.7	25.4	20.0
城镇化率/(%)	2008年	35.6	—	24.5	30.8
	2012年	43.5	32.04	28.7	35
人口/千人	2008年	81380	160.2(2006)	120.1(2007)	57.8(2007)
	2012年	80760	241.3	120.09	58.7
外出务工人口/千人	2008年	20234	—	25.1(2007)	2.6
	2012年	21000	55	28	12.3

资料来源：1.雅安市统计局：《雅安统计年鉴(2013)》；2.北川县统计局：《北川县统计年鉴(2007)》，http://www.beichuan.gov.cn；3.宝兴县政府网，http://www.baoxing.gov.cn；4.芦山县政府网，http://www.yals.gov.cn；5.中央政府网，http://www.gov.cn/gzdt/2009-01/09/content_1200705.htm；http://www.gov.cn/jrzg/2012-08/15/content_2204588.htm；6.国家统计局数据库，http://data.stats.gov.cn/workspace/index? m=fsnd；7.中国水利水电科学研究院，http://www.iwhr.com/zgskyww/ztbd/wcdz/zqslgc/webinfo/2008/05/1273896623312758.htm。

本研究分别选取了2008年和2013地震的极重灾区乡镇。如表3-4所示，2008年在绵阳市委的支持下，我们共实地访谈了269个乡镇负责人，从该数据库选取震中区域北川县的16个乡镇。2013年在四川省抗震救灾指挥部社会管理服务组的支持下，自震中区域芦山、宝兴两县共计选取16个乡镇。采用上述的乡镇灾害风险管理能力评估框架，通过文献研究和深入实地的结构化访谈，以评估相关乡镇的灾害风险管理能力。为了保证相应的对比性，2008年和2013

---

[1] 宝兴县概况，参见宝兴县政府网(http://www.baoxing.gov.cn)。

年的两轮访谈均在应对地震的同一阶段进行并采用大体一致的结构化访谈提纲。由于乡镇层面的信息公开程度有限,往往是乡镇主要党政领导才全面了解各方面信息,为此,访谈的对象选择了各乡镇的党委书记或者镇长。由于访谈期间都还处于灾后恢复重建初期,乡镇工作压力很大,部分乡镇接受访谈的人员为分管该项工作的副职党政领导。这些访谈类似于美国应急管理能力评估中的自我评估,研究者针对乡镇灾害风险管理能力评估框架进行了相应的访谈提纲设计,然后将结果依据框架进行文字编码,以便展开比较性的内容分析。

表 3-4　实地访谈乡镇一览

访谈时间	县	访谈乡镇
2008 年 6—7 月	北川	桂溪乡,陈家坝乡,开坪乡,青片乡,白什乡,贯岭乡,禹里乡,漩坪乡,白坭乡,都坝乡,墩上乡,小坝乡,曲山镇,通口镇,擂鼓镇,坝底乡
2013 年 8 月	芦山	芦阳镇,飞仙关镇,双石镇,太平镇,大川镇,思延乡,清仁乡,龙门乡
2013 年 8 月	宝兴	穆坪镇,灵关镇,蜂桶寨乡,硗碛藏族乡,永富乡,明礼乡,五龙乡,大溪乡

三、乡镇灾害风险管理能力发展比较:从汶川到芦山

1. 应急预案与体制建设

(1) 2008 年

实地访谈的 16 个乡镇在地震之前都制定了因地制宜的应急预案,而且所有的被访者都认为乡镇层面的应急预案体系构成是比较复杂的,直接取决于当地的实际需求。“(根据)实际情况制定九类公共事件预案……这个预案里面包括了火灾、山火、水……自然公共事件、卫生应急事件、牲畜疫情等九种类型,我们针对自己的实际列出来的……乡里则有 12 个预案”(1.1 - BC009,2008)。“地质灾害比较多,所以对这块预案都做得比较详细”(1.1 - BC001)。与此同时,预案的内容也逐步细化,不少预案包括撤退路线、通知方法。“假

如有问题的话我们怎么撤，往什么地方撤，晚上怎么撤，白天怎么撤。告诉大家联系哪些户，采取什么方式，鸣锣（或）敲门”（1.1 - BC003，1.1 - BC001）。总体而言，三分之二的乡镇都有关于地震的专项应急预案，其中一个重要的原因是北川县处于地震带上。“我们乡为什么有这个预案呢？原来（我们这里）是北川县范围内地震灾害中心地带，每年发生三至四级的地震，随时都在发生”（1.1 - BC004，2008）。

关于应急预案的功能，乡镇的负责人已经形成了一定的共识，即预案作为一个有约束力的文件更多地给出了应对的原则，而不是简单的程序。“预案给出了行动原则。因为这个预案当时记在心里，当时也没有办法，大概（记得）这些应急预案就是……”（1.1 - BC009，2008 年）。部分乡镇的应急预案也是自动启动，并不需要乡镇党政主要负责人在场（1.1 - BC008）。“（重要的是）演练及预案的动态管理……长期演练使得预案启动有序。一旦有突发事件发生，我们应该率先怎么组织起来，这是最重要的一点，就是通过多次演习的结果，我们知道我们该怎么做，而不是说这个预案的本身”（1.1 - BC010，2008）。“对于抗震救灾最大的帮助，是编制预案的人、参与预案的人、参加多次地质管理队伍的人员能够意识到这一点……就是通过多次预案知道应该怎么做，不是说等到事情发生之后我们去翻阅”（1.1 - BC003）。

对于应急预案的功效，比较代表性的改进意见是：现有的应急预案缺乏可操作性，究其原因可能是缺乏基于情境的规划设计（scenario planning）。“现有预案缺乏操作性，预案（本身）都做得非常好，但灾害发生的时候，发生之后这一块预案有可能不能完全实施（如地震发生之后交通、通信什么都断了，怎么通知），我想，这个不仅是我们乡镇的问题，（也是）全市的问题，全省的问题，全国的问题”（1.1 - BC011，2008）。为此，绝大部分的被访者都指出，现有的预案只能够处理“正常规模”的灾害，但不是类似汶川的“巨灾”。

关于体制建设方面，目前中国的基层政府缺乏专门的应对机构和协调机制，没有把灾害应对纳入日常职能中。“所有乡镇均为三办一所（党政办、经济发展办、社会事务办、财政所），在乡镇层面没有专门防灾减灾机构”（1.2 - BC001，2008）。“这次抗震救灾也算一个突击性的工作”(1.2－BC004)。“我是2006年9月份(从县里)下来的(到乡镇任职),开会我只听到一次(对地震的防范),今年我开会从来没有听说过”(1.1－BC016)。在这种情况下,基层政府因地制宜发展出一些相应的管理协调机制,例如利用安全生产委员会办公室作为减灾的协调机制(1.2－BC001)。“我们县安办管得很宽,防汛这一块本来应该水务局管的,他们也有一个统计,所以这一块指导各乡镇很到位”(1.2－BC003)。

(2) 2013年

经过五年的汶川地震恢复重建,各乡镇的应急预案编制情况有了一定的进展,主要是在覆盖内容上,但距离需求还有不足。“还是有点变化的,因为5·12地震以后,我们把次生灾害都做进去了,因为地震以后,这些山体各方面都已经松了,很容易塌的,这种地质环境和形态已经改变了,而且4·20以后比5·12时更觉得有序了”(1.1－YA002,2013)。“应急预案已经丰富许多了,甚至把废墟处理也考虑进去了。”部分乡镇的预案中还包括了具体的物资储备以及灾后发生后的乡镇干部具体分工(群众转移组、安置组、群众工作组、交通管制组、信息上报组)(1.1－YA002、1.1－YA015,2013)。尽管内容有所丰富,但还不能满足芦山地震应对的实际需求。“平时的(预案针对)洪灾地质灾害,地震这种大的预案,我们是覆盖不到的,而且是不成熟的”(1.1－YA003,2013)。部分乡镇的应急预案还欠缺内容,如通讯应急恢复(1.1－YA003,2013)。

对于应急预案的功能,绝大部分的乡镇负责人已经有了较为全面的认识,体会到预案不仅是纸面上的行动指南,更重要的是意识的培养。“只要晓得有大地震,谁都晓得自己的位置在哪里,这就是我们应急预案,你该在什么地方,这个就是你的工作原则”(1.1－YA003,2013)。“没有哪个人可以把预案完全背下来,但是我在事件当中,通过我的实践实际上预案就在我的心中了”(1.1－YA004,2013)。其中特别值得关注的是,经过两次巨灾,他们开始意识到提升当地民众对于灾害的认知能力是推进应急预案编制工作的重要目标。“我们定期进行演练,教育老百姓在紧急情况下做什么,以及提高他们的风险意识……就个人来讲，提高风险认知是备灾的关键……”(1.1-YA006,2013)。实际中还暴露出乡镇与上级政府部门应急预案之间的协调机制有待建立。“交通部门要来打通交通，国土部门要来看（地质灾害），水务部门也要来看江河，来了以后没有一个有序的组织，各人整各人的……怎么去统一指挥？”(1.1-YA006,2013)

在体制建设方面，并没有显著的改进，只是上级政府通过会议、文件加强应急管理相关工作的要求，并没有在原有的机构设置上有所改变。“每年现在都要开应急工作会……做好安排，包括我们现在的应急队伍建设、应急硬件投入应急物资的储备、应急演练”(1.2-YA005,2013)。

2. 风险分析和监测预警

(1) 2008 年

实地访谈中不难发现，乡镇层面还是以中国传统的“房前屋后”风险预警为特点，专业性的风险分析工作大都依赖于上级政府部门派出专业人员来进行，本地社区并没有太多的参与性。“应该是专家分析与当地居民经验相结合来分析风险，（但是实际上两者是分离的）唐家山堰塞湖下来的水位有专家预测的水位线，（专家们）只把水位线标出来，然后我们把所有的人员搬到水位线之上就行了”(2.1-BC015,2008)。“次生灾害（由）地方国土部门来进行勘测”(2.1-BC011,2008)。

对于监测预警工作，虽然 2008 年绝大部分乡镇已配备了监测预警人员、设备和资金，但只是有些兼职的“专门”人员，缺乏专业设备与人员，大都为村民参与且使用传统设备（锣），资金补助也非常少（每人 1 天 1 元人民币）。“每一个院落都有一个喊院员，就是负责整个院落的安全，如果发生什么意外，有什么特殊情况，他就可以叫醒每一户人”(2.2-BC001,2008)。“如果有特殊情况就敲锣，它那个声音传播很远，然后就按制订的路线撤退。每个院落固定了有专门负责这一块工作的村民，给他一些电话费或者一些简单的补助”(2.2-BC001,2008)。这些预警工作大部分只能局限于肉眼易见的地质灾害，更多的依靠社区经验和直觉，缺乏科学系统的知识培训。“地质灾害有专门的监测人员，专门的监测人员有的是村干部，有的不是，主要看那个谁离那个观测点近，比较有利于汇报，比较有利于向上面反映，机制能够运作起来……观测人员一般来说也就是受威胁的群众本身”（2.2－BC006，2008）。

（2）2013 年

尽管各乡镇开始有专业人员进行定期的风险评估，但主要是由上级政府部门派出有关专业人员开展，工作力度不够深入而且甚少与乡镇层面进行信息沟通，因此大部分乡镇认为现有的风险分析作用有限，未能给乡镇风险防范工作提供全面科学的指导。“相关部门并没有对所有的风险点进行评估……他们现有的报告是对我们的现实情况描述，比较粗糙而且碎片化……他们并没有真正为我们提供建设性的建议……比如说我们后面这个沟的泥石流，我们希望专家看了之后评估这个大概有多大量，对场镇的威胁有多大，我们现在没有数，只知道太多了，很紧张，但是没有人评估它到底有多大的力量。国土的专家来了可以搞勘察，地勘下去知道有多少，比如说像这个问题我们需要知道。还有就是下一步他们的方案，现在已经治理了，但是可能效果不是很好，他们有没有什么想法、思路需要大家沟通、对接”（2.1－YA008，2013）。

关于监测手段，风险监测和信息发布进一步制度化，监测体系出现“四级监测”，内容分为地质灾害监测和道路交通安全监测，对监测人员的管理培训有了一定增强，信息发布手段有所进步。然而，监测人员待遇提高较少，专业人员依旧匮乏，也没有国家层面专门配备专业设备以及提供专业能力培训。“乡上有乡干部，村上有村干部、组干部、村民小组组长和监测员，就是四级监测”（2.2－YA002，2013）。“5·12 后，我们与国土资源部门讨论……他们谈到在我们乡镇引进全自动的滑坡变型监测仪……但他们以后再也没有提过”（2.2－YA003，2013）。许多受访者提到，原先被通知过将会配备对讲机和卫星电话，但真正落实这些设备都是在芦山地震发生之后。“（卫星电话）县里有…找来之后一个不会用，也不能随便用”（2.2－YA003，2013）。同样，2008 年地震发生后，原计划每个乡镇应该要分配两个专门用于地质灾害点的监测仪，实际上没有实现付诸实践。在预警系统中仍然依赖传统的人员、工具和方法。“每个点都有预案的，撤离路线、报警的方式，比如说敲锣、吹哨子，哪些人承担什么……我是监测员，一旦发现就敲锣，敲锣就朝哪个地方跑”(2.2－YA011,2013)。工作条件上乡镇上监测员的资助金额从每天1元增加到每天3～10元(市级以上的监测员每年补助是3600元，县级监测员每年1200元，相当于每个月100块钱)。“平时定期要给他们(监测员)开会，还要培训，另外还要去抽查，第一是看他们监测的记录；第二，通过周边农户了解他们是不是在开展工作，是不是去巡逻了；第三个方面就是考核，我们的钱不是一次性发给他们”(2.2－YA007,2013)。

3. 应急处置

(1) 2008年

在紧急救援和临时安置阶段中，基层政府和基层党组织仍是主要的应急主体。一般来说，绝大部分乡镇都会立即组织所有的乡镇党政工作人员(通常的规模是约30人左右)，成立三个专项工作组：搜救组(组织开展救援和救灾行动)、信息组(收集整理灾情信息和上传下达)和物资组(组织紧急救援物资的收集和分发)，随着灾害应对阶段的发展，也还会有卫生组，搬迁组和社会稳定组等。中国的基层灾害应对体制缺乏第一响应人(the first responder)的培养，本地应急处置队伍主要依赖两支力量：党员义务队以及原有各村建立的应急分队。根据灾情的具体需求，还会以现有党员为基础，成立临时党支部、党员义务队开展相关工作；与此同时，在村民和外来救援队中火线发展党员(3.1－BC001/BC002,2008)。2008年时所访乡镇中只有以村为单位有志愿者以应急分队形式参与日常应急机制，且部分村仅针对防火防汛，在抗震救灾当中基本未形成有效的救援力量。“应急分队以村为单位，社没有。人员来自社干部、年轻党员、村内思维冷静清楚的年轻志愿者”(3.1－BC008,2008)。“护林防火和防汛抢险都有应急分队，有人员和领导小组”(3.1－BC014,2008)。应急处置阶段中，当地的紧急救援队伍还是依赖于乡镇以及村的政府体系开展工作，尽管他们也缺乏专业的救援经验。“还是依赖原有的体系,主要是乡政府,因为大灾大难来的时候,不可能排除有些人有私心有杂念,必须由政府来统一号令……”(3.1-BC002,2008)

与此同时,大部分的乡镇负责人都坦承乡镇应对能力是极度有限,尤其在黄金72小时的应急救援中很大程度上还是依赖于外部援助,特别是来自解放军、武警、消防部队以及外来的专业医疗人员,此时还没有组织化、规模化的专业队伍及社会组织或志愿者组织。“我们的装备只是我们的手,我们试图用各种可以获取的材料(如木棍)来救(被压的乡亲)出来……最挑战的现实就是我们并不能救他们出来……转运车辆是不够的,因为我们有大量的伤员……只有两个军用卡车,只能每次送6人出去……”(3.1-BC003,2008)

对于应急协同能力,由于应急处置阶段通讯中断,大部分乡镇的协同是横向的,与邻近的乡镇以及县之间进行沟通和合作,与上级政府之间的纵向协同是灾害发生几天之后才发生的,包括部队等外部援助队伍的进入也是滞后的,甚至比志愿者队伍进入还要晚。当然,交通和通讯基本畅通后,政府间跨部门、跨层级以及军地之间的协同还是较为顺畅的,这也是符合我国的基本行政特点的。跨层级的协同既包括应急救援阶段和板房安置阶段乡镇政府与上级政府的协同,也包括对口援建中援建方省长与受灾地区县长对接,市长与乡长对接。跨部门的协同主要体现在紧急救援阶段武警消防官兵与乡镇政府协同,临时安置阶段部队与乡镇村协同。政府间协同主要体现在共同成立抗震救灾指挥部,在紧急救援、物资补给等方面加强协调、分配资源。协同的方式还主要是依赖于传统管理体系下的常用工作方式:人员混编、共同工作、联席会议。与此同时,乡镇政府也积极协同、支持部分企业和志愿者进入灾区开展一些工作(3.2-BC010/BC012/BC008/BC014,2008)。志愿者如潮水般快速地涌进了各个灾区,但大部分乡镇管理者认为由于缺乏系统的协调,其在当地应急处置中的作用发挥是极为有限的。“志愿者只能协助工作,一个人只能做一份工作……我们感谢他们的参与,他们在精神上和情感上激励着我们和灾区民众,这是对我们非常重要……志愿者们5月17日到我们这里,比解放军都早”(3.2-BC009,2008)。

关于应急物资的储备、补给和分配,乡镇管理者均反映存在着较大问题。一是应急物资的储备方面，不仅缺乏专业救灾设备的储备，也缺乏食品、药品等满足基本需求的物资储备。二是储备方式单一，不仅乡镇政府和普通家庭缺乏储备，由于经济落后，乡镇内商店物资也十分匮乏。三是乡镇就地征用应急物资没有完善的程序，缺乏补偿机制。四是应急物资的补给较慢，补给效率低、供需不匹配。特别是物资分配与户口制度挂钩，加剧了供需不匹配现象。

关于信息发布和公共沟通，政府是较为单一的行动主体。在发布方式上，2008 年主要依靠领导喊话、面对面开会等传统方式，仅有个别乡镇印发简报或成立信息咨询处。绝大部分的乡镇管理者在调研中均反映，与上级政府沟通和传递灾情方面十分滞后和低效，主要以派遣人员传递书面信息为主。

（2）2013 年

经过汶川地震后，各个层级的应急处置能力都有了一定的提升，其中也包括乡镇党政干部以及每个村当地的应急队伍。当然在应急体制层面并没有根本层面上的改进，只是在组织化、规模化或者运行机制上有所完善，如 2013 年各村应急分队的规模有所扩大，民兵（分）队成为地震紧急救援重要力量之一。“村里救援工作有一个体制……只落实给我们包村干部和村长支书，村长支书这一级又落实到组上，组上就有党员，有志愿者还有民兵应急分队，就具体落实到各个农户，这么一级一级下去的”（3.1 – YA006，2013）。“我们每个村都有应急队伍……就是民兵预备役，我们这里叫应急抢险分队，所有乡村组干部（参与），包括下面的年轻力壮的”（3.1 – YA002，2013）。临时党支部继续成为应急机构设置中的重要组成，比起 2008 年有所突破的是，通过外来人员兼任灾区地方党组织干部来加强组织融合、协同应对。“每个班子成员都有联系的一块地方，一个村，每个联系一个村……必须把临时党支部成立起来”（3.1 – YA002，2013）。“我们成立了临时党支部，首先乡党委班子成员联系安置点的临时党支部的负责人，也就是党支部书记，党支部书记联系支部委员，支部委员联系党员，党员联系户，每个党员会包几户，以这种方式管理”（3.1 – YA008，2013）。对于政府层面，此时已有部分乡镇将分组直接纳入预案编制,丰富和完善了分组的内容,促进了应对工作的开展。预案中包含灾害发生后乡镇干部的分工,分为群众转移组、安置组、群众工作组、交通管制组、信息上报组(3.1-YA001,2013)。但值得注意的是,2013年雅安地震后,仍有部分乡镇没有进行分组,而只是进行被动响应式的(单向性)作业。在具体管理的形式上,乡镇也开始探索网格化管理的应用以提升集中管理的及时性和有效性(3.1-YA002,2013)。

在此次的实际应对中,又一次证明了紧急救援力量本地化的重要性。大部分的受访者指出:"在我们乡,每个村都有年轻力壮的当地人……接受培训并进行定期演练就构成了当地的紧急救援队"(3.1-YA002,2013)。部分乡镇基本上完全依靠自身力量有效完成了应急救援,而且成效显著,无一人死亡。"我们全乡没有用武警、特警、公安一系列队伍,我们是自己组织民兵抗震救灾,并且取得了很好的效果"(3.1-YA001,2013)。

关于应急协同,芦山地震应对的特点主要体现在乡镇政府与社会组织协同上的演进,互动关系上从互补向协作关系发生转变,也就是说紧急救援和救灾行动不是完全以由政府主导的模式为主。正如乡镇负责人所指出,"社会组织主动跟我们联系,联系了以后然后沟通,把我们的情况跟他们介绍以后,哪里需要他们,我们都有重点的给他们介绍"(3.2-YA004,2013)。在政府层面协同上,与2008年上级政府参与少、响应慢相比,2013年上级政府尤其是县政府的反应非常迅速,参与较为深入,如在过渡安置阶段,在每一个安置点从镇上和县上派一两名党员下去共同协同建立临时党支部(3.2-YA006,2013)。

应急资源层面,在2008年后部分地区的装备有所改进,并在2013年地震后收到了一定的效果。"我们有机具,随时待命……有一台装载机、一台挖掘机,这是村民准备的,还有一个辖区企业有两台转载机、一台挖掘机"(3.3-YC008,2013)。"我们镇上也有一些机具,装载机、推土机都有的,我们平时也有准备的,平时驾驶人员的联系电话我们都有,姓名也有,就是预备突发情况下紧急叫他们,平时跟他们说好了"(3.3-YC004,2013)。然而,效果的提升与各个乡镇本身的情况有关，大部分受访乡镇反馈整体机制没有明显改进。2013 年的物资分配更多地体现了对社会弱势力量的关注，优先将物资分发给老弱病残幼，但仍然存在按户口分配的问题。在分发应急物资机制方面，更进一步组织化、系统化。“每个村有监督委员会……监委会主任要签字确认每一批物资的接收和分发”(3.3 - YC008, 2013)。

2013 年，信息技术极大地促进了信息发布，但乡镇政府与居民之间的互动方式并没有太多的变化。例如，部分乡镇在互联网上公布灾情和乡镇领导人联系方式。个别乡镇干部通过微博、微信发布灾情，寻求资源。与上级政府以及与居民沟通和传递灾情方面，应急处置阶段没有实质变化，还是主要以派遣人员传递书面信息为主，常常使用的交通工具是摩托车。

4. 保障与支撑

(1) 2008 年

谈及应急保障的基础设施时，所有受访的乡镇领导都提到交通、通讯、电力和应急场所是地震应对中十分突出的问题。在交通方面，交通中断是带来物资、救援队伍、信息传递、伤员运送等各类问题的根源。“保障不到位，地震之后交通、通信、能源各项基础设施全部中断，通信在瞬间就没有了……我们(还)可以做什么呢?”(4.1 - BC004, 2008)与此同时，受灾地区地形多为山地，紧急避难场所较少。

关于应急资源储备，所有乡镇领导都在慨叹各类应急资源的储备贫乏，从食物和水到帐篷和医疗用品以及救援设备。应急物资的储备方面，不仅缺乏专业救灾设备的储备，也缺乏食品、药品等满足基本需求的物资储备。“无论是乡镇机关，还是当地居民都没有什么预留库存……(全乡)有超过 3000 人，只有 7 箱方便面，饼干和瓶装水也很少”(4.1 - BC003, 2008)。“应急储备不足……我们在 3、4 月份就已经开始了，当然主要就是储备了粮食、食用油，还有一些小百货。另外抢险救灾，就是车辆燃油储备了一小部分，因为我们那里没有专业的储备设备。然后就是铁丝、麻袋，我们当时主要是储备的防汛物资”(4.2 - BC011, 2008)。“物资储备少……因为平时我就非常了解,粮食、盐、药品这几样储备都不是很多”(4.2-BC006,2008)。不仅乡镇政府和普通家庭缺乏储备,由于经济落后,乡镇内商店物资也十分匮乏。“乡物资储备少,乡里面存的以及商店里面存的粮食只有两吨大米、800斤面粉,食用油这些就更少,蜡烛、电池基本上也存得很少”(4.2-BC005,2008)。此外,乡镇政府未建立动态储备机制以避免储备食品和药品过期的问题,也未与辖区内商户达成公私合作协议,保证紧急状态下的物资征用。常见形式就是乡镇政府从当地的商店赊账,先拿以后再给予报销或补偿。“乡里的医院药或医疗用品用完了,请由乡政府从个体商店里征用……商店记录好量,之后再来报销……我们和加油站也采用同样的方式”(4.2-BC013,2008)。

关于应急储备金,所有受访者一致认为,灾区乡镇层面的经济基础薄弱,财政依靠上级转移支付,使得应急保障与支撑体系十分脆弱,缺乏资金、物资、基础设施等方面的保障。在资金上,不仅面临应急准备金缺乏的问题,更没有储备机制。此外,常态下应急工作人员的补贴很低,更没有预算雇用专业人员从事灾害监测。“乡里面财力非常的薄弱,主要是依赖于上级的转移支付,我们乡老百姓的收入,相对在全北川县说属于中等偏下”(4.2-BC005,2008)。“缺乏长期资金保障,也不能开展专业(工作),比如说防洪、地质灾害、抢险,还有地震,(这都需要)常年用财政来保证这一部分人长期的稳定,长期驻扎在那个地方”(4.2-BC010,2008)。

(2)2013年

2008年后,部分乡镇道路虽有所加固,却没有拓宽,不利于救灾设备的通行。道路设施是否改善取决于多方面的因素,没有实现根本性、全覆盖性的提升。“改善仅仅是对原有的道路进行了硬化,但是很多道路是没有拓宽的……道路基础设施太差了,8点02分地震,我到(救援现场)的时候是8点20分。它的道路很窄,机器进不去,全部用手,要么就是简单的工具钢钎、钉锤这些去敲,把那个小女孩救出来用了一个半小时,那个小女孩送到医院,出来的时候身体还是暖和的,最后没有救过来,只有8岁……如果有挖掘机能进去,只需要10分钟就能救出来……交通就是瓶颈,甚至是省道、国道都有这种情况，整体的交通差……发生次生灾害的时候应急救援很难，而且物资运进来非常困难”（4.1－YA010，2013）。两次地震受灾地区地形多为山地，紧急避难场所较少。2008年后，部分乡镇建设了广场等作为避难场所，但仍未覆盖所有乡镇。除此之外，值得肯定的是，此次电力、供水、通讯的恢复速度相比2008年要快了很多，大部分地方第二天就开始通水、通电以及部分恢复通讯。

相较于2008年，乡镇拥有的应急资源绝对量和种类都有了明显提升，但还是远远不能满足需求。部分乡镇储备了帐篷、油布等物资，但数量很少，无法满足需求。仅有个别乡镇与乡镇内商店签订临时征用协议。“在断电、断水、断通讯的状态下，我们怎么实现最短时间的供电恢复、供水恢复、通讯恢复，这方面都很差的。此外，交通工具匮乏，比如说我们乡镇急需越野车，还有在通讯不畅通的情况下，如果有一个卫星电话，能够及时把我们的灾情传输出去，但是也没有，所以我们真正应急的能力很差，急需在这方面加强，应该大幅度提高”（4.2－YA004，2013）。当然在加强有关应急装备的时候，相应的能力培训和维护也极为重要。“的确，（震后）几乎所有的乡镇都配了卫星电话，但我不知道如何使用它”（4.2－YA013，2013）。

此外，乡镇应急资金储备不足甚至没有储备金机制的问题依然普遍存在。“县上一般就给我们两三万块钱（用于日常办公经费），全乡每个月的办公经费就是几千块钱……（保障）日常我们办公用的电、水、耗材……后来地震以后，县上给了70万的应急资金，还是用于工程的”（4.2－YA002，2013）。值得关注的是，此次应对中基于公私合作关系（PPP）的应急物资储备机制有所出现，此种机制使得乡镇政府与有关企业合作保持应急物资的可持续储备。接近一半的乡镇都与当地的商店签订了定期合同，以此来保证在紧急情况下有足够的物资可用。“我们镇上的储备是跟当地的商店签协议，因为我们买很多食品储备在这里容易过期，我们承受不了这种损失。另外，我们还储备应急的物资，棉被、雨衣、雨鞋、救生器械、抽水机之类的”（4.2－YA015，2013）。

5. 社会参与

(1) 2008 年

常态下,基层乡镇社会参与灾害应对非常少。乡镇政府可能通过管理手段和经济手段带动部分村民参与。如村社领导入户,或招募普通村民作为灾害监测员,给予一定补贴。汶川地震发生后,本地群众的参与起到了非常重要的作用。在应急救援阶段,群众的自救互救能力成为最重要的救援力量,据中国地震应急搜救中心统计,汶川地震救出总人数 87000 余人,自救互救占 70000 余人,专业救援队合计救出 7439 人,军队救出 10000 余人。"老年人很多就主动,在我们没有发动的情况下,他们就自发地拿起来农村的工具搭起了窝棚"(5.1-BC002,2013)。"老师们全部把小孩都集中在一个大棚子里面,他们临时搭建了一个大棚子,(这是)非常安全的地方"(5.1-BC001,2008)。在临时安置过程中,"投亲靠友"是主要方式之一。"伤员就是邻居、亲朋好友去照顾他……我们乡老百姓投亲靠友的比较多,都把自己的东西拿出来,把这些人安置了,不管是不是自己的亲戚朋友"(5.1-BC002,2013)。

大量的志愿者和社会组织参与已经成为汶川地震应对为世人周知的特点之一,但是在乡镇层面的参与并不是如想象中的波澜壮阔,真正愿意在乡村长期参与的志愿者和组织并不多。紧急救援、过渡安置阶段中都缺乏专业化、组织化志愿者的参与,以大学生、退伍军人为主,也有一些来自于企业。积极参与乡镇层面工作的社会组织方面只有常见的红十字会、本地基金会等,当然还有许多非注册的社会组织。需要说明的是,汶川地震恢复重建期来自第三部门的组织化参与程度就有了很大的提升,但本研究选择对比就是紧急救援和过度安置的阶段。① 志愿者发挥了积极的作用,但主要是辅助性的工作。"有救援经验的参与救援;有文化知识的参与信息报送;有专业知识的如卫生专业人员充实卫生院,退伍军人运送物资和清理废墟"(5.2-BC001,2008)。"(志愿者)在帐篷学校,帮着管理学生……

① 有关社会组织参与灾后重建情况,可参阅张强、余晓敏等:《NGO 参与汶川地震灾后重建研究》,北京大学出版社 2009 年版。

也有从开始救人到送物资，发放物资……一个人至少待二十天左右”（5.2－BC003，2008）。“志愿者做了很多好事，比如孤儿多少，哪个孤儿什么情况，他都很清楚。和政府一起统计，然后受灾的情况，哪儿他都去，我们需要什么，他们就帮我们组织”（5.2－BC010，2008）。在我们实地访谈的16个乡镇中，只有少数专业的社会组织被提及，如红十字会、中国扶贫基金会和佛教协会等，主要开展的工作是物资捐赠。在志愿者和社会组织的协调管理上，当时还缺乏明确的工作机制。“当时对志愿者管理根本没有管理，根本没有关心。从开始救人，到送物资、发放物资，到支教到‘6·1’活动，甚至还有管理我们的广播宣传，都是他们志愿者自办的”（5.2－BC010，2008）。

此外，除了本地企业之外，外地的私营部门也积极参与到乡镇的应急救援工作中，虽然数量和规模并不是很大，但发挥了积极的作用，为今后的政企合作探索了经验。“安徽省一个比较有名的私营企业有大型机械，因为我们的小型机械危险地段过不了，效率太低，他们就派来大型机械协助了我们三天……他们的几台大型机械是绵阳没有的”（5.3－BC007，2008）。“重庆一家生产冲锋舟的企业，当时有三个冲锋舟是完整的，给我们运送过来。后来又给了我们三部卫星电话，所以把交通、通讯问题一下子就解决了”（5.3－BC009，2008）。

（2）2013年

芦山地震后，震中灾区的乡镇依旧面临了一段相对隔离的紧急救援时段，本地群众的自救互救和外来志愿者及社会组织的参与发挥了重要的作用。相较于2008年而言，乡镇管理者普遍认为群众的自救互救能力有了较为明显的提升，经过汶川地震应对的考验，大部分居民对一些基本应急程序有了基础的认知。

此时的社会组织参与更是凸显了专业化、组织化。除了很多耳熟能详的扶贫基金会、壹基金、青基会、南都基金会等各类公益组织积极参与，还有一大批在汶川地震之后应运而生的社会组织，如爱有戏、平安星等。在乡镇层面参与的作用发挥方面，也比2008年有所超越，不仅在紧急救援阶段，以专业化装备和救援技术参与（壹基金救援联盟和红十字蓝天救援队），而且在过渡安置阶段也发挥了很大作用,在板房安置区里提供多元化的公共服务。

芦山地震的政社合作有了显著的推进,四川省抗震救灾指挥部在4月25日正式成立了社会管理服务协调组,在雅安市成立省、市、区共建的雅安抗震救灾社会组织和志愿者服务中心,在县(区)、乡镇建立7个县(区)社会组织和志愿者服务中心和26个乡镇服务站,初步形成以省市中心为龙头、县(区)中心为基础、乡镇站点为前沿,纵向到底、横向到边,系统化、窗口化、网格化的灾区社会管理服务网络,以便政府协同社会力量依法、有序、有效参与抗震救灾工作。这也是中国政府工作机制层面第一次明确设立专门机构做好灾害应对过程中政府和社会之间的信息互动和协同等服务工作。但在乡镇层面,乡镇干部实际上还缺乏对这一政策的了解,也未建立具体的协同工作机制。“做什么我不知道,但是我知道这个组织(雅安社会组织和志愿者服务中心)”(5.2 - YA006,2013)。对于志愿者的认识和作用发挥观念变化不大。大部分持谨慎态度,认为需要志愿者发挥作用,但必须严格服从政府管理,以免造成混乱。“社会力量的整合,我实话实说是失败了。来的社会组织,还有志愿者,有的来直接到某村某组,和老百姓一起抢险救援,最后把他们的物质现金发给老百姓,所以引起(别的村)群众上访,老百姓说政府不公平,其实不是乡里不公平,是(志愿者和爱心人士)来了就发,到今天没有一个很好的管理办法,这个是失败的”(5.2 - YA003,2013)。访谈中,部分乡镇干部对于社会组织的概念和作用认识不清晰。例如,将大学、医院等等同于社会组织,或认为社会组织需要提供均等化覆盖所有群众的公共服务。

在企业参与层面,主要还是外地的企业参与到传统的捐赠物资和紧急救援,与2008年相比并没有呈现出新的特点。

6. 宣教培训与演练

(1) 2008 年

对于一个发展中地区,宣教是重要的提升应急管理意识和能力的渠道。但对于受访灾区乡镇而言,大部分的形式非常简单,常常就是利用“群众会”开展,实际上这样的参与率也不会很高。再加上制订应急预案的过程缺乏普通民众的广泛参与，这也就造成了乡镇居民对于灾害并不具有较为系统的认知。在乡镇学校的教育体系中也没有设计系统的公共安全教育课程，只有简单、机械地灌输相关知识。"学校在逃避地震灾害中逃生的知识，我们都灌输给他们"(6.1 - BC002, 2008)。至于培训，基本上没有系统的设计，无论是乡镇管理人员，还是村里的主要干部以及普通居民，都没有接受系统的知识及实操培训，大部分的时候是以简单的演练代替培训。演练是国家推进"应急管理进乡村"的规定任务，所以各乡镇都有所组织，内容也会结合本地主要风险如地质灾害等。"针对不同的时间、不同的地域、不同的重点会搞一些演练……地震前主要是地质灾害防治这一块，就是说大的滑坡体有哪些，如何来避让、搬迁，这方面我们是做了很多演练"(6.3 - BC003, 2008)。"地质灾害和火灾……每年必须演练的，特别是火灾，在咱们那儿火灾是很有威胁的一个事"(6.3 - BC005, 2008)。演练大多为政府组织，缺乏情景设计，手段单一，演大于练，而且大多也未结合强震开展，甚至有人认为"全国没有乡镇做过地震的应急演练"(6.3 - BC016, 2008)。结果是，当地群众的风险意识比较低。"因为北川是地震多发带，第一次就觉得无所谓，小的地震随时都有，所以就更无所谓"(6.3 - BC007, 2008)。

(2) 2013 年

2008 年之后，四川省已经开始探索在小学结合生命教育等课程开展公共安全教育，但乡镇层面并没有实质的改变。以说教为主的集体会议仍然是主要的方式，是可选的形式。教育体系还是缺乏系统设计和体验式方法，以至于乡镇负责人还在强烈建议，"关于防减灾教育，建议以学校为平台，用小手拉大手比较有效，基于多年的教育从业经历来看，对于村民而言，直接谈有些空洞，反而是通过学校，由小孩带动家庭比较有效"(6.1 - YA014, 2013)。虽然演练成为常见和定期的乡镇党政工作内容(6.3 - YA010, 2013)，也有了一定的效果，如宝兴县没有由于余震和地质灾害新增死亡和受伤人数。但"演习仍然没有太多的专业指导，也没有技术的道具……结果当地民众依旧对相关问题无动于衷"(6.3 - YA004, 2013)。与此同时，普通民众也没有积极性参与到演练。“他们问为什么要反复演练……他们认为他们听到就知道去哪里和做什么……他们只是不想参加(演练)”(6.3－YA006,2013)。

7. 恢复重建

(1) 2008 年

规划是恢复重建工作中的首要内容,但对于乡镇层面而言,缺乏从下而上的参与机制,以至于快速出台的重建规划很难得以有效实施。“按照上级规定的新农村建设模式,在我们那些地方根本就没办法操作……没办法集中建村庄,不具备条件,因为我们土地资源是比较分散的,生产资料非常分散……这种模式解决公共设施的成本就非常高。”(7.1－BC007,2008)“修建久远性的住房还涉及选址难的问题,因为原来的地点涉及滑坡、垮塌等各方面的情况”(7.1－BC004,2013)。“他们(决策者)不知道我们当地的习俗,为保证木材质量我们直到 9 月或 10 月才砍伐……在这种情况下,我们怎么能够满足在春节前完成永久性安置呢?”(7.1－BC011,2008)

关于重建资源管理方面,所有的乡镇都反映,首先是资金不足,由于灾区绝大部分乡镇是贫困地区,县里拨付资金相对于重建的巨大需求就显得十分捉襟见肘。与此同时,由于交通条件差,任务时间紧,使得建筑材料价格高涨。“我算过每块砖在我们乡的成本大约是三角二到三角五,当它卖到附近的乡,加上运输成本就成了两元一角五了”(7.2－BC013,2008)。其次,在灾后重建过程也受到人力资源匮乏的影响,熟练和非熟练劳动力都极为短缺。举例来说:“因为全乡 3700 人,劳动力只有 1200 多个,外出务工有 300 人,本地务工有 100 人。中壮年大部分都在外地务工了,留在乡内的劳动力只有 800 来个”(7.2－BC004,2008)。与此同时,更缺乏规划、选址等专业人员。“分散的一户、两户或者原址重建的基本上由老百姓和基层干部凭经验去判断,地质查勘也没有那么多力量对每家每户进行勘察和分析”(7.2－BC007,2008)。

(2) 2013 年

深入了解芦山地震灾区有关乡镇的恢复重建工作,不难发现两次地震后面临的大部分重建挑战都相同，如次生灾害频发以至于选址困难。重建规划过程中，还是缺乏乡镇从下而上的参与，“乡镇没有发言权”（7.1－YA010，2013）。汶川地震恢复重建中“三年任务、两年完成”的进程要求已经受到了实践的挑战，但此次规划还是要求在三年内完成。

在重建资源方面，也同样面临资金不足、人力资源缺乏。“没有资金，农村建房一般 200 平方米，就算是每平方米 1000 元，也需要 20 万元，现在是补助 3 万元，银行可以贷一部分，最高贷 8 万元，他们还需要 9 万元。现在 9 万元对农村来说是一个天文数字，对我们干部来说都是一个大数字，芦山是一个贫困县，我的工资扣下来（实际发到手）大概就是 3000 元钱左右，一年 3 万多元钱你还要开支，不吃不喝都要三年。特别是对广大农民来说（怎么办呢）”（7.2－YA010，2013）。“现在规划和现实领域的脱节还没有结合起来，究竟规划在多大的程度上能够得到实现，现在是未知数。就是我的蓝图画得非常好，能不能实现？有没有项目和资金来完成它？（完全依赖于）国家或者上级政府给我们的项目和资金，乡镇是没有任何权力的，是没有收支的。我们是拨款财政”（7.2－YA004，2013）。熟练和非熟练劳动力的短缺也是芦山地震重建中的难题。正如一位乡镇负责人所说，“我们没有足够的熟练劳动力，尽管政策要求表示每间房子应有懂相关知识的熟练工人”（7.2－YA008，2013）。

当然，2013 年重建工作与 2008 年相比还是体现了一定程度的进步。例如，在制度学习层面，部分乡镇专门组织了干部经验交流会。2008 年汶川重建过程过于依赖板房进行统一化安置，出现了高投入、低效率而且土地资源浪费的问题。2013 年安置方式多元化，主要包括板房过度安置、投亲靠友、租房三种方式。板房建设因地制宜，较少进行集中安置。部分乡镇通过补助村民，村民自主选择安置方式。在产业恢复规划中，2008 年重建思路较多为简单地发展产业，而 2013 年大部分乡镇提出根据本地资源发展特色经济，如特色农业、生态旅游业等。

四、乡镇灾害应对的困境分析

汶川地震之后的五年，国家和社会各界投入了巨大的人力、物力、财力进行了全面的恢复重建，其中明确的目标就包括提升地方层面的防灾减灾能力。从上述的具体比较来看，我们不难发现，确实有了一定的进步，应对灾害的速度、应急处置能力有了显著提升，社会参与力度明显加强，房屋建设质量有所提高，汶川灾后重建的新房、学校、医院等没有垮塌，但从实际的需求来看，我们还没有完全脱离过去对农村的描述——“农村不设防”！这些挑战体现在：在应急预案和体制建设方面，应急预案制定过程依旧缺乏居民参与，以至于功能上适应性不强；灾害多次侵袭，但乡村的灾害风险意识并没有显著增强；乡镇政府依旧处在高负荷的事务应对状态，仍然是通过会议和文件等方式来强调应急管理，并没有真正建立第一响应人的应对体制和机制。在风险分析和监测预警能力方面，专业性、参与式的风险分析工作并没有真正开展，监测预警依旧面临经费短缺、专业人员匮乏、本地兼职人员培训不足的严峻挑战。在应急处置能力方面，乡镇自身的能力有所提升，但从上而下的传统体制与从下而上的实际需求之间并没有建立适当的沟通机制，信息发布与公共沟通还不充分。在保障与支撑方面，基础设施还是阻碍了应急管理各个阶段的工作，应急储备金和公私合作的可持续性物资储备等制度都亟待建设。在社会参与方面，乡镇层面的管理者观念仍然滞后，本地居民的全过程参与依旧不足，对志愿者和社会组织的认知不够深入。在宣教培训和演练方面，还是缺乏居民的主动参与，体验式教育方式亟待开发，没有长期、本地化的专业技术指导。在恢复重建方面，乡镇层级依旧不能参与到政策制定过程，以至于部分政策容易出现与现实脱节的现象，与此同时，重建资源同样面临资金不足，人力资源缺乏。

为什么经过五年的灾后重建，灾区乡镇的灾害风险管理能力未能得到长足的发展呢？

从宏观体制来看，灾害风险管理还只是政府的应对性职能之一，没有像经济发展、社会稳定等国策成为各级政府行为的基本指南。一方面，在应对“非典”之后，应急管理成为党和国家高度关注的公共管理职能，在国务院的推动下我国迅速完善了一案三制的体系建设，但实践中由于各级政府应急管理办公室都设置成为办公厅（室）的内部机构。以国务院应急管理办公室为例，根据《国务院办公厅主要职责内设机构和人员编制规定》的相关规定，国务院应急管理办公室（国务院总值班室）仅作为九个内设机构之一，具体的职能如下："负责国务院值班工作，及时报告重要情况，传达和督促落实国务院领导同志指示；组织开展应急预案体系建设，协助国务院领导同志做好有关应急处置工作；办理安全生产、信访以及国务院应急管理方面的专题文电、会务和督查调研工作。"[①]各级政府也上行下效，绝大多数都采取了同样的机构设置，于是在多元化的政府部门运作体系中作为应急管理体系具体载体的应急管理办公室，并不具备和发挥出独立的综合性协调能力，更多的作用是协助领导同志做好预案和应急处置工作，而不是系统地作为综合协调机构来推进应急管理工作。与此同时，防减灾体系依旧维持旧有的体系，关于灾害应对的应急预案确实因为应急管理体系的推进得到了政府各层级和各部门的高度重视，但更多地还是关注在应灾阶段，并没有实现全方面地将防减灾融合进各级政府的基本战略。

宏观体制投射到乡镇层面，与现有的乡镇体制结合起来，就严重阻碍了乡镇灾害风险管理能力的持续提升。我国乡镇体制建设是"关系到国家宪政制度和农村稳定及发展的重大问题"[②]。乡镇政权，作为党和政府在农村工作的重要基础，一直受到我国党政的高度重视。党的十六大作出了取消农业税、统筹城乡发展和建设社会主义新农村等一系列战略决策，2004 年中央决定在部分地区进行乡镇机构改革试点，主要任务是配合农村税费改革，精简机构和人员，减轻财政压力，防止农民负担反弹。2005 年 7 月，国务院颁发了《关于 2005 年深化农村税费改革试点工作的通知》，就已经明确要求全国各地"要积极推进以乡镇机构改革、农村义务教育管理体制改革、县乡财政管理体制改革为重点的农村综合改革试点。按照切实转变乡

---

① 参见中央政府网，http://www.gov.cn/zwgk/2008-07/17/content_1047512.htm。

② 于建嵘：《乡镇自治：根据和路径》，《战略与管理》2002 年第 6 期，第 117—120 页。

镇政府职能、努力建立服务型政府和法治政府的要求，对乡镇内设机构实行综合设置……要根据财权和事权相统一的原则，继续改革完善县乡财政管理体制，确保乡镇正常经费支出需要。积极推行和完善‘省直管县’财政管理体制改革和‘乡财县管乡用’财政管理方式改革。”①2006 年农业税全面取消，中央又先后提出了加强社会主义新农村建设、加快推进城乡经济社会一体化进程等战略部署，乡镇机构改革试点更加注重转变政府职能，推进体制机制创新，提升为农服务能力，试点范围逐渐扩大。2009 年改革从试点转向全面推开，旨在建立精干高效的乡镇行政体制。但是，这些进展并没能系统解决乡镇政府面临的挑战问题。

对于乡镇来说，一方面，经济发展和政治稳定一直是重要的发展指向，也是上级政府对乡镇政府的基本考核指标；另一方面安全发展，特别是灾害风险管理能力，并没有成为基本的考量维度。从 2008 年到 2013 年的乡镇发展历程来看，如何将灾害风险管理能力与各项基础设施建设、经济项目发展等有机结合起来，还是一个难题。除此之外，长期以来，责大权小、权责不对称是困扰乡镇政府的一个突出问题，这既影响乡镇政府有效履行职责，也妨碍乡镇经济社会事务的顺利开展。② 从本研究的发现来看，县乡财权、事权关系并没有完全理顺，一方面要求乡镇在“乡镇人员只减不增”和“农村社会稳定”两条底线的基础上，实现以管理为主向服务为主，地方公务员工作压力大，缺乏休养生息政策。“千根线，一根针”。但与此同时，各乡镇财政收入依靠上级转移支付，不是一级政府一级财政，从现实效果来看，这已经严重影响了乡镇灾害风险管理能力的建设。作为第一响应人，乡镇干部常常直面各类自然灾害的直接侵袭，“在救灾中村组干部的个人素质决定了他的工作效率，还有工作成效。但是现在我们这种西部小地方，干部的待遇非常差，一个村民小组长一个月工资只有一百多元钱，村干部也只有不到一千元钱……一百多元钱你想

① 参见中央政府网，http://www.gov.cn/gongbao/content/2005/content_64331.htm。

② 何建中：《深化乡镇行政体制改革的几点思考》，《中国机构改革与管理》2013 年第 2 期。

找一个优秀的干部来说不是很现实，因为个人能力的原因，他无法把上级党委的工作安排执行到位，因为他的个人待遇很低，村组干部的待遇连志愿者都不如。在基层这些干部你不提高一点待遇找不到人，这是最头痛的事情”(YA010,2013)。更为让人忧心的是，其实大部分乡镇干部对于现存问题都有一定认识，例如加强预案、体制建设等，但却缺乏实现渠道。在紧急状态下，在“灾情就是命令”的原则下实现短暂的跨层级、跨部门协同。在重建阶段，乡镇干部参与度低，缺乏规划主导权，也就很难激活本地社区的参与活力。

与此同时，乡镇也未能建立与外部社会组织、企业之间的协同机制，这进一步加剧了能力与需求之间的失衡关系。鉴于乡镇的实际薄弱能力，与更大范围中(国内外)的社会资源和行动者开展合作，无疑会给乡镇的灾害风险管理能力提供更加系统和可持续的支持。[①] 实际上，即便省市层面已经创新了志愿者和社会组织参与的相关制度，但由于缺乏制度学习，乡镇社会对于社会组织和企业的参与缺乏认知，同时自身的社区社会组织也亟待发育，往往容易忽视对本地社区的充分动员以及对外部社会资源的有效利用，更无从谈及可持续性的机制设计，这不仅使得居民的灾害风险意识不足，也极大地限制了乡镇对于灾害的应对能力建设。

在乡镇层面，重点要理顺权责关系。上级政府部门在给乡镇下达工作任务时，需考虑匹配相应的财力，授予相应事权，做到财力与事权相适应，权力与责任相对称。要进一步强化属地管理，继续减少“条条”管理，通过法定程序将相应的事权赋予乡镇，由乡镇政府自行处理本区域内的经济社会事务。

最后，根据两次地震应对中的调查显示，在灾害频袭下的西南地区面临着城镇化的严峻挑战，城镇化的问题相互交错和影响，为这些地区的灾害风险管理能力提升带来了更艰难的考验。具体来说，作为一个在农村和城市之间的过渡空间，乡镇特点是基础设施落后，经济增长缓慢，劳动力短缺和不足，公共服务是一个灰色地带。人口外

---

① I. Abarquez, Z. Murshed, *Community-based Disaster Risk Management: Field Practitioners' Handbook*, Asian Disaster Preparedness Center (ADPC): Klong Luang, 2004: 218.

流流动大，现有的城镇化不仅使得高教育人群大都逆向流动去城市，而且壮年劳力也都涌入城市打工挣钱。留守老人和儿童比重过大，缺乏拥有专业技能的劳动力，增加了救援和日常应急能力的建设难度。即便是乡镇干部，也大多在县城居住，对第一时间应急工作开展带来一定影响。

五、小结

本章建构了基于乡镇层面的灾害风险管理能力模型，针对在同一地区先后发生的地震灾害，选取极重灾区的部分乡镇进行深入的实地调研与访谈，深入分析五年来的能力变化及其影响因素，从而揭示基层灾害风险管理能力的提升并不能随着经济水平的增长简单地实现“水涨船高”。甚至目前呈现的乡镇灾害风险管理能力增长乏力深受一些单一、僵化的传统治理结构及城镇化发展政策、政府间关系以及政社合作格局等影响。因此也就警示我们，我们需要在地区的基本发展战略层面实现对灾害应对的有效融合，需要建立一个整体、系统的灾害治理体系，才能实现长治久安。国际经验表明，要想建立一个在国家和地方层面都能有效推进风险管理能力建设的治理体系，必须要与当前社会制度、组织和机构以及管理实践实现有机的交融。① 我们需求寻求的不仅是灾害风险管理的有效措施，更为重要的是完善牵一发而动全身的灾害治理框架。

---

① K. Tierney, “Disaster Governance: Social, Political, and Economic Dimensions”, *The Annual Review of Environment and Resources* (37): 341—363, 2012.

第四章　韧性与协同：灾害治理中的政府变革

以时因革，因革之理，唯变所适。

——（西晋）李重

苟利于民，不必法古；苟周于事，不必循俗。

——（春秋）文子

2013年4月20日在四川发生的芦山地震，无论在地震等级、烈度，还是灾害带来的直接和间接影响，都不是中国历史之最，但因为社会化应对中的创新实践使其成为中国灾害应对历史中的重要节点。在芦山地震发生后，四川省抗震救灾总指挥部于4月25日正式成立了社会管理服务组，其工作重点就是加强抗震救灾工作中政府与社会组织和志愿者的联络、沟通、协调和服务，加强救灾中有序社会协同和公众参与。随后，雅安市以及所属县乡都成立了社会组织与志愿者服务中心，这一平台的建立有效促进了各级政府与社会组织在灾害应对中的多元合作。随着抗震救灾工作的深入开展，社会组织制度化参与灾后重建被纳入政府灾后重建规划、原服务中心主任（四川团省委机关书记）正式挂职雅安市副市长以及四川省社会组织服务中心的成立，这一系列行为都标志着行为创新向着制度创新“雅安模式”演进。在本书第一章中已经结合汶川地震应对的案例对灾害引致制度变迁的因素有所揭示，也就是说在三源流聚合的情况下才形成了制度创新的“机会窗口”。如果说汶川经验是政府多元化灾害应对格局的行为尝试，那“雅安模式”的出现就是这一社会创新的制度化呈现。在芦山地震的应对中，四川省以及雅安市县各级政府不仅有效引介了社会资源的进入，而且第一次较为完善地建立了多元化合作的体制、机制，还进一步探寻在常态下的制度变革。

这一切究竟是如何发生的？政府体系在灾害治理中的行为特性如何认知？什么样的因素会促进政府体系的适应性变革？带着这些问题，笔者及所在研究团队在四川省委及相关部门的支持下，对芦山地震中社会服务管理组和社会组织和志愿者服务中心进行了深入调研，试图从“雅安模式”的案例中展现出政府灾害应对体系的治理变革图谱。

一、灾害应对中的“政府失灵”

正如本书第一章中描述的灾害应对中的公共政策困境，政府体系在应对灾害中面临着一系列的治理难题。应该说自 2003 年应对“非典”之后，包含自然灾害在内的突发公共事件应对工作得到了党中央、国务院的高度重视，中国应急管理体制建设也迅速起步并实现了长足的发展。全国范围内广泛建立了政府的应急管理体系，治理体制逐渐从以往过分倚重功能型机构和临时性机构，向使能型(enabling)机构①和功能型(function)机构相结合、临时性机构和常设性机构相结合转变，期望逐渐建立和完善“统一领导、综合协调、分类管理、分级负责、属地为主”的应急管理体系，实现合成应急、协同应急。(这一部分也可参看本书第二章中对中国灾害应对体系的梳理。)

近年来，在突发公共事件的实际应对中，还是暴露出现有应急管理体系中众多的不足(参看第三章中对于现有应急管理体系的体制性分析)，如应急预案的有效性、应急管理综合办事机构在重大突发

---

① 使能型的概念源于美国加州大学伯克利分校著名社会政策专家内尔·吉尔伯特(Neil Gilbert)教授提出的使能型国家(Enabling State)理论框架。近年来，这个概念在全世界(包括发展中国家和发达国家)都得到了广泛的认同。这一框架强调政府应当改变政府治理模式，通过各种政策支持，建立一种能够发挥社会各个系统包括市场、家庭、社区和社会组织等的共同作用来满足人们公共服务需求。其基本观点包括：从扩展社会权利向把权利和责任相联系转变；从主要依靠直接开支向日益增加的间接开支转变；政府提供公共服务的递送方式发生转变，由直接到间接地转变，提供激励性框架使得社会的各种力量都努力参与公共服务的递送过程。

公共事件应对中扮演的角色以及中央和地方在重大突发公共事件中的分工协作方式、各级政府对灾害应对的重要性认知等。这些不足可以归结为以下几点：

1. 应急管理体制不够完善，职能碎片化分布，使得决策主体多元且能力缺失

尽管已经成立了相应部门来开展工作，但大多数还停留在传统管理状态中，有关职能分布在多个部门，面临着功能定位不清、职能不完善、行政能力较弱、激励和约束机制不健全等多种制度问题，不仅缺乏对决策主体的激励机制，而且常常出现政府的综合协调成为“政府包办”“单部门单干为主”的运行现状，缺乏与包括媒体、志愿者、社会组织等在内的外部资源的交流与合作。

2. 应急决策机制往往出现失灵现象，决策重心的形成与动态演变现状不符合客观要求，多部门多环节的协同机制混乱

由于突发公共事件的特殊性，其应对势必会涉及多层政府职能部门和众多的社会机构，因此我国依“统一领导，综合协调，分类管理，分级负责，属地为主”二十字设计了应急管理新体制。然而，在实际的操作过程中，决策重心的形成和变化会受到个人利益、部门利益、地方利益以及个人能力、部门能力、地方能力等多种因素的影响，造成信息点和决策点分离、主体协同不畅、决策权限受限等诸多现实问题，常常信息来源单一、传递流程长、传递渠道少、损耗大、类型少、质量不高，并缺乏快速处理海量、异构信息的多部门协同机制来支持应急决策。各部门习惯于常态下的协作决策行为模式和思维定式，缺乏应对突发性事件协同决策的模拟与演练。

由此可见，我们迫切需要深化认知灾害治理中的多元主体特性。对于上述现实问题，也可以映射到事件信息—决策主体—决策过程相应的科学问题（参见图 4-1）。可以发现相应的科学问题：对于决策主体而言，危机状态的不确定性、紧迫性和高风险性①严重地抑制

① L. Sayegha, W. P. Anthony, and P. L. Perrew, “Managerial Decision-making Under Crisis: The Role of Emotion in an Intuitive Decision Process”, *Human Resource Management Review*, 14(2): 179—200, 2004.

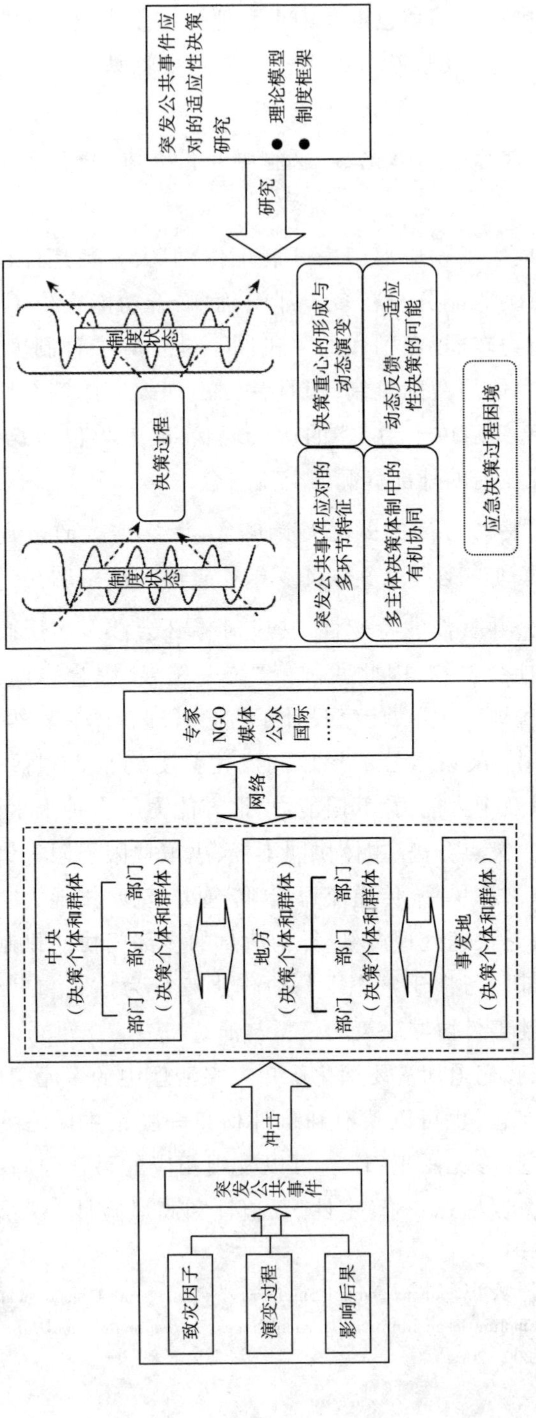

图4-1 突发公共事件应对流程示意图

了主体进行有效决策的能力①，使得决策的制定及其执行过程极易出现偏差甚至重大失误。对于决策过程而言，将涉及多元主体的协同机制以及决策重心的形成与演变。

本书前文的分析已经较为充分地揭示出灾害治理体系的重要性，但相应的问题是如何促进抑或引致现有的政府体系进行适应性的制度变革。这就有必要在突发公共事件应对的案例学习与知识发现的基础上，对雅安模式的出现及相应的长效制度安排进行重点研究，从而为政府的灾害治理变革提供理论基础和方法支撑。

二、理论视角：基于抗逆力建设的协同治理

对于地方政府作为主体的制度变迁动因这一问题的探究，可以切入的理论视角可谓多元。从本书第一章中基于三源流的分析框架可以研究创新机会的出现，却不能有效揭示政府主体在机会窗口打开后的行为轨迹。

从决策行为上看，政府体系创新行为的出现会涉及群决策（Group Decision Theory）、适应性决策等方面。在管理情境中，群决策（中央与地方政府、政府各部门）能否发挥集体智慧的优势，提高决策质量，一方面取决于群体成员间在价值观、目标、信息、专长知识、偏好、决策执行等方面的分布式和分享、协调的过程②；另一方面取决于决策者能否有效地适应群决策过程的动态变化，表现出适应性③。John Cosgrave 在描述了突发事件决策和决策问题的特性的基础上，运用领导规范模型构建了突发事件中决策的理论模型，建议决策者必须依据决策问题的特性，采用不同的授权程度对事件进行决策。④ Klein 将经验决策模型（recognition-primed decision model）引入到突

---

① C. M. Pearson, and J. A. Clair, "Reframing Crisis Management", *Academy of Management Review*, 23(1): 59—76, 1998.

② 严进：《群决策特征转换与网络工作技能研究》，浙江大学博士论文，2000年。

③ T. Chuang and S. B. Yadav, "The Development of an Adaptive Decision Support System", *Decision Support Systems*, 24 (2): 73—88, 1998.

④ J. Cosgrave, "Decision Making in Emergencies", *Disaster Prevention and Management: An International Journal*, 5 (4): 28—35, 1996.

发事件应急决策中,在应急管理人员充分理解应急管理任务和目标的情况下,根据历史经验对当前应急状态进行评估,找出类似经验做法,再利用已有的经验,对决策行动过程进行修订。① Tufekci 认为应急事件的发生具有不可测性,认为一个有效的、集成的和模型化的决策支持系统,对于应急管理是十分必要的,同时提出了利用 GIS 等信息技术的组织模型,将危机的规划、管理和控制进行整合,并强调了其中协调的重要性,并认为对于危机管理的有效运作,还需要事前、事中和事后的切实评价。②

关于适应性决策理论,De Jong 将适应性系统定义为"能够使自身随时间而改变,以提高在特定环境中的任务绩效。"③Mirchandani 等④进一步认为,适应性系统能够自我引发对推论知识和(或)程序性知识的积极改变,并产生增强了的加工效能(如效率和效果)。他们还指出,适应性系统具有动态性、自主性的特点,它通过应用推论知识和程序性知识以及产生新知识来进行反应。而这些程序性知识可能是外显的或是内隐的,可能是不完全的或是冲突的,因而适应性行为并不是完全可描述的和可预测的。适应性行为与目标、行动、反馈、学习、程序性知识及其转换等是密不可分的。

从协调及协调机制的研究视角来看,雅安模式的出现既是一种政府间以及政府与社会组织间协同的结果,也是一个新的协同机制的开始。Mentzas 认为⑤,协调机制最主要的作用在于,使得每一个参与者在朝着共同目标努力的过程中可以审视自己和合作者的行动,

① G. Klein, "The Recognition-primed Decision (RPD) Model: Looking Back, Looking Forward", in Caroline E. Zsambok, Gary A. Klein, eds., *Naturalistic Decision Making*, Lawrence Erlbaum Associates Inc., US: 285—292, 1997.

② S. Tufekci, "An Integrated Emergency Management Decision Support System for Hurricane Emergencies", *Safety Science*, *20* (1): 39—48, 1995.

③ G. G. de Jong, "Generalized Data Flow Graphs Theory and Applications", Ph. D. Thesis, Technical University of Eindhoven, 1993.

④ D. Mirchandani and R. Pakath, "Four Models for a Decision Support System", *Information and Management*, 35, 31—42, 1999.

⑤ Gregory N. Mentzas, "Team Coordination in Decision Support Projects", *European Journal of Operational Research*, 89: 70—85, 1996.

并且通过知会参与者他们在组织中的状态、发出警报等方式来激发参与者的自主行动。公共组织理论中的组织协调方式分为水平协调（也叫无等级协调）和垂直协调（也叫等级协调）两种。水平协调主要指组织中同级部门之间冲突的协调①，垂直协调则是依靠等级权威来完成的。

除此之外，还可以从危机领导力的视角来分析这一过程中领导者在短时间内通过影响他人，利用环境资源最有效地应对低概率、高冲击的灾害影响②，但这很难契合中国中央集权制中的传统治理架构。

以上的各种视角都具备一定的理论意义和实践价值，但都不能凸显出政府在行为创新过程中的主体性和面临复杂环境下的动态演进。为什么会在千头万绪的应灾状态下会出现雅安模式的创新冲动？为什么能够从最早的创新想法演变成一个较为制度化的政社合作模式？我们需要寻求一种有效融合的动态视角来分析和呈现雅安模式的创新过程。为此，注重系统内外相互作用和强调过程的抗逆力理论和协同治理的框架也就进入了我们的视野。

1. 抗逆力（韧性）理论

近年来，抗逆力（resilience）已超越脆弱性成为灾害和风险研究领域内最为流行的术语之一。③ 抗逆力框架是把灾害与风险研究紧密联系起来的重要桥梁，其主要目的是分析社会系统、自然与环境系统的内部作用和相互作用及其对灾害应对能力的影响④。个体、社区、组织如何整合自身资源和能力应对外部的冲击和减少未来的脆弱性是理论和实践界一直争议的难题，抗逆力的理论框架已经成为

---

① 通常水平协调方式主要分三类：一是各利益相关方直接通过会议进行协商；二是通过成立机构委员会这样的专门机构进行协调；三是制订标准化的决策程序进行协调。

② Arjen Boin, etc., *The Politics of Crisis Management: Public Leadership under Pressure*, New York: Cambridge University Press, 2005.

③ 韩自强、辛瑞萍：《从脆弱性向抗逆力转变——近年来美国灾害和风险研究热点转向》，《中国社会科学报》2012 年 11 月 19 日。

④ UNDP, *Human Development Report 2011*, 2011.

其中一个重要的议题。①

国际上对抗逆力的研究经过几十年的发展初见成果,从最开始的生态学到心理学,到经济学,到现在的可持续发展科学和灾害学,抗逆力研究已成为一个跨学科、跨领域的研究问题。对灾害抗逆力的研究已作为一项重要研究内容被许多国际性科学计划和机构(IHDP、IPCC、IGBP 等)提上研究日程,成为公共治理及可持续性科学领域关注的重要视角和分析工具。2001 年《科学》杂志发表的《可持续性科学》一文把“特殊地区的自然–社会系统的脆弱性或抗逆力”研究列为可持续性科学的七个核心问题之一。抗逆力概念的出现改变了政策的制订基础,之前的政策着眼于假定系统是稳定不变的,希望通过控制变化来降低所受影响,而现在则是希望通过管理社会–生态系统处理、适应甚至塑造变化的能力来达到这一目的。管理抗逆性使得系统更有可能维持一个可持续发展的势头成为公共管理者的核心任务,尤其是在未来充满不确定性的大前提下。②

英文“resilience”源自拉丁文“resilio”,最初从物理概念上理解,是指受到外界压力然后恢复的能力,字典解释为从干扰中恢复。生态学家 Holling 首先把抗逆力的概念表述为系统内相互关系的维持,是系统承受各种变量变化的能力的度量。③ 后来的研究把抗逆力应用到了各个领域,在生态学、心理学、经济学、社会学等有了各自改进的定义。从灾害学看,抗逆力最早被定义为表示社区通过自身资源恢复的能力。④ 后来发展为在面对灾害时遭受最小的影响和损失并

---

① Keith Shaw, “The Rise of the Resilient Local Authority?”, *Local Government Studies*, 38(3): 281—300, 2012.

② G. A. Wilson, “Community Resilience, Policy Corridors and the Policy Challenge”, *Land Use Policy*, 2012.

③ C. S. Holling and A. D. Chambers, “Resource Science: The Nurture of an Infant”, *BioScience*, 23: 13—20, 1973.

④ C. S. Adams, Z. Meleti, K. Mansfield and I. M. Shapiro, “Osteoblast Apoptosis is Induced by Inorganic Calcium and Phosphate Ions”, *Journal of Bone and Mineral Research*, 14: S346—S346, 1999.

且在灾害中生存下去的能力。① 联合国国际减灾战略秘书处(UNISDR)把抗逆性定义为:当一个系统、社区或者社会暴露在潜在的危险下,需要其去适应的时候,它们所表现出来的能够及时、有效地抵制灾害或者改变自身的能力,从而在一个可以接受的水平上依旧保持其原有的功能和结构。② 抗逆力是由该社会系统从过去灾害中学习经验教训,重新组织自身,从而能更好地保护未来和采取新的减灾措施的能力所决定的。红十字会与红新月会国际联合会(IFRC)把抗逆力定义为:个体、社区、组织或国家在面对灾害、危机以及遭受伤害的情形时,具备的预测、减轻、应对相应的负面冲击,并且能在坚持长远发展目标的前提下得以恢复的能力。③ "抗逆力联盟"(Resilience Alliance)认为抗逆力包括以下三要素:(1)系统保持原有功能所能承受的干扰的度量;(2)自我组织的能力度量;(3)系统改进和适应能力的提升能力度量。④

实证研究中,经济发展、社会资本、信息与沟通和社区能力是构成抗逆力建设的主要方面⑤,这个视角的代表是 Cutter 等提出的地区灾害抗逆力模型。⑥ 基于社会生态系统的视角(Ecology Resilience),抗逆力也可以说是一个社会-生态联合系统的属性,具有如下三个关键的特征:(1)系统本身在维持对其功能和结构的控制下可以承受的最大变化量;(2)该系统可以自我恢复的程度;(3)该系统可以提

① R. J. Klein, R. J. Nicholls, and F. Thomalla, "Resilience to Natural Hazards: How Useful is This Concept?", *Global Environmental Change Part B: Environmental Hazards*, *5* (1): 35—45, 2003.

② http://www.unisdr.org/we/inform/terminology#letter-r(accessed 10/2/2015).

③ IFRC, *The Road to Resilience: Bridging Relief and Development for a More Sustainable Future*, 2012. http://www.ifrc.org/PageFiles/96178/1224500-Road%20to%20resilience-EN-LowRes%20(2).pdf(accessed 10/2/2015).

④ http://www.resalliance.org/index.php/resilience (accessed 10/2/2015).

⑤ F. H. Norris, S. P. Stevens, B. Pfefferbaum, K. F. Wyche, and R. L. Pfefferbaum, "Community Resilience as a Metaphor, Theory, Set of Capacities, and Strategy for Disaster Readiness", *American Journal of Community Psychology*, *41* (1-2):127—150, 2008.

⑥ S. L. Cutter, L. Barnes, M. Berry, C. Burton, E. Evans, E. Tate, and J. Webb, "A Place-based Model for Understanding Community Resilience to Natural Disasters", *Global Environmental Change*, *18* (4):598—606, 2008.

高其学习与适应能力的程度。① 地区抗逆力指数应用范围最为广泛，从全球、区域、国家、城市和社区不同尺度上都有衡量指标体系的出现。②

从社区研究出发，社区企业中心（CCE）建立的社区抗逆性模型是基于人们对如何拥有一个成功社区的理解建立起来的。模型的核心是抗逆力的四个维度：（1）人的行为和态度；（2）社区中组织的行为和态度；（3）社区中的资源；（4）社区过程。前三个维度描述了一个社区所能够利用资源的本质以及其多样性。社区过程则描述了社区可有效组织利用其资源的方法和结构，关注战略思考、参与性、执行力等。③ Kathleen 等人以学校的主要领导人为社区核心信息获取点，测量在提供社会资本、经济发展、社区竞争力以及灾后响应信息公布和通讯联络等方面信息的有效性。④

国内外的研究者主要强调以下的治理要素构成提升抗逆力的关键：（1）多中心与多层级（polycentric and multi-layered institutions）；（2）协作（collaboration）；（3）参与性（participation）。多中心的系统由多个相对独立主体，有多样性的决策系统和知识体系并且能够相互学习。另外，多中心的主体通过相互间的合作网络进行创新，使其能够更好地适应不确定性和不断变化的需求。⑤ 多层次是指不同政府

---

① M. L. Berumen, and M. S. Pratchett, "Recovery Without Resilience: Persistent Disturbance and Long-term Shifts in the Structure of Fish and Coral Communities at Tiahura Reef, Moorea", *Coral Reefs*, *25* (4):647—653, 2006.

② G. P. Cimellaro, A. M. Reinhorn, and M. Bruneau, "Framework for Analytical Quantification of Disaster Resilience", *Engineering Structures*, 32(11):3639—3649, 2010; S. Ainuddin, and J. K. Routray, "Earthquake Hazards and Community Resilience in Baluchistan", *Natural hazards*, *63* (2):909—937, 2012.

③ Center for Community Enterprise, *The Community Resilience Manual: A Resource for Rural Recovery and Renewal*, 2000. http:www. ontario-sea. org/Storage/37/2905_Section_1_-_The_Community_Resilience_Manual. pdf.

④ Kathleen Tierney, "Disaster Governance: Social, Political, and Economic Dimensions", *The Annual Review of Environment and Resources*, 37:341—363, 2012.

⑤ E. Ostrom, "Beyond Markets and States: Polycentric Governance of Complex Economic Systems", *The American economic review*, 641—672,2010; R. Biggs, M. Schlüter, D. Biggs, E. L. Bohensky, S. BurnSilver, G. Cundill, etc., "Toward Principles for Enhancing the Resilience of Ecosystem Services", *Annual Review of Environment and Resources*, *37* :421—448, 2012.

层次以及公共、私有部门在各个层次上的参与。

事实上，在灾后重建阶段，只有通过更加广泛的社区参与才能实现有效的可持续重建。① 特别是，社会组织参与救灾中凸显出更迅速的应对、更具灵活性和自主性，更能满足地方的需求。② 另外，Anne-Mette 对灾害应对中行动过程的进行研究，在实地调研和访谈灾区社会组织后，发现全球组织（organization at global level）在减灾以及灾害应对的时候会鼓励本地组织（organization at local level）参与的方法，以提升了社会群体在面临自然灾害侵袭的时候所拥有的自主创新和适应能力。③ 抗逆力在广义上可以被定义为适应的能力，它包括了两部分：对自然环境自发的反应以及主动寻求有益机会的探索（创新能力）。当本地组织人员加入到一个群组的时候，他们在适应着一个新的组织结构，重新发现如何获取和分配资源。这种创新式的成员结构进一步产生了新的本地抗逆力。研究者对“外来－本地”的动态过程分析中得出结论：为增强社会的整体抗逆力，当外部组织通过采用群组（group）的方式来融合本地人员，从而产生了创新。研究者在加纳的实地访谈证实了普通当地民众对基于群组方法的信任与好评。尽管学术界对参与式方法有许多的批评，然而这种使用大量的参与式方法来建立和增强本地抗逆力的方法在实际问题中得到了最广泛的利用并取得了大量的成功。④

此处，我们选取的抗逆力框架其实强调就是抗逆力的三重维度：吸收冲击、维持原有运行的能力；自我组织的能力；学习创新的能力。

---

① L. Pearce, "Disaster Management and Community Planning, and Public Participation: How to Achieve Sustainable Hazard Mitigation", *Natural Hazards*, *28* (2-3): 211—228, 2003.

② J. Telford, and J. Cosgrave, "The International Humanitarian System and the 2004 Indian Ocean Earthquake and Tsunamis", *Disasters*, *31* (1): 1—28, 2007.

③ H. Anne-Mette, "Innovation Policies for Tourism", *International Journal of Tourism Policy*, *4* (4): 336—355, 2012.

④ M. F. Olwig, "Multi-sited Resilience: The Mutual Construction of "Local" and "Global" Understandings and Practices of Adaptation and Innovation", *Applied Geography*, *33* : 112—118, 2012.

其中最重要的不是维系过去，而是推陈出新的能力。①

2. 协同治理

关于治理，全球学界和实务界都有着多元的理论认知和实践探索。尽管在具体的定义上有着不同的解读，但有一点是基础性的共识：治理模式的发展趋势是公共部门之间以及公私部门之间的边界越来越模糊。② 如何引介不同的利益相关者（stakeholder）进入公共决策过程？如何设计一种制度框架使得政府部门和非政府组织能够有效协同解决公共问题？这些问题就更成为治理研究的重点和难点问题。

实证中政府与社会组织的互动关系模型则要更为复杂一些。Gidron 等通过跨国比较试图建构一种政府与第三部门互动关系模式。该模式以资金筹集（financing）、授权（authorizing）和服务递送（actual delivery）为服务的两个关键要素，把政府与非政府组织关系以这两个要素的组合搭配分为四种模式：（1）合作模式（2）政府主导模式（3）双重模式（4）第三部门主导模式。③ Coston 认为政府和非政府的关系取决于政府对制度多元化的态度，其关系由政府压制非政府组织到双方合作，反映了政府对制度多元化的态度从反对到同意的变化，从而发展出的政府与社会组织的八种互动关系为：压制、敌对、竞争、契约订定、第三方政府、合作、互补以及协作。每种类型的关系都在政府与社会组织连接、政府对多元性的开放度、社会组织的自治度、正式程度、政策的倾向性上相互区别。④ Najam 提出的 4C 模式，即合作、吸纳、互补、对立，则是用政府和社会组织的目标（goals）

---

① N. Adger, "An Interview with Neil Adger: Resilience, Adaptability, Localisation and Transition", *Transition Culture*, http://transitionculture. org/2010/03/26/an-interview-with-neil-adger-resilience-adaptability-localisation-and-transition/.

② Gerry Stoker, "Governance as Theory: Five Propositions", *International Social Science Journal*, 50: 17—28, 1998.

③ B. Gidron, R. M. Kramer, and L. M. Salamon, *Government and the Third Sector: Emerging Relationships in Welfare States*, Jossey-Bass Inc Pub, 1992.

④ J. M. Coston, "A Model and Typology of Government-NGO Relationships", *Nonprofit and Voluntary Sector Quarterly*, 27 (3):358—382, 1998.

和(preferred strategies)偏好策略的类似和殊异来观测和分类，他强调政府和社会组织的动态关系以及双方的共同目标是达成合作的基础。[①] Dennis 从经济学的观点出发来分析政府和社会组织公共服务提供和递送，把两者的互动模式归纳为补充型(supplementary)、互补型(complementary)、抗衡型(adversarial)。[②] Brinkerhoff 根据组织身份和相互依赖性，界定出政府与社会组织四种关系：合作伙伴关系、合同性关系、延伸性关系、操纵性和逐步吞并性关系。[③] 以 Salamon 等人为代表的研究更多的关注资源的流动和服务递送，而 Brinkerhoff 等人的研究则关心两者的交互和相互影响。

20 世纪 90 年代以来，国际上非政府组织、公民社会的研究文献日益增多，中国学者也提出了国家应采取的国家与社会关系模式和政府与社会组织关系分析模型。如康晓光等把“行政吸纳政治”作为中国现代化过程的分析框架，认为中国会首先在经济领域市场化，紧接着社会领域自治化，最后政治领域民主化。这一过程中国家和社会关系经历从国家合作主义到社会合作主义转变，而现今的中国政府对社会组织实行的是“分类－控制”。[④] 再如顾昕等分析，在具有法团主义特征的社团监管体系下，提出专业性社团享有垄断地位法团主义模式关系[⑤]。陶传进提出“支持－控制”的双轴理论[⑥]。田凯用理性选择理论和信任理论，对中国政府与社会组织信任关系进行

---

① A. Najam, “The Four C's of Government Third Sector-Government Relations”, *Nonprofit Management and Leadership*, *10* (4):375—396, 2000.

② Dennis R. Young, “Complementary, Supplementary, or Adversarial? Nonprofit-Government Relations”, in Elizabeth T. Boris and C. Eugene Steuerle eds., *Nonprofits & Government-Collaboration & Conflict*, The Urban Institute Press, US: 37—80, 2007.

③ J. M. Brinkerhoff, “Government-nonprofit partnership: a defining framework”, *Public administration and development*, *22* (1):19—30, 2002.

④ 康晓光、韩恒:《当代中国大陆国家与社会关系研究》,《社会学研究》2005 年第 6 期。

⑤ 顾昕、王旭:《从国家主义到法团主义——中国市场转型过程中国家与专业团体关系的演变》,《社会学研究》2005 年第 2 期,第 155—175 页。

⑥ 陶传进:《控制与支持:国家与社会间的两种独立关系研究——中国农村社会里的情形》,《管理世界》2008 年第 2 期,第 57—65 页。

了深入分析。①

近二十年来,协同治理(collaborative governance)已经成为治理领域很受关注的新兴概念。这种治理模式意味着政府部门直接引入非政府性的利益相关者参与,建立一种正式化(formal)、商议性(deliberative)、以共识为基础(consensus-oriented)的集体决策过程,来制订或执行公共政策,或者管理公共项目、公共资产等。这一定义强调的是以下六大原则:一是协同是由政府部门启动;二是参与者要包括非政府成员;三是参与者不是在外部"咨询",而是直接参与到决策过程;四是参与者的参与是正式制度化;五是要在基于共识的基础上进行决策,即便有时共识在实践层面上是很难实现的;六是协同的目标是公共政策或者公共管理。

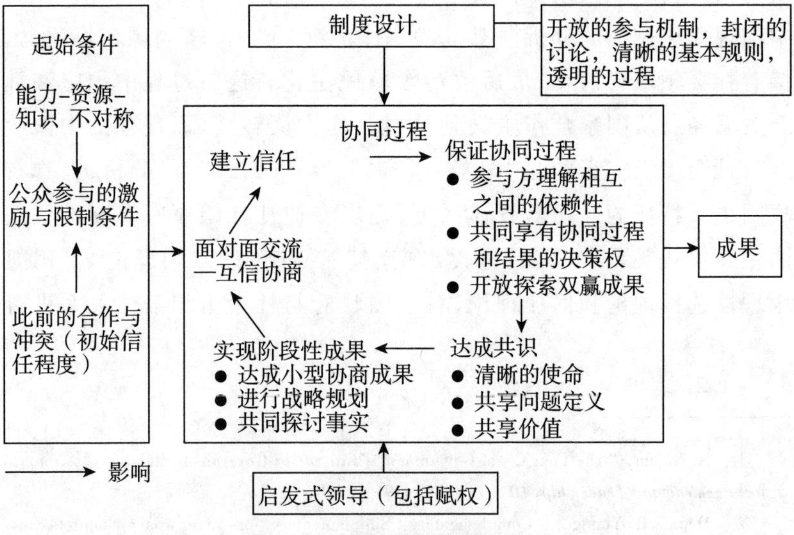

图 4-2 协同治理模型示意图

资料来源:Chris Ansell & Alison Gash,"Collaborative Governance in Theory and Practice", *Journal of Public Administration Research and Theory*, 18: 543—571, 2007。

① 田凯:《政府与非营利组织的信任关系研究——一个社会学理性选择理论视角的分析》,《学术研究》2005 年第 1 期,第 90—96 页。

三、芦山地震应对"雅安模式"的创新历程

在应对芦山地震的过程中，四川省及时成立抗震救灾社会管理服务组。工作机制上，横向设立了综合组、联络组、群众工作组、后勤保障组、宣传信息组及项目组等工作小组分别承担相关工作；纵向上最初在灾区各县（区）建立17个抗震救灾社会管理服务站直接开展灾区社会管理服务工作，而后经过实践摸索，服务站进行了调整和合并，最终形成雅安、芦山、天全等八个社会管理服务中心。社会管理服务组最重要的工作方式是建立了社会组织和志愿者服务中心作为社会协同的平台。中心的发展经历了地震发生后第一时间建立的志愿服务站和社会管理服务组的成立，4月28日在芦山县成立的"4·20芦山抗震救灾社会组织和志愿者服务中心"，5月12日正式在雅安市成立省市共建的"雅安抗震救灾社会组织和志愿者服务中心"等三个阶段，并进而发展为包括雅安中心和县（区）中心的网络体系。社会组织和志愿者服务中心成为社会管理服务组开展灾区社会管理服务的信息发布平台、项目对接平台、公共服务平台和孵化培训平台，并在实践中探索创新了多元化协同机制、开放式服务机制、项目化运作机制、科学化评估机制和制度化运行机制。这一创新实践经验被称之为"雅安模式"，不仅为多元参与的灾害治理体系完善奠定了重要基础，也为社会组织的广泛发展、创新中国社会治理摸索经验。①

笔者及所在研究团队在芦山地震抗震救灾指挥部社会管理服务组的支持下，有幸作为专家智库参与了雅安模式的全过程建设，不仅熟悉了社会服务管理组和社会组织和志愿者服务中心的成立过程，而且亲身体会了其中各级政府之间、党政部门之间以及政府和社会组织之间的互动关系，也对社会组织与志愿者服务中心"省—市—县—乡"四个层级的代表性人物及乡镇主要负责人、部分社会组织和志愿者组织都进行了较为深入的访谈。除深入的参与式观察之外，

---

① 张强：《灾害应对中的社会组织参与——从2008年汶川地震到2013年芦山地震的演进》，载杨团主编：《慈善蓝皮书：中国慈善发展报告（2014）》，社会科学文献出版社2014年版。

课题组还收集了自社会服务管理组和社会组织与志愿者服务中心成立以来的工作简报、工作动态、政府报送材料(指挥部、省委、市委)、政府批文、阶段性工作总结、组织内部文件、各部门工作汇报、会议记录、规章制度、工作人员通讯录等以及相应的媒体报道,期望能够对这一模式的演进过程有准确记录。

总体上,雅安模式的演进过程可以分为三个阶段。

1. 芦山地震发生后到社会管理服务组的成立

"4·20"芦山强烈地震发生后,大量的社会组织和志愿者紧急驰援,奔赴灾区参与抗震救灾,据不完全统计,芦山地震发生后,全国共有约500余家社会组织、万余名志愿者参与抗震救灾,在灾区物资保障、救死扶伤、心理抚慰、维持秩序、志愿者培训等方面发挥了重要作用。① 仅龙门中学点一个来自四川农业大学的志愿者自行设立的"志愿联络点"(其实就是树了写有手机号码的纸牌),震后第二天就有200个志愿者聚集。但此次地震灾区处于河谷地带,空间十分有限,道路狭窄,交通不便,加之余震不断,社会组织和志愿者自发前往灾区,给救灾和安置工作带来新的困难。地震当天,芦山县周围大量社会车辆涌进县城,一时间县城交通超负荷,导致救援、救护车进不去也出不来。志愿者唐近秋对灾后第一天最大的感受就是堵车:"20公里我们开了5小时。"北川羌族自治县医院医生何俊林说:"从早上6点到9点,只是前进了数十米。"

由于缺乏统筹调度和统一安排,社会组织和志愿者的意见不一致、声音不一样、行动不统一,局部地方产生了秩序混乱现象。不仅未能确保高效参与抗震救灾,志愿者的个体安全都无法保证。个别社会组织和志愿者采取简单救济原则向受灾群团发放物资,受灾群众领取到的物资数量不一、价值不等,对抗震救灾的公平度产生质疑。

为此,2013年4月23日,北京师范大学中国社会管理研究院在地震发生后的第三天专题撰写《关于加强四川芦山地震抗震救灾中

---

① 来源于四川省芦山地震抗震救灾指挥部2013年4月20—30日的相关资料。

社会管理工作的建议》（执笔人：张欢），并递送到了国务院。4月24日，国务院副总理汪洋将此份建议批转给四川省省委、省政府。四川省委书记王东明阅后立即也作了批示，要求省抗震救灾指挥部成立社会管理服务组，统一指挥灾区市县加强此项工作，充分发挥社会力量在抗震救灾及灾后恢复重建中的重要作用。四川省省委将此项专务交给分管群团工作的省委常委负责。4月25日上午，负责的四川省委常委李登菊同志主持召开抗震救灾社会管理服务组赴灾区工作紧急动员会，至此四川省抗震救灾指挥部正式设立了社会管理服务组，并在雅安市设立社会管理服务组综合协调办公室，由团省委书记刘会英同志兼任办公室主任。各级社会管理服务组在相应的抗震救灾指挥部的直接领导下开展工作，主要做好两方面的工作：一是配合当地党政，不断加强社会组织和志愿者的联络、沟通、协调和服务，加强有序社会协同和公众参与，充分发挥群团部门的桥梁纽带作用，有效、有序、有力地参与社会抗震救灾工作；二是协调当地抗震救灾指挥部，提高群众安置点的社会管理水平，动员灾区群众充分发挥主体作用，大力弘扬伟大抗震救灾精神，自力更生，生产自救，重建美好家园。

从组织架构来看，社会管理服务组以群团部门为主，组长由省委常委、省总工会主席李登菊同志担任，副组长由省总工会、团省委、省妇联、省残联、省侨联、省科协等群团部门及省委督查室主要领导、省民政厅及雅安市分管领导担任，从全省六大群团部门紧急抽调了80余名具有“5·12”汶川地震抗震救灾经验的工作队伍，于4月26日奔赴一线参加工作。

> 25号我们就根据这个成立工作组，下午就把80个人全部召集到位，进行培训和动员。第二天就直接奔赴雅安，动作很快。没有超过24小时，当日事当日毕，速度很快。关键是这种，队伍先出来，先搭建工作机制，边走边再完善，我们一直在互动，在不断地调整，当天晚上我们搞到12点多，就是分组。每个人到哪里去，一直在那儿调，机制怎么构建。
>
> （引自社会服务管理组联络组负责人的访谈记录）

在运行方式上，构建了纵横贯通的制度体系，纵向上接受省抗震救灾指挥部和灾后恢复重建委员会的直接领导，通过工作汇报、信息报送等方式畅通信息渠道，确保社会管理服务组按照统一部署，有力参与抗震救灾紧急救援、过渡安置和恢复重建。通过调研督察、专题研讨会、推进会等方式，指导雅安市及县(区)抗震救灾指挥部和恢复重建委员会社会管理服务组工作，形成整体合力；横向上通过工作协调会、信息通报会、项目对接会等方式，与雅安市抗震救灾指挥部、灾后恢复重建委员会、省级群团部门等保持密切联系，形成信息共享、支持工作的良好机制。加强与民政、发改、教育、国安、公安等部门的良性沟通。

在工作机制上，构建了网格化的组织体系，横向上设立了综合组、联络组、群众工作组、后勤保障组、宣传信息组等五个工作小组，后来又新增设了一个项目组；纵向上，在芦山、宝兴、天全等八个县(区)建立 17 个抗震救灾社会管理服务站，每个服务站由三名人员组成，由各省级群团部门负责人分别牵头各个片区的社会管理服务站工作。

4 月 26 日，社会管理服务组拟感谢信致志愿者和社会组织，并告知服务组和服务站的形成。与此同时，也明确了工作组和服务站的职责。

作为社会管理服务工作组，具体上承担以下职责：(1)传递省委、省政府和省抗震救灾指挥部最新指示；(2)争取雅安党政支持，协调省上、灾区群团部门，动员志愿者、社会组织参与抗震救灾工作；(3)收集反馈志愿者、社会组织、灾区群众最新需求和困难等情况；(4)建立灾区群众需求与社会组织、志愿者服务信息平台；(5)指导各工作服务站开展服务工作；(6)完成省抗震救灾指挥部交办的其他工作。

作为县乡社会管理服务工作站，具体承担：(1)执行社会管理服务工作组指示；(2)深入居民安置点具体收集和上传一线情况；(3)协同当地的群团力量、社会组织、志愿者为灾区群众提供服务；(4)动员灾区群众自力更生、重建家园；(5)配合服务点所在地党政完成有关工作。

每个工作组争取每天走访2～3个安置点，联系2～3个社会组织，10名志愿者。并在此基础上，建立信息报送制度。各县、乡工作点每天向群众工作组汇报信息。综合组每天统筹各组信息，上报工作组。宣传信息组每天对媒体、网站等及时发布消息。建立工作例会制度。综合组坚持每天召集各职能小组例会，互通工作情况。

2. 以芦山地震发生第八天（4月28日）在芦山县成立的“4·20芦山抗震救灾社会组织和志愿者服务中心”为节点

4月27日，省抗震救灾指挥部社会管理服务组在芦山县（指挥部）召开与芦山抗震救灾志愿者和社会组织代表座谈会。省委常委与47家社会组织的代表和部分志愿者代表（约120人）进行前所未有的面对面交流。

4月28日，社会管理服务组决定在芦山县立即设立志愿者与社会组织服务中心。原指挥中心在芦山县迎宾大道行政大楼外通过搭建帐篷，配置相关的桌椅、电脑、网络、打印机等设施设备，变成了社会管理服务组领导下的“4·20芦山抗震救灾社会组织和志愿者服务中心”。中心由团省委机关书记赵京东担任主任、团省委志工部和省青基会工作人员任副主任，加上原团省委志愿服务指挥中心9人等共有15名工作人员。中心具体下设接待部、项目部和综合部3个部门，并设置组织报备、志愿需求、项目申报、行动协同等4个窗口。

> 当时的工作主要是对整个当地社会组织的情况摸底；登记报备志愿者团队和个人，派遣志愿证，信息报送，规范了志愿服务管理。
>
> （引自服务中心①副主任的访谈记录）

4月29日，四川省正式下发《四川省“4·20”芦山强烈地震抗震救灾指挥部关于加强灾区社会管理服务工作的通知》。服务组在雅

---

① 此处的“服务中心”是“雅安抗震救灾社会组织和志愿者服务中心”的简称，下文同。

安召开座谈会，组长、社会管理服务组各工作组负责人以及来自北京师范大学和四川省社科院的专家学者，中国扶贫基金会、壹基金、南都公益基金会、腾讯公益慈善基金会、阿拉善生态基金会、德鲁克社会组织学习中心、4·20公益组织联合救援等社会组织负责人参加座谈会，讨论的核心议题就是政府如何对接社会组织。

3. 以2013年5月12日正式在雅安市成立省市共建的“雅安抗震救灾社会组织和志愿者服务中心”为节点

随着志愿者的大量流动，仅仅依靠芦山服务中心来辐射带动，显然很难在更大范围和水平上统筹、协调和聚合各种民间抗震救灾力量。在这个背景下，经省抗震救灾指挥部社会管理服务组研究决定，2013年5月12日正式在雅安市人民医院原址成立省市共建的“雅安抗震救灾社会组织和志愿者服务中心”，并在受灾较为严重的7个县(区)设立服务中心。至此，芦山服务中心这一个“辐射平台”逐渐演变成了一个“省—市—县(区)—乡镇”全覆盖的工作体系。

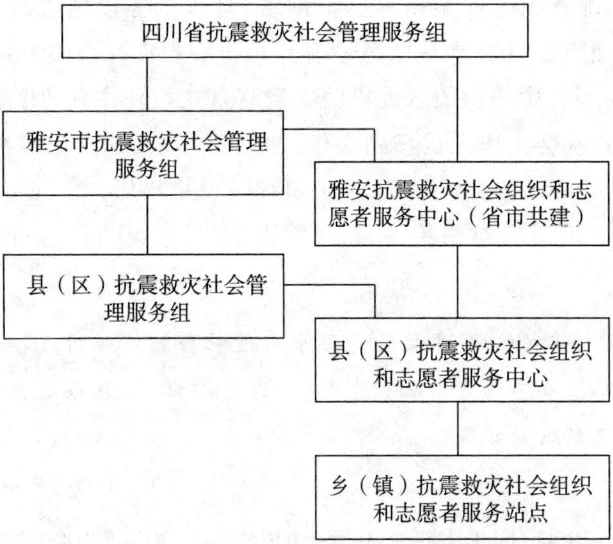

图4-3 四川省抗震救灾社会管理服务组体系架构图

由于基层工作人员有限，社会服务管理组要求“撤站并中心”，由此形成了“一个组，一个中心、七个分中心”的工作格局。各级社会组织和志愿者服务中心在本级社会管理服务组的领导下同时接受上级社会组织和志愿者服务中心的业务指导。与雅安市相同，县服务中心均由县社会服务管理组成员、县委常委、组织部长分管。乡镇服务站点作为所在县（区）"服务中心"的派出机构，受中心的直接领导。

这一管理服务体系中，最核心的雅安社会组织和志愿者服务中心主要分设接待部、项目部、服务部、综合部等四个职能部门。

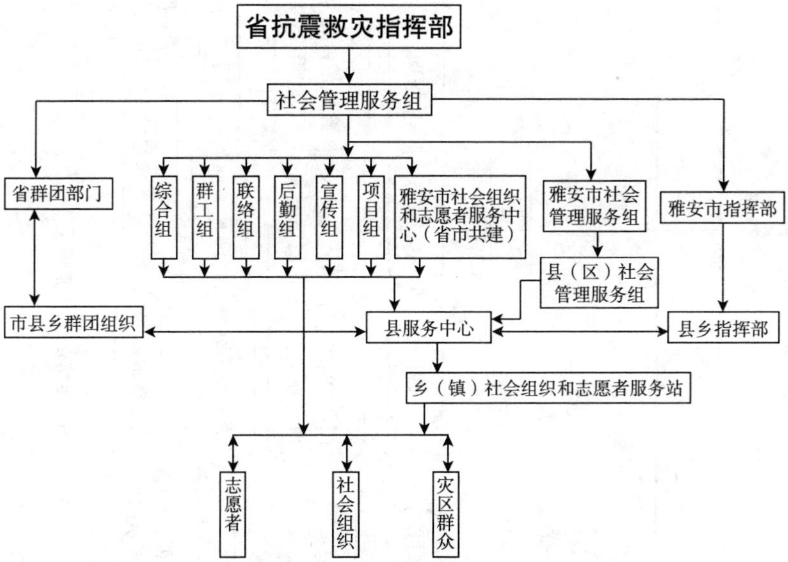

图 4-4　整合后的社会服务管理组和中心架构

（1）接待部

接待部的主要职责包括：登记报备，做好社会组织和志愿者（团队）登记、报备，收集社会组织和志愿者（团队）信息材料；信息发布，及时通过网站、QQ 群、微博等方式，发布各类信息，并做好网站、QQ 群、微博等的管理维护工作；活动协调，及时对接、联系、协调社会组织在村（社区）开展活动等工作。接待部的工作流程可归纳如图 4-5：

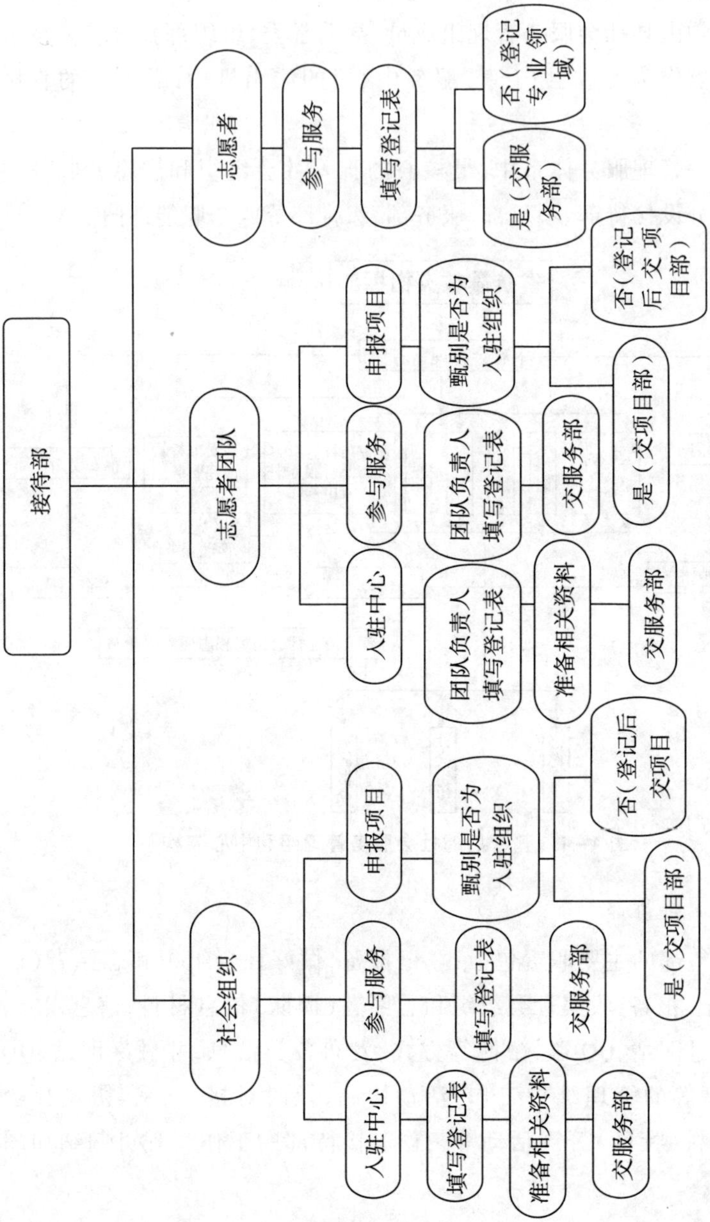

图4-5 接待部工作流程图

资料来源：雅安社会组织和志愿者服务中心提供。

（2）项目部

项目部的主要职责包括：项目需求调查，着眼基层需要、党政关注、群众关注，搞好灾区群众项目需求调查、咨询接待、登记、报备，统计项目基本信息，建立项目信息数据库；项目发布对接，整合公共建设、社会组织、灾区群众三方项目需求，不定期发布项目供求信息，实现有序高效的项目对接；项目协调实施，做好项目的协调服务和后续支撑，提供法律咨询、工程审计、工程监理专业咨询等服务，确保快速、高效地推动项目实施。项目部的工作流程可归纳如图 4－6 所示。

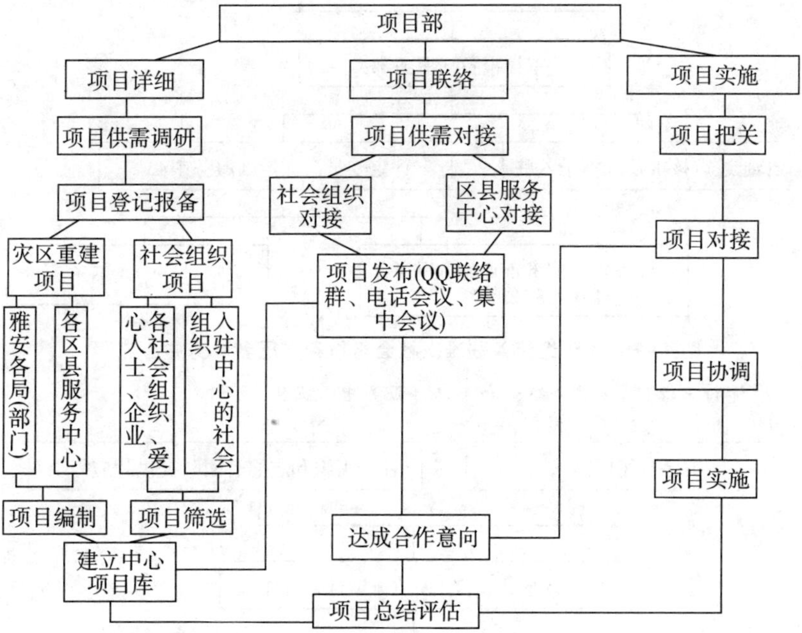

图 4－6　项目部工作流程

资料来源：雅安社会组织和志愿者服务中心提供。

（3）服务部

服务部的主要职责包括：入驻审核，对登记报备的社会组织和志愿者团队的资质资料进行审核，并通知入驻，办理入驻相关手续；入驻服务，对入驻中心的社会组织和志愿者团队提供办公、信息、项目、培训等服务，做好内部协调和中心氛围营造等工作；协调社会组织，按需协调、组织社会组织开展志愿服务，并发放志愿者服务派遣证和志愿服务证书；培训组织，组织有关领导、专家、社会组织负责人到市中心及各区县中心开展理论知识、业务技能培训，提高中心工作人员业务水平，及时向社会组织宣讲灾区重建政策法规。服务部的工作程序可归纳为社会组织入驻和志愿服务派遣两个流程，具体如图 4－7 所示。

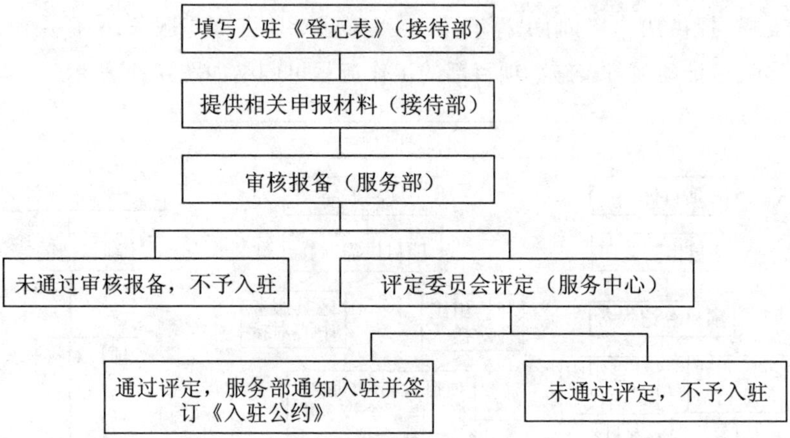

图 4－7　社会组织入驻雅安社会组织和志愿者服务中心流程

资料来源：雅安社会组织和志愿者服务中心提供。

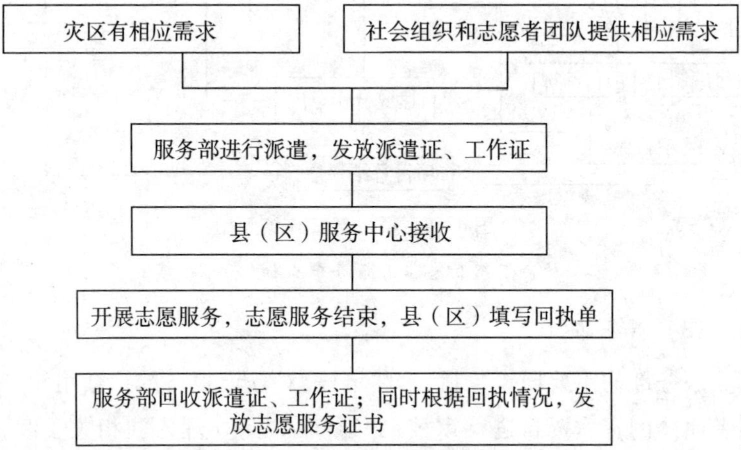

图 4－8　志愿服务派遣流程

资料来源：雅安社会组织和志愿者服务中心提供。

(4) 综合部

综合部的主要职责包括：综合协调，做好与省、市社会管理服务组及相关职能部门的有效联系，并做好服务中心体系的协调对接工作；宣传联络，收集、整理、审核、发布服务中心体系以及有效联系的社会组织的工作形态；后勤保障，做好中心正常运转的后勤保障工作。综合部的工作流程可归纳如图 4-9。

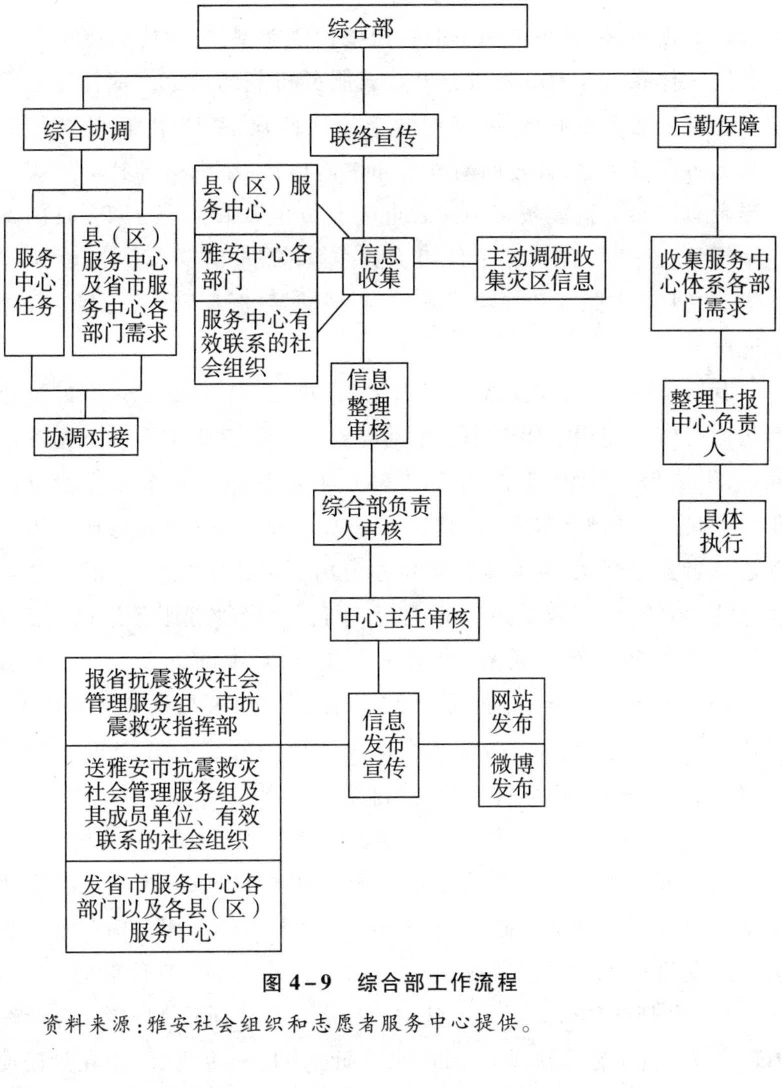

图 4-9 综合部工作流程

资料来源：雅安社会组织和志愿者服务中心提供。

在芦山地震应对的雅安模式建设中，四川省抗震救灾指挥部社会管理服务组以及雅安社会组织和志愿者服务中心通过基金会等社会组织进驻到位、工作流程规范到位、相关部门支持到位、服务中心管理到位的“四个到位”，引导社会力量有序、有力、有效参与抗震救灾。从实际运作层面来看，服务中心是连接和架通政府和社会组织的桥梁纽带，发挥了信息发布平台、项目对接平台、公共服务平台以及孵化培训平台等四方面功能，把政府的社会管理从行政干预向社会选择的创新，促进了从简单的管控型到使能型、协同性的转变。

这一体系首先有效地促进开放式服务机制的形成。依托社会组织和志愿者服务中心网络，及时收集灾区群众、基层干部、社会组织和志愿者需求信息，并定时对外公布供需信息，组织引导社会组织和志愿者有序参与抗震救灾和灾后重建。截止 2013 年 5 月 28 日的不完全统计，已开展需求调查 1200 余次，收集需求信息 600 余条，组织 73 批 2064 名志愿者开展物资搬运、心理辅导、医疗服务、安全教育等志愿服务。

其次，还推动政府层级（部门）之间、政府与社会组织之间的枢纽型沟通机制的建设。服务中心主动与省、市、县三级抗震救灾指挥部对接，形成信息共享、工作支持的良性沟通机制；通过与基金会互派工作人员、召开例会等方式，建立互动式协调机制；加强与社会组织和志愿者沟通联系，为其提供免费办公场地和必要的后勤保障，搭建实体化工作平台。截止到 2013 年 5 月底，社会管理服务组已与 232 家社会组织建立有效联系，中国扶贫基金会、中国青少年发展基金会、壹基金、友成基金、云公益等 22 个社会组织入驻雅安服务中心。邀请中国扶贫基金会等 10 余家全国著名慈善公益组织和 40 余家社会组织负责人参加座谈会，深入探讨相关工作。

中心还建立了项目化运作机制。以项目为抓手，强化基金会和社会组织开展社会公益项目对接、协调和服务，争取更多的社会重建资金项目在灾区落地。截至 2013 年 7 月 7 日 14 时，服务中心累计有效对接项目（含已实施完成、正在实施、正在洽谈、项目储备）1263 个，合计约 1349508.2 万元。其中：已实施完成项目 113 个，合计约 9111.6 万元；正在实施项目 109 个，合计约 11596.9 万元；正在洽谈项目 59 个，合计约 26307.2 万元；储备需求项目 982 个，合计 1302492.5 万元，分布在教育、医疗卫生、体育就业与社会保障等多个方面。

另外，中心支持和推动社会组织之间的协同，具体解决社会组织之间信息共享不足、协同行动不畅的问题。信息平台的建立，不仅使得地方政府与社会组织的需求与供给之间有所匹配，也相应地促进了基金会和具体实施项目的民非机构、社团之间的信息交互，推动了中国社会组织灾害应对平台、基金会救灾协调会、成都公益组织 4·20联合救援行动等社会组织协同平台的运行完善。

四、“雅安模式”的演进过程：基于抗逆力的响应

如何解读雅安模式的出现？从芦山地震社会管理服务组、社会组织和志愿者服务中心的建立正是经历了一次典型的抗逆力释放过程，即从维系运行的响应到自组织的适应，再到开放学习的创新。

1. 第一维度：强调维系运行的响应能力

呈现的特征就是如何能够充分吸收消化灾害带来的冲击来维持原有系统的运转。自上而下的政策环境和授权路径以及自下而上的社会需求和发展基础是激发维持运行的响应能力的关键。

(1) 外部的政策变迁为响应能力提供了良好的基础环境

2012 年 11 月召开的中国共产党十八大提出，要围绕着人民群众的根本利益，完善基本公共服务体系，创新社会管理。习近平总书记在 2013 年两会闭幕式上的讲话特别强调，要实现全面建成小康社会、建成富强民主文明和谐的社会主义现代化国家的奋斗目标，实现中华民族伟大复兴的中国梦，必须走中国道路，必须弘扬以改革创新为核心的时代精神。李克强总理在 2013 年“两会”期间指出，国家机构改革方案核心是转变政府职能，当然也是简政放权。如果说机构改革是政府内部权力的优化配置，那么转变职能则是厘清和理顺政府与市场、与社会之间的关系。说白了，就是市场能办的，多放给市场。社会可以做好的，就交给社会。政府管住、管好它应该管的事。这也都意味着新时期新阶段，改革创新将成为推进各项工作的主旋律。

(2) 自上而下的授权路径为响应能力的激活奠定了基础条件

学者《关于加强四川芦山地震抗震救灾中社会管理工作的建议》得到了国务院领导同志的批转，经省委书记、省长的批示正式成为此项工作的依据。省委、省政府在决策伊始就交给了负责群团的省委常委来负责，有效保证了民政厅等政府主责部门继续执行在紧急救援阶段的主要职责，同时又有部门和人力来进行这项专门工作，整体抗震救灾大局得以顺利运行。参与该项工作的省总工会、团省委、省妇联、省残联、省侨联、省科协等群团部门紧急抽调了80余名具有"5·12"汶川地震抗震救灾经验的工作队伍，确保了该项任务得以实施。从国务院到省委再到部门这样自上而下的授权也使得群团部门在推广此项新工作的过程中能够得到市县各级的重视和支持。

> 中心不是团委的，是在省委的领导下，我们发文都是以抗震救灾指挥部下社会服务组的名义，我们做任何事都是在社会管理组的领导下。
>
> （引自服务中心主任的访谈记录）

(3) 芦山地震后迫切的社会需求也为响应能力的激发创造了动力

一方面，这次"4·20"芦山地震造成的强烈震感，使人们感觉仿佛是"5·12"的重现。"怎么又是四川?!"——同情和悲愤一瞬间淹没了其他任何话题。这激起了广泛社会参与热情和强烈参与意愿，举国上下涌现出救灾捐赠热潮。截至4月22日下午，各行业为抗震救灾捐赠款物就超过6.5亿元人民币。[①] 大量社会组织也是毫无犹豫地选择直接去灾区参与抗震救灾，并且社会组织这种直接参与方式得到了社会更高认可。据基金会中心网统计，截至2013年5月7日，135家参与芦山地震的基金会已获得物款12.2亿元[②]。民间力

---

① 新蓝网:《雅安地震企业捐款名单曝光总计超6.5亿》，http://me.cztv.com/video-668283.html, 2013-4-23。

② 基金会中心网:《公募基金会募捐量飙升》，http://news.foundationcenter.org.cn/html/2013-05/67318.html, 2013-5-8。

量积极机制参与地震救援也立即引发了社会各界的广泛关注和认可[①]。另一方面，由于缺乏统筹调度和统一安排，社会组织和志愿者的参与未能与整体的抗震救灾体系进行有机融合，亟待建立协同平台和工作机制。

(4) 汶川地震应对中的社会参与实践为芦山地震的政社合作制度创新积累了重要的政策经验和发展基础

在汶川地震的应急救援阶段，据四川省民政厅的不完全统计，全省有 6000 多个社会组织直接或间接参与抗震救灾工作。这些社会组织不仅参与到应急救援、转移安置，还积极组织志愿者参与和社会捐赠。具体数据可参看本书第一章。[②] 在灾后重建阶段，国务院在 2008 年 6 月 8 日颁布实施了《汶川地震灾后恢复重建条例》，规定了地震灾后恢复重建应当遵循的六条原则。其中第二条：政府主导与社会参与相结合，赋予了社会组织作为社会参与的重要力量，参与灾后重建的合法地位和活动空间。社会组织在灾后重建中从事了诸多领域，主要提供了以下功能：住房重建、医疗卫生、生计发展、环境保护、心灵重建、教育发展、文化保全和资源支持。[③] 在这一系列难得的社会实践过程中，从中央到四川地区各级政府机构和工作人员对社会组织的性质、定位和运行特征有了较为深入的合作了解，不仅熟悉甚至“颇有感情”，为此次政社合作的制度创新积累了重要的政策经验。

(我们在)“5 · 12”期间，接触了太多志愿者，遇到管理问题、志愿者牺牲问题等，对于这种社会力量、中介组织，我们怎么去引导，怎么去培育它，怎么去培养它，已经在想这个问题了。这给我带来很多思考，为什么我第一时间不是去芦山，而是到雅安市看了救灾指挥部？我先去报道，我们志愿服务是在抗震救灾指挥部领导下开展的志愿服务，一

---

① 安徽广播网：《调查：芦山地震后民间救援力量积极参与引关注》，http://www.ahradio.com.cn/news/system/2013/04/30/002710738.shtml，2013-4-30。

② 边慧敏等编：《灾害应对中的社会管理创新：绵竹市灾后援助社会资源协调平台项目的探索》，北京：人民出版社 2011 年版，第 11 页。

③ 张强、余晓敏等：《NGO 参与汶川地震灾后重建研究》，北京大学出版社 2009 年版。

般人理解不了，因为我有过这种经历，我会给他介绍会有大量的志愿者进来，你们应该怎么安排、怎么来做，这个事建议你们授权给团市委做。

（引自时任团省委副书记的访谈记录）

与此同时，汶川地震发生以来四川地区社会组织的长足发展为此次制度创新创造了坚实的社会基础。“5·12”灾后重建使得四川的基础设施、产业发展、民生事业实现整体性跨越①，尤其是四川省社会组织实现了规模快速扩大和结构进一步优化。如表4-1所示，自2008年到2012年，四川社会组织总数由2008年底28345个增加到2012年底的32524个，净增4174个，增幅14.7%。截止到2012年，全省社会组织注册资金已达110926.14万元，社会组织总资产为950341.60万元，从业人员已达395415人。社会组织的服务领域进一步扩大，一批行业协会新兴发展，从事教育培训、卫生医疗、劳动就业、社会福利、体育文化、社区服务等方面公共服务的民办非企业单位规模快熟增长，非公募基金会从无到有，发展迅速。这些社会层面的软实力使得四川的社会组织能够在芦山地震后第一时间作出比较高效、规模化的响应，为此次社会参与制度创新的局面形成奠定了坚实的社会基础。

表4-1 四川省社会组织发展概况(2008—2012年)

年　份	2008	2009	2010	2011	2012
数量/个	28345	28469	29104	30274	32524
增加数量/个	1808	124	635	1170	2250
同比增长/(%)	6.80	0.40	2.20	4.02	7.43

资料来源：根据《四川省社会组织发展年报(2011—2012年)》整理。

2. 第二维度：强调自组织的适应能力

从群团部门承担社会管理服务组以及社会组织和志愿者服务中心的任务以来，我们不难发现这一过程中，从领导到执行的具体团队

① 魏宏：《2013年四川省人民政府工作报告》，http://www.sc.gov.cn/10462/10464/10797/2013/2/4/10247277.shtml。

都根据自身的特点进行相当程度的自组织过程。

(1) 社会管理服务组的组织架构演进就是一个自组织的适应过程

社会管理服务组最早确定的格局是省、县乡两级，随着抗震救灾工作的进展，很快就进一步修正为省市共建并撤站建立中心①，社会组织和志愿者服务中心的建立也经历从其前身志愿服务站到收编建立的“四川共青团的志愿者指挥中心”，再到正式成立的“4·20芦山抗震救灾社会组织和志愿者服务中心”，最后建立“雅安抗震救灾社会组织和志愿者服务中心”三个阶段。“省—市—县(区)—乡镇”四级社会组织与志愿者服务体系的形成就是基于自身特性并针对服务需求的适应性改变过程。

(2) 人力资源的优化也是不断自组织的组合过程

根据灾情发展和工作条件的变化，中心的工作人员经历了从省里空降到不断本土化，从各部门抽调到形成专职工作人员的组合过程。最早在芦山县就地建立中心的时候，主要由两名团省委负责人加上当地志愿者。到雅安开始系统建设后，逐步体系化，由团省委五人加上雅安团市委书记和副书记组成领导团队，抽调雅安市发改委、民政局、组织部人员，最后协调加上西部计划志愿者以及在雅安本地的四川农大和四川师范大学志愿者。

(3) 从工作职能上看，也是一次动态调整的自组织过程

社会服务管理组最开始有6个职能组、17个站组成，配合当地党政，加强联络、沟通、协调、报送信息，后来把社会组织和志愿者服务中心作为主要的工作渠道，其自身则变成一个领导协调小组。

成功实现自组织能力释放的关键在于两点：一是充分利用组织自身既有优势；二是因势利导，优化设计重组路径。

群团组织在“5·12”应对中已经建立起较为丰富的历史经验和

---

① 可参看四川省抗震救灾指挥部社会管理服务组下发的文件：《关于成立抗震救灾社会组织和志愿者服务中心的通知》(2013年5月1日)、《关于调整省抗震救灾社会管理服务组工作站的通知》(2013年5月4日)。

芦山地震应对中的前期工作基础，为顺利进行自组织奠定了坚实基础。作为服务组的主要参与部门四川团省委，在芦山地震发生当天就立即启动了应急响应机制，设立了团省委抗震救灾领导小组志愿服务工作组开展相关志愿服务组织工作。据当时不完全的工作统计，启动志愿者招募后的 12 个小时内，即截至 4 月 21 日上午 9 点，就有 1600 余人通过微博私信报名、1781 人电话报名，平均每分钟有 5 人报名。与此同时，大量志愿者纷纷自行涌入灾区一线。四川省、市、县团委系统工作人员在所有交通要道和路口全部设立“志愿服务站”，积极引导和分类志愿者有序参与抗震救灾。4 月 21 日四川团省委就地建立四川共青团志愿者指挥中心，并成立“1 +9 +3 志愿工作平台”：“1”个中心就是志愿者指挥中心，“9”个服务站就是在芦山县的芦阳镇政府、水果市场、农贸市场、种子公司、老芦山中学、中心广场、芦阳中学、芦阳二小、新芦山中学等受灾群众安置点建了志愿服务站，“3”个工作点是在芦山县龙门乡、清仁乡、太平镇 3 个极重灾情乡镇建立工作点。志愿服务中心、站、点一经设立，便显示出较好的分流和引导效果，就地组织志愿者综合协调、物资接受、各志愿服务队伍进行登记造册。正是在此基础上，此后的社会组织和志愿者服务中心建设得以顺利进展。

在自组织过程中需要特别关注的是，重组结构的优化设计。在设立社会管理服务组领导结构的时候，就将雅安市委常委、组织部长列入副组长，其后的运行过程也充分重视该常委的作用发挥。组织部门的充分介入，使得雅安各级党政部门对相关人力资源调配工作上给予高度的支持和配合。

3. 第三维度：强调开放学习的创新能力

社会管理服务组借鉴社会组织孵化器的模式，尽快实现了协同平台的建设，从最早状态下的“几个人单打独斗面对众多志愿者”，工作内容仅为志愿者与社会组织登记、灾区需求信息收集、咨询，志愿服务的派遣，正式挂牌成立后演变为组织报备、志愿需求统计、项目申报、行动协同等多元化职能，之后工作内容不断被丰富，职能部门由成立时的三个扩张到四个，从单纯协同社会志愿者参与救灾到最终形成兼具需求调查、信息沟通、社会组织和志愿者支持、项目协调、法律援助、监管评估、宣传传播、社会组织培育为一身的社会协同平台和系统的社会组织和志愿者服务支持体系：多元化协同机制、开放式服务机制、项目化运作机制、科学化评估机制和制度化运行机制。

(1) 统一认识，明确组织主体的创新主旨

群团组织参与抗震救灾社会管理服务工作是一项新探索和新尝试，对自身也是一个新的重大挑战。在实际实施过程中，不但明确了此项工作的创新特质，重要的是这次行动不仅要完成抗震救灾的紧迫任务，也是一次探索群团组织转型的难得机遇。于是乎从分管的省委常委到群团部门的负责人以及参与的工作人员，都激发出了面对挑战和长远发展的创新动力和学习能力。

> 由于服务中心工作属于创新型工作，工作模式、工作机制等方面都与传统性、常态性业务工作有较大的区别，没有现成的经验和道路可循，工作就是摸着石头过河，边摸索、边实践、边调整。
>
> （引自服务中心主任的访谈记录）

> 我工作了这么些年还是第一次看到这种阵势、节奏、效率。中心成立的时候，大家干劲特别强。从领导到志愿者都任劳任怨，每天都是4点才睡觉，在中心睡通铺。
>
> （引自社会服务管理组第一工作站负责人访谈记录）

(2) 建立常态化、开放性的合作型网络

社会管理服务组与科研院所建立了密切的参与式研究咨询机制，主动邀请北京师范大学、四川省社科院等专家学者组成灾区社会管理服务专家组，借助学界力量为社会管理服务出谋划策，共同研究形成《“4·20”芦山强烈地震心理援助调研报告》《芦山地震抗震救灾社会管理服务机制研究报告》等专题调研报告，形成由理论指导实践，由实践形成理论的工作互动。更为重要的是，建立伊始就非常强调与社会组织的协同机制。这样的协同不仅体现在通过常态的联席会议机制和座谈会听取各个基金会和其他社会组织的意见，还通过

政府购买服务支持社会组织的项目，以及深入参与、协助社会组织的合作建设。在基金会救灾协调的建设中，服务中心就作为观察员单位长期参与，并提供相应的服务对接。

五、“雅安模式”的创新内核：政社之间的协同治理

> 雅安抗震救灾有两点可以记入历史，其一就是四川省委、省政府联合雅安市委、市政府成立了社会组织和志愿者服务中心，党政成立一个服务中心来协调社会组织和志愿者进入，这个是对社会管理新模式的探索。
>
> ——时任壹基金秘书长杨鹏

> 四川省抗震救灾指挥部社会管理服务组在芦山建立了社会组织和志愿者服务中心，这是一个很大的进步。
>
> ——中国慈善联合会副会长、南都基金会理事长徐永光

什么因素使得四川能够不止步于响应、适应还力图创新，最终还真的实现了一定程度的制度创新？只有知道这一基因密码，才能真正复制推广雅安模式。如何激活抗逆力的第三个维度也是最重要的维度：强调开放学习的创新能力。

究竟什么是雅安模式的内核？经过我们长期的陪伴观察，一个可能的解读：协同治理模式是雅安模式创新的重要内涵。也就是说自始至终，这一创新模式的出现绝不是社会管理服务组闭门造车而成，都是一个合作治理过程（collaborative governance）的共同产出。正如文献综述中介绍的，一个协同治理的制度设计要实现增强互信的协同循环过程，构建赋权型、使能性的协同领导力，才能真正实现有效协同。

（1）建立了面对面的对话机制

这是建立信任、相互尊重、创造共识、遵守承诺等协同过程的起点，也是至关重要的基点。① 4 月 27 日，社会管理服务组成立第三

---

① Jeroen F. Warner, “More Sustainable Participation? Multi-stakeholder Platforms for Integrated Catchment Management”, *Water Resources Development* 22 (1): 15—35, 2006.

天，省委常委、省社会管理服务组组长李登菊和相关负责人在芦山县与社会组织和志愿者代表面对面座谈，共同探讨如何促进社会力量有序参与、各方信息有效沟通、救灾效率有效提高、救灾服务有效对接等问题。4月29日，服务组在雅安召开座谈会，组长、社会管理服务组各工作组负责人以及来自北京师范大学和四川省社科院的专家学者，中国扶贫基金会、壹基金、南都公益基金会、腾讯公益慈善基金会、阿拉善生态基金会、德鲁克社会组织学习中心、4·20公益组织联合救援等社会组织负责人参加座谈会，讨论的核心议题就是政府如何对接社会组织。正是在深入调研和广泛听取一线及社会组织意见的基础上，社会管理服务组做出了创建“社会组织和志愿者服务中心”的决定。中心为党政和社会组织搭建了互相尊重、平等对话的有效平台，使政府与社会组织破天荒地坐在一起工作，并开展了一系列的互动和服务。通过对在中心入驻机构包括6家基金会、10家本地社会组织的访谈，可以得出非政府组织对政府这次建立平台展现出的态度都是很认可的。社会组织平安星的负责人以志愿者身份参与了汶川、玉树、雅安的三次地震救援，对此次探索这样评价：“汶川地震以来，政府救灾主动和民间对话，这是第一次。”

(2) 以服务入手建立政社之间的信任关系

合作者之间信任关系的缺失是协同治理常见的起始状态。① 对于有效协同关系的建立，不仅需要协商机制，还需要建立基本的互信关系。我国现有“一案三制”的应急管理体制中，一直对社会组织或志愿者的参与有明确的鼓励规定。例如，《中华人民共和国突发事件应对法》规定：“公民、法人和其他组织有义务参与突发事件应对工作。”“国家鼓励公民、法人和其他组织为人民政府应对突发事件工作提供物资、资金、技术支持和捐赠。”②《国家突发公共事件总体应急

---

① Weech-Maldonado, Robert, and Sonya Merrill, “Building Partnerships with the Community: Lessons from the Camden Health Improvement Learning Collaborative”, *Journal of HealthcareManagement*, 45: 189—205, 2000.

② 中华人民共和国第十届全国人民代表大会常务委员会:《中华人民共和国突发事件应对法》,2007年11月1日起施行。http://www.gov.cn/flfg/2007-08/30/content_732593.htm。

预案》[①]《国家自然灾害救助应急预案》[②]也都有相关内容的明确规定。遗憾的是，从汶川地震中关于社会组织参与救灾的政策来看，政府是“监管”有余而“扶持”不足。研究显示在危机应对过程主要由社会组织向政府取得联系，联系最多的部门是民政部门，其次是救灾指挥部门和卫生部门，红十字会。政府的态度是观望多、服务少，限制多、支持少，防备多、信任少。[③] 地方政府和社会组织间的互动问题主要在于双方的不信任，地方政府对草根社会组织始终持戒备态度。一些基层政府劝退志愿者及其组织的主要原因是志愿者的工作，做得再好也不列入考核，而一旦出现问题就列为维稳大事、政治问题。有些政府部门担心社会组织发展会影响民意，动摇政府的根基。[④] 在对31个乡镇党委书记的访谈中，很多书记都表现出了这样的态度。

> 有时候不敢跟社会组织打交道，不知道它们什么来历，知道名字的好些，不知道的就是很难甄别。
>
> （引自灾区某乡镇党委书记的访谈记录）

> 我们开展活动时，当地领导就过来查我们是否有证明，是否报备了，什么时候来的，组织什么活动，经常收到他们的邮件，问我们在做什么。
>
> （引自灾区某社会组织的访谈）

> 应对灾难是有一个过程，同时也是党委政府认识转变的过程。以前大家在认识的问题上肯定也是有一些差别的，作为党委政府，一个方面是怕与社会组织打交道，对社会组织在应对灾难的过程中有一些担心，担心社会组织有

---

① 国务院：《国家突发公共事件总体应急预案》，2005年8月7日发布。http://www.gov.cn/yjgl/2005-08/07/content_21048.htm。

② 国家减灾委员会：《国家自然灾害救助应急预案》，2006年1月11日。http://www.gov.cn/yjgl/2006-01/11/content_153952.htm。

③ 王海鸿、张斌：《草根NGO参与公共危机管理的约束性因素与路径选择》，《商业时代》2013年第2期，第105—107页。

④ 贺枭：《非政府组织参与灾害救助困境的制度性分析——以“汶川大地震”为例》，《法制与社会》2009年第24期，第217—218页。

很多的要求和宗旨，有很多的兼顾，所以不适应这个东西，也怕这个东西……不知道如何和社会组织打交道。

（引自雅安市委领导在2013年第二届中国公益慈善项目交流展示会上的分享发言）

双方缺乏有效的合作沟通机制严重阻碍了合作双方的信任建立。社会组织和志愿者服务中心的建立推动了政府和社会组织合作沟通机制的建立，为其长效合作机制的建立开创了新篇。社会管理服务组以及社会组织和志愿者服务中心就着力建立社会组织和地方政府之间的沟通桥梁。一方面，通过有效协同地方政府民政、公安、国安等部门给进入灾区进行标准化的审核报备，对报备的社会组织进行审核，为要前往灾区活动的社会组织和志愿者发放志愿服务证，使得社会组织和志愿者进入灾区具有相对清晰、稳定的渠道。另一方面，强化服务性理念使得社会组织确实感受到了政府的"诚心"。服务中心改造了原雅安人民医院，为入驻中心的社会组织提供稳定、便捷的办公环境，不仅使得集约化服务大大降低了成本，更重要的是提供了政府和非政府组织直接、平等交流的渠道。截至2013年6月5日，共有中国扶贫基金会、中国青少年发展基金会、壹基金、友成企业家扶贫基金、腾讯公益基金、中国儿童少年基金、中国妇女发展基金、中国初级卫生保健基金会等31家社会组织入驻中心，共募集慈善资金约10多个亿。灾区志愿者也纷纷表示"服务中心的成立，让我们感觉在灾区也有家了"①。不仅是政社"共处一室"，特别是中心主体人员大都来源于群团部门，都具有丰富的社会组织协同经验，善于用情感、友谊、热诚等软性资源开展服务，因而也就比较容易赢得社会组织和志愿者的信任、理解和支持。

我们主要为基金会和其他社会组织做好服务工作，前几天某基金会的工作人员在微博上说中心网络不好使要搬

① 根据笔者参与的芦山地震抗震救灾社会管理服务机制研究开展的专项调研，社会组织参与救灾的需求项目中，办公场地与资金位列第一，其次是项目、志愿者、信息共享、政府需求、建立政府与社会组织合作平台，再次是建立政府与社会组织沟通机制、技术支持、灾民需求等。

回酒店办公,我当天晚上就找到相关部门给解决网络问题,并跟他们说肯定要服务好。

(引自服务中心主任的访谈记录)

在对6家基金会和10家其他类型社会组织的访谈中,14家社会组织认为与当地政府有效沟通是在灾区开展活动的关键,8家社会组织(主要是民非机构)在和当地政府沟通时遇到困难,15家认为社会组织和志愿者服务中心给出的“志愿服务证”非常有用。不仅如此,中心通过把党委政府、灾区群众和社会组织的需求打包成具体项目,为三方搭建互通有无、共同促进的平台。社会管理服务组服务于社会组织最重要方式是帮助社会组织参与抗震救灾和恢复重建过程中开展的各类项目与各级政府的相关规划相对接。首先,通过规划与项目对接,帮助社会组织的项目符合政府相关规划的指导,提高社会组织参与抗震救灾和恢复重建工作的依法性;其次,通过规划与项目对接,可以促使社会组织的项目进行自我协调,提高社会组织参与抗震救灾和恢复重建工作的有序性;最后,通过规划与项目对接,可以更有效实现社会组织的项目与政府救灾和恢复重建工作的互补,使得社会组织参与抗震救灾和恢复重建工作更有力。

(3) 强化规范服务,确保平等独立合作的角色定位

一直以来,社会管理服务组以及社会组织和志愿者服务中心的定位都明确不是直接“领导”或者“刚性”管理社会组织和志愿者,按照“党委领导、政府负责、社会协同、公众参与、法治保障”的原则要求,尽可能以对话、沟通、协商、协调等方式服务、引导社会组织和志愿者。①

为此,服务组和中心充分使用共识性规范管理手段,不是使用简单呆板的行政性手段,而是与社会组织和志愿者充分沟通,制定和发布了相关的管理规则和协同公约来互相约束。譬如,通过签署《4·20芦山地震抗震救灾社会组织和志愿者公约》《4·20芦山地震抗震救灾志愿者管理条例》《4·20芦山地震抗震救灾志愿者服务工作流程》

① 四川抗震救灾社会管理服务组:《灾区社会管理服务工作汇报》,2013年5月。

《NGO超市入住撤出和内部管理制度》等公约来倡导和规范社会组织和志愿者行为。

(4) 通过“共处一室”的环境营造和开放性服务平台建设，建立了多元有序的动态协同

在“雅安模式”的初期，社会管理服务组采取的还是传统的自上而下的应对模式，即逐级形成临时性的工作组，在社会管理服务组下设17个工作站，然后由基层工作站争取每天走访汇总信息，上报给省社会管理服务组。但运行中发现，这样的效果并不好，政府与社会组织以及志愿者之间并没有发生实质性的互动，何谈协同。

> 最开始下去到乡镇上，也找不到社会组织和志愿者，不知道要干什么，就登登记，他们也不怎么理你们，我们就说我们是做群众工作的。
>
> （引自社会服务管理组第一工作站负责人的访谈记录）

基于此，社会管理服务组决定在雅安正式设立社会组织和志愿者服务中心，提供物理空间上的共同环境，并提供“一条龙式”服务。中心通过协调雅安民政、发改、教育、卫生、公安等相关职能部门，保证每个部门都有相关职能部门工作人员入住中心办公，从而为社会组织和志愿者的注册登记、服务派遣、项目对接、项目落地等事项提供一条龙式全流程服务。

仅仅“共处一室”，还不能必然解决实际的职能协同问题。服务中心把实现一个信息发布、信息共享的开放性平台列为其重要职能之一。中心通过专题网站、显示屏、宣传册、QQ群、微博等发布党委政府、灾区群众和社会组织的需求信息，并对信息进行分类推介。特别在紧急救援阶段，灾区群众的需求信息对有序引导志愿者而不引起“拥挤”和资源合理分配尤其重要。进入灾后重建后，中心联系和入驻的社会组织，特别是以大型基金会为代表的居于社会组织行业上游端、直接掌握最大数额社会捐助资金的资助性社会组织，最迫切需求的一类服务就是对接政府相关恢复重建规划，以便更好地针对性设计和协调自身项目。而中心自身亦具有行政部门的渊源和职能定位，具有与党政部门进行协调、配合的独特优势。为此，中心定期

组织召开项目通气会、发布会和对接会。通过定期邀请入驻社会组织和有关社会组织了解分享援建项目进程,了解掌握社会组织开展项目的进程和效果;因需定期开展项目发布,向社会组织公布收集到的项目需求;因需定期开展项目对接,组织灾区相关部门和社会组织及时进行项目对接。由于基层政府根据灾区情况和需求开发和上报的项目普遍存在"虚胖"的问题,这就使得社会公益资金如何在合理资助规模和标准上进行对接成为一个重要难题。时任南都基金会秘书长在参加第一次项目会后说:"他们要做的项目大多都不是我们想做的,要价还很高,对接不上啊。"对此,雅安中心迅速对问题进行反思、总结、调整,不仅帮助基金会与灾区各级政府对接和对话,而且还通过邀请政府规划部门专家参与和指导中心项目组工作,帮助受灾县(区)政府梳理项目需求,整理项目相关信息等方式协调基金会等机构要求"项目瘦身"与受灾县(区)政府"项目虚胖"间的矛盾。再例如,中心通过广泛开展灾后需求调查,整合群团部门资源,设计、储备和开发各类公益项目,共享给社会组织。最后,中心引入第三方评估机制,通过借助专家学者、灾区群体、社会组织等力量,组建评估专家委员会,对社会组织提供的服务开展方式、内容、效果等进行综合评估。

> 2013 年 6 月 5 日,我们联系基金会主要负责人和代表与雅安市委领导、政府发改委部门领导进行了政府规划和社会组织项目间对接的交流和对话。本次交流对话的一个重要目的就是,了解政府部门灾后恢复重建规划方案设计和进展情况,并就社会公益项目能否作为一个专门部分纳入政府规划体系与相关政府领导和部门进行交流和探讨。
>
> (引自服务中心副主任的访谈记录)

(5) 确立共同的长期目标,确保持续的协同动力

更为重要的是,通过对灾后社会问题、共同目标的动态交流,强化政府与社会组织之间的理念、价值观共享。正如在协同治理过程中强调的理念共识(shared understanding),服务中心强化沟通,与社会组织共同面对灾后重建的社会服务递送难题,即不仅是保障现有

社会组织的公益项目顺利实施，而且要促进本地社会组织的培育和社会工作人才的培养，激活当地的社会活力。

为此，不仅通过各种形式的联席会议、座谈会等形式共同商议雅安灾后社会重建的问题，建立共识，并建立灾后公益项目库和灾后政府项目库协助社会组织的项目设计和实施落地。在资金方面，中心通过政府购买形式与参与灾后重建的社会组织合作。在中心刚成立不久，团省委就拿出 100 万资金，以项目运作方式面向社会组织购买服务。此举得到了灾区服务的社会组织，特别是本地的社会组织的积极响应。之后服务中心又拿出 752 万元资金，用于购买“金秋助学”高校毕业生创业帮扶、省贫困智力残疾儿童抢救性康复等 18 个社会服务项目。此外，中心成立后把培育和孵化本土社会组织作为重要职能之一。不仅孵化孕生各种公益服务项目，而且还孵化培育本地专业化队伍和人才。从实际工作情况来看，孵化和培育本本地社会组织参与灾后恢复重建已经成为灾区各级党委政府的一个共识和战略部署。从省抗震救灾总指挥部社会管理服务组规划来看，已经确定计划，总体目标是力争用三年时间，在雅安市培育孵化本地化社会组织 100 家，打造公益项目 100 个以上。

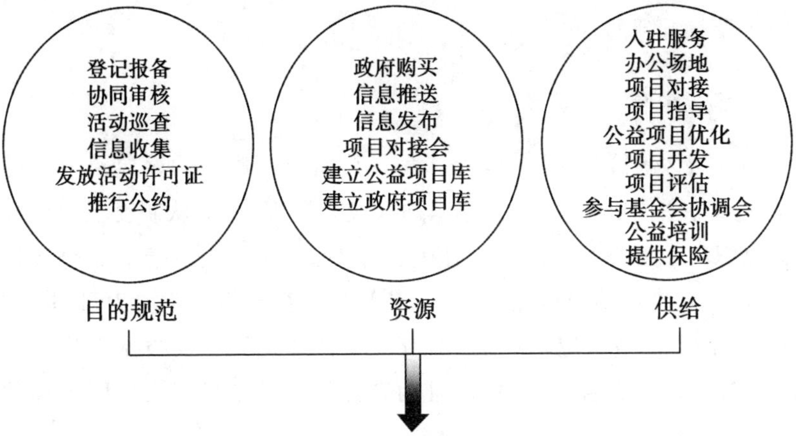

图 4-10　雅安模式政社合作新型关系示意图

资料来源：赵蔚然：《抗逆力视角下的制度变革——以芦山地震社会管理创新为例》，北京师范大学硕士研究生论文，2014 年 6 月。

借这么一个平台，我能够培育一批，而且专业化程度非常高的一支队伍，吸引他们入驻，对当地的社会组织也是有积极作用。没有中心，他发展不起来……当地政府也不想弄，弄这个干什么？嫌麻烦，负担也重。慢慢我觉得还是中心的一个优势在体现，也是一个孵化器，整合资源，就吸引一些成长型的社会组织来中心。

（引自服务中心主任的访谈记录）

中心主要通过不同的社会组织为雅安本土挑选一批有意向的志愿者，为其进行人才培训、培育，使其成为有社会服务能力的专业人员。培训方向包括防灾减灾培训、专业技能培训（如种植、手工等）、心理辅导培训等。

（引自服务中心服务部负责人的访谈记录）

正是通过这些努力，形成了一种政府与社会组织之间的协同治理关系。这一创新使得政府和社会组织在目标规范、资源、供给上都呈现出一种合作的关系。这样的合作关系中，政府并非强制控制社会组织的活动，而是给它充分的尊重和高度的自主性，进行平等、公开的对话，相互协调服务的递送。这是我们在 2008 年汶川地震应对中所没有看到的。①

六、小结

汶川大地震后，社会舆论和学术界研究都呼吁构建应对灾害的多元参与主体机制，把社会组织纳入应急管理体系，从制度上保证社会组织的参与空间。倡导政府在承认社会组织参与灾害救助合法性基础上，建立对话与信任机制，引导和释放社会组织主要力量。② 在 5 年后的芦山地震应对中，我们看到了社会组织不仅被制度化地纳入了政府的应急管理体系，而且两者的探索逐步呈现出协同治理的

---

① 吴建勋、徐晓迪：《公共危机管理中我国政府与非营利组织关系的实证研究——以汶川地震为例》，中国行政管理学会 2010 年会暨“政府管理创新”研讨会，北京，2010 年。

② 张强、陆奇斌、张秀兰：《汶川地震应对经验与应急管理中国模式的建构路径——基于强政府与强社会的互动视角》，《中国行政管理》2011 年第 5 期，第 50—56 页。

新型框架。

这个过程涉及非常多元化的主体。在政府体系中，纵向上从国务院到省、市、县（区）、乡镇以及乡村等各级党政部门，横向上不仅有发改、民政、公安等政府系统，还涉及工、青、妇、科、残、侨等群团部门。在整个社会大系统中，那就不仅是政府，还有参与救灾的基金会、民非、社团等各类社会组织以及组织化程度较高、专业化能力较强的志愿者队伍和分散的、个体化的各种社会人士志愿者。更重要的是，灾害危机作为焦点事件（focusing event），引发社会系统的适应性的自组织和再组织、重构过程，最终实现相关制度变迁。

如何解读"雅安模式"的出现？从芦山地震社会管理服务组、社会组织和志愿者服务中心的建立正是经历了一次典型的抗逆力释放过程，即从维系运行的响应到自组织的适应，再到开放学习的创新。在这一过程中，自上而下的政策环境和授权路径以及自下而上的社会需求和发展基础是激发维持运行的响应能力的关键。成功实现自组织能力释放的关键在于两点：一是充分利用组织自身既有优势；二是因势利导，优化设计重组路径。强调开放学习的创新能力塑造中，不仅需要明确组织主体的创新主旨，还需要建立常态化、开放性的合作型网络。

"雅安模式"的创新，其内核就在于探索灾害应对中的政社协同治理的创新格局。这一格局建设中，需要注重五个方面的因素：一是建立了面对面的对话机制；二是以服务入手建立政社之间的信任关系；三是强化规范服务，确保平等独立合作的角色定位；四是通过"共处一室"的环境营造和开放性服务平台建设，建立了多元有序的动态协同；五是确立共同的长期目标，确保持续的协同动力。

当然，"雅安模式"的创新并不是一劳永逸的，目前这一政社协同治理新格局还停留在灾害应对层面，并且是局部性。要成为全国性的灾害社会化应对的制度新策以及更广层面政府与社会合作的指导方略，无疑还有待进一步观察。应该说，"雅安模式"必定是一次有益的尝试，但距离一个成熟的灾害治理中国模式还征途漫漫。

第五章　从联合到联盟：灾害治理中的社会组织

万人操弓，共射一招，招无不中。

——（战国）吕不韦

夫和实生物，同则不继。

——（西周）史伯

2013年世界经济论坛报告公民社会的未来定位专门指出，应对全人类的挑战需要政府部门、私营部门和公共部门的共同参与。社会组织在灾害管理、备灾以及紧急救援等各个方面发挥了日益重要的作用。① 和国外的社会组织发展相比，我国社会组织由于发展起步较晚，还存在资源不足、能力不足、缺乏自治、发展不平衡等问题，大大限制了其应该发挥的作用。2008年汶川地震之后，中国社会组织就开始探索联合协同灾害应对模式。2011年深圳壹基金公益基金会成立"壹基金联合救灾"。2013年芦山地震发生后，"中国社会组织灾害应对平台""壹基金联合救灾——雅安地震救援行动""基金会救灾协调会""成都市公益组织4·20联合救援行动"以及华夏公益应急救灾中心等多个具有联盟特性的协同模式陆续出现，社会组织应对进一步网络化、专业化、信息化、社会化，彰显着从汶川地震

① World Economic Forum, *The Future Role of Civil Society*, 2013, http://www3.weforum.org/docs/WEF_FutureRole Civil Society_Report_2013.pdf.

五年之后社会组织参与灾害应对以及政府灾害应对的变革。这一系列实践进展不仅为多元参与的灾害治理体系完善奠定了重要基础，也为社会组织的广泛发展、创新中国社会治理摸索经验。

本章将对灾害应对中我国社会组织联盟的形成因素进行深度探讨，尝试对中国社会组织联盟进行理论层面的界定以及动因的初步探寻，并对实践中的问题与挑战进行分析，进一步展望未来灾害治理中的社会参与发展图景和演进路径。

一、灾害应对中的社会组织参与

如果说2008年“5·12”汶川地震中社会组织与志愿者的突出表现昭示着一种公共力量的兴起，是中国社会力量参与重大灾害救援的历史转折点。那么，应该说到2013年4·20芦山地震之后，社会力量正成为中国应对重大灾害不可或缺的重要组成部分。[①] 本章将基于社会组织在灾害应对中的作用分析和回顾，对2013年灾害应对中的社会组织参与模式的变迁进行记录。

如何更好地应对风险社会[②]中各种风险的挑战，更好地生存和发展下去呢？这就要求社会公共服务制度顺应风险社会的需求，变社会公共事务的管理模式为“使能型政府”(enabling state)治理模式。该模式强调管理权力中心的多元化和网络化的权利运行，使得原来自上而下单一的权力运行过程变为网络化的互动的多元的权利运行过程，政府的角色从直接提供服务转向形成一个使不同系统共同发挥作用的制度框架；重视政府与社会组织之间的配合与协调，强调公民的积极参与和合作，增强了管理的开放性，促进了管理的民主化；目标取向为预防和发展，施行“善治”，从而形成“善政”，保障公共利益的最大化。这种治理模式的本质就在于它是政府与公民对公共生活的合作管理，是政治国家与市民社会的一种新颖关系，是国家

---

① 薛澜、陶鹏：《从自发无序到协调规制：应急管理体系中的社会动员问题》，中国经济网，http://views.ce.cn/view/ent/201306/14/t20130614_24479981.shtml，2013-6-14。

② 参阅〔德〕乌尔里希·贝克：《风险社会》何博闻译，译林出版社2004年版。

权力向社会的回归,是两者的最佳状态。①

在这种治理模式中,社会组织发挥着巨大的作用。首先,在治理主体上,社会组织承担了原来属于政府独立承担的部分权利和责任,与政府、市场等共同成为多元治理的主体,是对使能型政府的必要补充。其次,在治理对象上,在治理主体多元性的基础上,治理对象也趋于广泛性,许多原本关注不够甚至是未被关注到的领域都进入了治理的视野,促进了社会公共利益的最大化。再次,在治理手段上,遵循政府与社会相互增权的理念和原则,政府与社会组织建立"伙伴关系",开展合作,来推动社会公共事业的发展。最后,由于社会组织所具有的独立性、自愿性、非官方性等特征,使得治理能够逐渐趋向于合法性、透明性、责任性、法治性和有效性。

因此,在风险社会中,无论是在常态下的公共服务领域中,还是在非常态的灾害面前,社会组织都成为不可或缺、愈发重要的治理主体,越来越被大家所重视。特别是在一次次灾害发生过程和灾后重建中,社会组织的优秀表现让许多人获得新生并坚强地生活下去,使突然断裂的社会公共服务体系得以修复,弥补了政府控制风险能力的不足。② 与此同时,社会组织的发育也在灾害应对中获得了更深化的社会发展制度空间和更广泛的社会关注和支持。甚至,灾害的应对还可以打开一个政府、私营部门以及社会组织多元合作的"机会窗口"。③

二、从汶川到芦山的模式变迁:联盟的涌现

正如本书第二章对1949年新中国建立以来的回顾,灾害管理体

---

① 参阅薛澜、张强、钟开斌:《危机管理——转型期中国面临的挑战》,北京:清华大学出版社2003年版;张强、陆奇斌、张秀兰:《汶川地震应对经验与应急管理中国模式的建构路径——基于强政府与强社会的互动视角》,《中国行政管理》2011年第5期,第50—56页。

② 参阅张强、陆奇斌、张欢:《巨灾与NGO:全球视野下的挑战与应对》,北京大学出版社2009年版;张强、余晓敏等:《NGO参与汶川地震灾后重建研究》,北京大学出版社2009年版。

③ 张强:《震灾为政府、民间互动打开一个"机会窗口"》,美国《侨报》2013年4月27日,B4言论版;张强、陆奇斌:《灾后重建中的企业参与之道》,《21世纪经济报道》2013年10月24日。

系可以划分为四个发展阶段，第一阶段是自1949年新中国建立至1978年改革开放前的"政治挂帅的生产救灾"阶段；第二阶段是从1978年改革开放后到2003年"非典"爆发前的"经济为先的灾害管理"阶段；第三阶段为2003年"非典"爆发后至2008年汶川地震发生前的"政府为主的应急管理"阶段；第四阶段时间跨度为2008年汶川地震发生至今的"多元参与的灾害治理"启蒙阶段。据此分类，中国社会组织参与救灾发展历程也相应地呈现出不同的行为特征：第一阶段主要是自上而下的政府应对格局，鲜有社会组织参与灾害应对；第二阶段在政府主导和支持下，宋庆龄基金会、中国扶贫基金会、中国青少年基金会等社会组织在救灾领域开始发挥救济救助作用；第三阶段以"一案三制"为核心内容的国家应急管理体系建立，明确了社会组织与志愿者在灾害中的定位，部分社会组织开始参与灾害应对，参与规模和功能发挥极为有限；第四阶段政府主导、社会协同的社会组织参与的格局初步形成。政府应急管理职能的多部门多层级协同机制进一步得到完善，使得决策主体多元格局逐渐显现。在实际的操作过程中，强调决策重心下垂与社会广泛参与。社会组织与志愿者在自然灾害应对中的活力和效能得到了极大释放，参与的功能日趋多元化，并且若干组织间协同模式雏形显现。

这里我们着重简介一下2013年芦山地震应对中社会组织在行动层面的几大联合平台。

1. 当地的化零为整："成都公益组织4·20联合救援行动"

"成都公益组织4·20联合救援行动"（简称"4·20联合救援"）成立于2013年4月20日芦山地震当天。截至4月28日，成员伙伴机构68家，共同遵循"4·20共识"："以实际行动推动促进灾区救援和重建中的社会协同、公众参与。协助政府、协力灾区；有序参与、有效服务；资源共享、平等合作；各尽其能、各得其所。"当时就明确了以下开放性的原则：凡认同联合行动使命、愿景及行动方针的公益组织，均可加入"成都公益组织4·20联合救援行动"。

地震发生后，通讯一时中断，4月19日新组建的微信群"成都公益圈"迅速发挥了超出想象的新媒体传播作用。"成都公益圈"成员包括国内公益界(社会组织、基金会)负责人、学术界权威专家及各大媒体负责人及部分政府官员。新媒体介入方式,让灾区救援情况获得了社会各界及时响应。"成都公益圈"也成为灾区情况、救援队伍、物资需求、交通路况等救援信息重要的交流发布平台。

由成都多家本土公益组织发起的"成都公益组织 4·20 联合救援行动"随之成立,第一组"4·20 联合救援"成员于当天赶赴灾区。南都基金会得知消息后,在第一时间向参与"4·20 联合救援"的团队提供 20 万元人民币用于紧急救援及工作经费。

"4·20 联合救援"成立初期以搭建各地公益组织信息分享平台为主,并同步针对雅安地震灾区需求进行定点物资募集、灾区救援行动。为此专门成立了人员相对固定的行动办公室,临时办公室设在成都市高新区肖家河维信街 4 号爱有戏肖家河项目点。来自多个成员机构在此期间派出专人,负责执行信息收集对外宣传、物资募集、采购管理运送、志愿者招募管理、行政财务等具体工作。

"4·20 联合救援"有四大特点:基因相似——发起机构多数是从"5·12"地震中志愿者转型的注册公益机构;定位明确——抢险救助不是参与者的特长,主要任务是灾后重建;共识一致——抗震救灾中社会组织能够给灾区提供的是有序、理性、专业性的服务;新型传播——通过新媒体(微信、微博等)快速及时分享信息,获得国内公益界和学术界及时响应。共青团四川省委第一时间加入,为公益伙伴有序参与提供支持和帮助,也是这次救灾中的新现象。该联盟的主要工作方向:(1)为民间救援队伍及志愿者提供后勤支持,技能培训;(2)协调民间救援力量,避免无序救灾;(3)在关注重灾区的基础上,重点协助非重灾区,非新闻热点灾区的救灾工作;(4)重点关注灾区弱势群体需求,包括:妇女,儿童,残疾人,老人等需求;(5)以实际行动推动促进灾区救援和重建中的社会协同、公众参与。截至当年 5 月 2 日,仅参与后方支持工作志愿者人次就超过 1500 余人次;在芦山县已成立村级工作站 4 个;已根据灾区需求定向发出 38 车物资,其中联合救援募集的物资 15 车,协助运输其他社会组织和企业的物资 23 车。

2. 多元跨界合作："4·20 中国社会组织灾害应对平台"

2013 年 4 月 28 日，"4·20 中国社会组织灾害应对平台"（简称"中社平台"）由中国红十字会总会、南都公益基金会、北京师范大学及成都公益组织 420 联合救援行动共同倡导成立。该平台旨在推动社会组织参与芦山地震救援和重建的信息共享，发挥同类型社会组织的特长和经验，提高社会捐赠资源的使用效率，探索社会组织互帮互助联合应对灾害新机制，推动中国各领域各层次社会组织的发展成长。

关于工作模式，平台恪守"政府指导下的社会参与"，通过跨基金会、社会组织、高校等不同体制合作的机制创新，搭建起了一个融资源协调、项目购买、多方交流、在地陪伴于一体的服务平台，推动激发社会组织活力，探索多方合作的灾后救援应急与重建的社会协同服务模式。自 2013 年 5 月 28 日"中社平台"正式宣布成立以来，在毫无可借鉴模式情况下，通过探索，逐步建立了工作团队、工作机制和工作模式。在灾后紧急救援阶段发挥了协调资源和信息的作用，基本了解灾区的基本情况，对进入灾区的各个社会组织进行沟通交流，并建立了良好的合作关系，逐步形成"在灾后重建阶段，主要通过公益项目支持 + 能力建设 + 公益沙龙"的灾援社会组织服务模式。

从平台运行一年多来，应该说既发挥了积极的推动作用，也面临着未来的发展挑战。

在成效层面：第一，开启了体制内机构组织与社会组织平等合作的先河，GONGO 的代表、非公募基金会、科院院所以及未注册的社会组织民间联合体并肩战斗。第二，探寻了社会组织应对灾害的协同工作机制，从需求测度、信息共享、资源动员与整合、政策倡导、绩效评估等环节上都进行了较为系统化的建设探索。第三，"中社平台"的建设还有效地促进草根社会组织的培育与合作。作为枢纽，"中社平台"在灾后紧急救援阶段，促进社会组织之间的物资分配和信息共享。灾后重建阶段，为机构提供建立前后端合作关系的机会，促使专业技术与市场优势相结合。如经平台组织协调，"合力社区""轮椅太极""我的妈妈有手艺"三个不同组织的产品实现了有机融合。第四,对基于灾区需求的公益项目资助形式进行了创新尝试。无论是灾后重建还是常规公益项目,资助方以公益项目招投标的形式对社会组织提供支持屡见不鲜,但大多数项目招标的形式都是在一定时间、地点以及金额等要求的诸多条件下进行。“中社平台”自2013年5月至今,已收到灾后重建项目申请101个,对于项目的招标,平台没有对项目的类型、申请金额做过多的限制性条件,同时也对项目申请申报的时间不做特殊要求,社会组织可根据项目需求随时申报,平台随时接受申请书。这种以需求为导向的项目招标模式为社会组织设计出符合灾区及灾民实际需要的项目奠定了有利基础。与此同时,平台还制定了《招标管理办法》《项目申请指南》等制度,实施全流程的规范管理。在评审的形式上,也根据项目申请的额度不同,采取“在线”“线下”两种不同形式的评审,节约管理成本的同时也提高项目评审的效率。第五,重视使用信息化工具。“中社平台”于2013年4月开始进行“420中国社会组织灾害应对信息平台网”(www.cn420.cn)的模块组建和内测,5月3日信息平台正式上线。此信息平台不仅是一个信息发布和分享的网站,也是集项目在线申报和评估于一身的信息化工具。同时,信息平台还起到监测评估的作用。第六,践行了“资金”和“能力”并重的资助模式。“中社平台”对社会组织的支持不仅仅是资金,还有能力上的支持,形成一个对灾援社会组织全方位支持的综合性服务平台。

当然,在经过一段时间的运营管理,“中社平台”也面临着一系列的可持续性发展的挑战。作为一个多方跨界合作的平台,如何协同不同体制下的机构成员?平台目前的资金来源单一,如何实现资源的可持续?灾后重建涉及的业务十分多元化,临危受命的组合型团队如何提升能力并在人力资源上实现常态化?这些问题还有待于进一步的实践摸索。

3. 资源方协同:“基金会救灾协调会”

为促进各基金会走雅安救灾中的协同行动,2013年4月29日,雅安地震第十天,中国青少年发展基金会、中国扶贫基金会、南都公益基金会、腾讯公益慈善基金会、深圳壹基金公益基金会联合发起成立“基金会救灾协调会”，并于当天召开第一次会议。北京师范大学社会发展与公共政策学院、雅安社会组织和志愿者服务中心作为观察员单位参与了发起过程。

> 基金会救灾协调会是一个自主的机构……首先我们是主张竞争的，包括我们反对垄断，包括对捐赠市场的垄断和对受益市场的垄断，特别是利用行政权力对这两个市场的垄断……我们主张合作，包括要为我们的伙伴助威、加油……包括我们组织合作，要为中国社会公益的领域营造基于共同价值观、共同行为准则的这样一个公益文化的一个形成，我们要做出我们的贡献。简而言之，我们希望在这样的一种垄断竞争环境下，构建一种新型的合作关系，竞争与合作，我们可以把它称成为“竞合关系”，这样的根本目的还是要善待社会捐赠资源，能够得到资助效益的最大化。这个是我们协调会小小的梦想，我们也会为此而努力，也希望得到各方的支持。
>
> ——中国青基会秘书长涂猛2013年9月22日在第二届中国公益慈善项目交流展示会救灾展区及救灾研讨会上的发言

基金会救灾协调会主要职能有三项：一是成为参与雅安救灾的基金会与四川省、雅安市政府抗震救灾工作的沟通协调机制，促进基金会救灾行动与政府救灾计划的融合与互补；二是对参与救灾的社会组织和志愿者团队进行联合资助；三是促进基金会之间互通信息及协调行动。

(1) 加入基金会救灾协调会的原则

面向走雅安地震灾区开展工作的基金会，以开放、自愿、协作的原则加入。成员入会，要经过发起基金会半数以上代表同意。随后，爱德基金会、中国妇女发展基金会加入。

(2) 基金会救灾协调会的工作机制

① 轮值召集机制。由中国青少年发展基金会秘书长涂猛、中国扶贫基金会秘书长刘文奎、深圳壹基金公益基金会秘书长杨鹏担任

基金会救灾协调会轮值召集人。

② 轮值周期与顺序机制。召集人的工作周期为4个月,轮值顺序为涂猛(2013年5月1日—8月31日)、刘文奎(2013年9月1日—12月31日)、杨鹏(2014年1月1日—4月30日),之后一直按4个月任期轮值。

③ 会议制度由固定例会与其他会议构成。固定例会,指每周五上午9点由召集人召开电话会。其他会议根据需求,由会员临时提出召开。

④ 下设总干事,招聘专职工作人员开展具体工作。

⑤ 日常联系对接机制。各基金会明确日常联系对接人及联系方式。

2014年7月,基金会救灾协调会正式在四川成都注册成立民非机构"成都合众公益发展中心",青基会和爱德基金会共同发起,6家基金会共同注资成立,北师大社会发展与公共政策学院担任监事单位。

4. 专业性联盟:"壹基金联合救灾"

"壹基金联合救灾(联盟)"(简称"联合救灾")是壹基金的核心业务之一,也是一种创新的伙伴关系和行动模式。"联合救灾"从2011年11月启动,到2013年底,已经在全国各地开展紧急救援129次,60余万灾民受益。"联合救灾"的实施,不仅极大推进了中国灾害应对的社会化,完善了中小灾害的区域化应对网络,有效提升了社会组织的灾害应对能力,而且创新了社会组织网络协作机制,建立了地方政府、企业及社会组织多主体参与的合作平台,促进了草根组织生态系统的优化,并以此推动整个民间救灾行业的发展。

在芦山地震后,"联合救灾"第一时间启动了"壹基金联合救灾——雅安地震救援行动",由壹基金与多家公益组织建立联盟并协调四川、河北、北京、河南等10支队伍与政府协同作战,提供专业化的灾害救援。

5. 类海星式协同:华夏公益应急救灾中心

该中心由华夏公益服务中心与友成基金会、绵阳公益服务中心、中国阳光公益等多家社会组织组成，相互间讨论行动策略，资源互补，并统一展开集体行动。华夏公益服务中心成立于 2010 年 8 月 1 日，旨在为全国民间公益组织搭建统一的、有效的交流合作平台，通过互相交流、互相学习、互相合作的模式实现资源互享。服务中心通过联合活动与公益服务，扩大民间公益组织的社会影响力和服务有效力。此外，服务中心还汇聚各方公益力量为民间组织搭建义工培训、组织管理、网络技术、项目策划、活动宣传、组织与项目评估等服务团队，更好地为民间公益组织服务。

现阶段，华夏公益服务中心已成立项目策划中心、宣传服务中心、网络服务中心、培训服务中心、新闻服务中心、发展服务中心、应急联络中心、高校联盟、资源互享中心、应急服务中心等各个中心，有效地支持公益组织发展的多元需求。

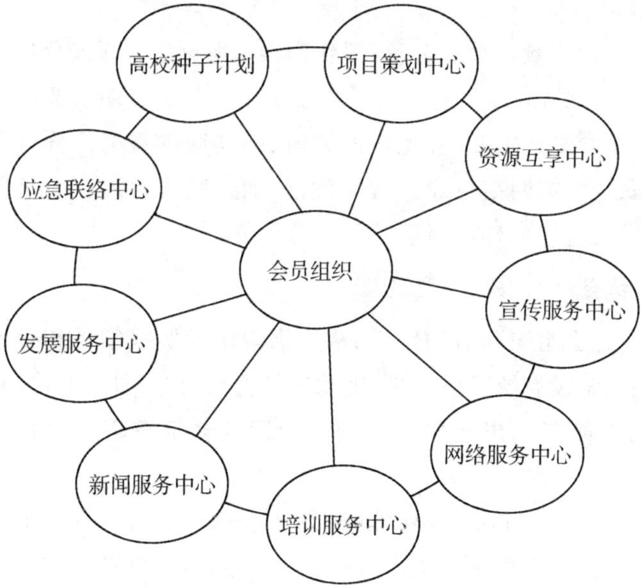

图 5-1　华夏公益服务中心组织架构

资料来源：2013 年第二届中国公益慈善项目交流展示会《中国社会组织参与救灾史》（笔者所在团队编制）。

三、联盟动因探寻：以“壹基金联合救灾”为例

以上几个以协同模式进行的联合应对不仅促进了芦山地震灾害救援工作的有效进行，使其行动更具组织性、相互间的配合与协调增多，救援工作更有效率，更有利于社会组织的力量的整体提升。为什么2013年的芦山地震发生后，社会组织参与灾害应对的体系呈现出进一步网络化的合作新局面？究竟是什么因素使得参与灾害应对的社会组织不仅在数量上有着明显的增长，而且也逐渐从原先的“单打独斗”趋向于“并肩作战”，出现了“联合行动”“应对平台”“联合救灾行动网络”等联盟形式？各个社会组织加入其中的原因有哪些？除了全国整体的社会发展带来的社会组织蓬勃发展之外，还存在一些具体的内外因素使得芦山地震的社会应对制度创新成为偶然中的“必然”。

我们选取“壹基金联合救灾”作为典型案例进行深入分析。首先基于现有文献资料的研究梳理适用于现阶段社会组织联盟的相关定义，随后采取文献研究、实地访谈调研、问卷调查及统计分析来调研壹基金联合救灾网络建设过程中发起/加入联盟的内在动机以及影响联盟形成的外部环境因素。

1. 社会组织联盟的定义

关于社会组织联盟的定义，从中国现阶段实践领域和理论研究领域来看，都没有统一的定义，因此这里将从商业领域的联盟概念梳理入手，总结归纳出适用于我国现阶段社会组织联盟现状的相关定义。

在商业领域，最早提出（战略）联盟（Strategic Alliance）概念的是美国DEC公司总裁简·霍普兰德（J. Hopland）和管理学家罗杰·内格尔（R. Nagel），他们认为，战略联盟指的是由两个或两个以上有着共同战略利益和对等经营实力的企业，为达到共同拥有市场、共同使用资源等战略目标，通过各种协议、契约而结成的优势互补或优势相长、风险共担、生产要素水平式双向或多向流动的一种松散的合作模式。当前关于联盟的表述并不统一，比较常见的有“企业联

盟”(Corporation Alliance)、“虚拟企业”(Virtual Enterprise),也有人将其翻译成“战略联营”“企业联合”或“战略合作”等;在国内也有学者称之为“策略联盟”①“战略营销联盟”②“关联企业”③“企业协作”④等。

造成这么多不同称谓的主要原因是目前学术界对战略联盟的定义尚存在一定的分歧,不同学者基于不同视角和不同的研究需求,对战略联盟进行了多样化的定义。其中,较为有代表性的有:

- 结合不同组织的资源、技能和核心能力,以达到各组织在开发、制造或分销产品和服务过程中的共同利益,从而在组织间结成的合伙关系。⑤
- 由两个或两个以上组织为了提高各自的竞争优势,通过投入一定的资源、技术性知识和能力而结成的紧密的、长期的、相互有利的合作协议。⑥
- 两个或两个以上的组织为了追求共同的目标而达成的合作协议,或在一段持续的时间内为解决共同的问题而进行的合作。⑦

那么什么是构成战略联盟的基本条件?美国学者 Gulati 提出了战略联盟的三个基本条件⑧:第一,联盟必须涉及两个或两个以上独

---

① 张洪吉、W. 怀特:《策略联盟:与竞争对手共舞》,《经营者》1996 年第 4 期,第 4—6 页。

② 牛琦彬、郑仕敏:《略论战略营销联盟》,《石油大学学报(社会科学版)》1997 年 3 期。

③ 龙登高:《“关联企业”——一起企业组合新方式》,《中外管理》1998 年第 7 期。

④ 张忠元、向洪主编:《协作资本》,中国时代经济出版社 2002 年版。

⑤ M. A. Hitt, R. E. Hoskisson, “Kim H. International Diversification: Effects on Innovation and Firm Performance in Product-diversified Firms”, *Academy of Management Journal*, 40: 767—798, 1997.

⑥ R. Spekman, T. Forbes, L. Isabella, et al., “Alliance Management: A View From the Past and a Look to the Future”, *Journal of Management Studies*, 35: 747—772, 1998.

⑦ A. Pyka, P. Windrum, “The Self-organization of Strategic Alliances”, *Economics of Innovation & New Technology*, (12)3: 245—268, 2003.

⑧ R. Gulati, “Alliances and Networks”, *Strategic Management Journal*, 19: 293—317, 1998.

立的企业;第二,联盟的目的是为了实现双方企业的特定战略目标,并共同分享联盟所带来的利益;第三,联盟可以多种不同的组织形态存在。这三点恰恰也解释了对战略联盟不同定义中的一些共同的理论基点:第一,所有联盟都可以看成一种合作关系;第二,这一关系必须建立在两个或两个以上原先独立的组织间;第三,这些组织将共同提供资源(包括信息资源)、技术或能力以达到双方预先设定的目标。

尽管关于商业领域战略联盟等的研究众多,也有一些学者关注"政府-社会组织"和"企业-社会组织"的联盟,但对于社会组织之间的联盟研究却十分有限。Guo & Acar 将社会组织联盟(nonprofit collaboration)定义为:"不同的非盈利组织为了解决某些特定问题,协同工作、共同利用资源、共同决策以及共享最终成果。"并对现有联盟的活动按照层次分成八类:(1)信息共享;(2)客户引荐;(3)办公空间共享;(4)共同运行项目;(5)管理服务组织;(6)分支机构;(7)合资经营;(8)兼并其他组织。此外,他们也提出社会组织联盟的形成因素主要有三个:一是基于资源依附理论,二是基于交易成本理论,三是为了有利于获得政府资金。[①] 由此看来,国外对社会组织联盟的研究并没有脱离企业战略联盟研究的整体框架。国内学者对社会组织联盟的研究尚处起步阶段,实证性研究则更少。赵小平等曾以国内某草根联盟为例,探讨非救灾领域社会组织联合体建设中的集体行动难题。[②]

基于对上述文献中相关概念的梳理,我们认为社会组织联盟意味着:两个或两个以上独立的社会组织为了达到各方预先设定的共同目标,共同利用资源、共同决策并共享成果的协同工作模式。

---

① C. Guo, & M. Acar, "Understanding Collaboration Among Nonprofit Organizations: Combining Resource Dependency, Institutional, and Network Perspectives", *Nonprofit and Voluntary Sector Quarterly*, 34: 340—361, 2005.

② 赵小平、赵荣、卢玮静:《非政府组织联合体建设中的集体行动难题分析——以中国 FA 草根为例》,《中国非营利评论》2012 年第 1 期。

2. 社会组织为什么会形成联盟？

社会组织为什么要形成联盟？商业领域中，学术界已对回答"战略联盟的形成原因"这一问题进行了很多的探索。这些理论主要包括：交易成本理论①、基于能力的视角②、自组织理论③、博弈论④、社会资本理论⑤、社会交易理论⑥、资源基础理论⑦、知识基础理论⑧、社会网络理论⑨、资源依附理论⑩等。

Kogut 认为，在所有联盟形成因素的研究中，以下三个理论最具代表性⑪：交易成本理论（transaction cost theory）、战略行为理论（strategic behavior theory）、组织学习理论（organizational learning theory）。

---

① J. E. Oxley, "Appropriability Hazards and Governance in Strategic Alliances: A Transaction Cost Approach", *Journal of Law, Economics and Organization*, 13(2): 387—409, 1997; O. E. Williamson, "Comparative Economic Organization: The Analysis of Discrete Structural Alternatives", *Administrative Science Quarterly*, 36: 269—296, 1991.

② M. G. Colombo, "Alliance Form: A Test of the Contractual and Competence Perspectives", *Strategic Management Journal*, 24: 1209—1229, 2003.

③ A. Pyka, P. Windrum, "The Self-organization of Strategic Alliances", *Economics of Innovation &New Technology*, (12)3: 245—268, 2003.

④ A. Parkhe, "Strategic Alliance Structuring: A Game Theoretic and Transaction Cost Examination of Inter-firm Cooperation", *Academy of Management Journal*, 36: 794—829, 1993.

⑤ J. B. Cullen, J. L. Johnson, T. Sakano, "Success Through Commitment and Trust: The Soft Side of Strategic Alliance Management", *Journal of World Business*, 35(3): 223—240, 2000.

⑥ C. Young-Ybarra, M. Wiersema, "Strategic Flexibility in Information Technology Alliances: The Influence of Transaction Cost Economics and Social Exchange Theory", *Organization Science*, 10(4), 1999: 439—459; S. K. Muthusamy, M. A. White, "Learning and Knowledge transfer in Strategic Alliances: A Social Exchange View", *Organization Studies*, 26(3): 415—441, 2005.

⑦ N. K. Park, J. M. Mezias, J. Song, "A Resource-based View of Strategic Alliances and Firm Value in the Electronic Marketplace", *Journal of Management*, 30(1): 7—27, 2004.

⑧ R. C. Sampson, "Organizational Choice in R&D Alliances: Knowledge-based and Transaction Cost Perspectives", *Managerial and Decision Economics*, 25: 421—436, 2004.

⑨ Ranjay Gulati, "Alliances and Network", *Strategic Management Journal*, Vol. 19: 293—317, 1998.

⑩ J. Pfeffer and P. Nowak, "Joint Venture and Interorganizational Interdependence", *Administrative Science Quarterly*, 21(3): 398—418, 1976.

⑪ B. Kogut, "Joint Ventures: Theoretical and Emperical Perspectives", *Strategic Management Journal*, 9(4): 319—332, 1988.

(1) 交易成本理论

最早由 Coase① 提出,并经 Williamson② 等人发展成为交易成本经济学(transaction cost economics)。该理论的基本论点是,企业的存在可以最小化市场交易带来的成本从而达到利益的最大化。经济学家 Hennart③ 认为:战略联盟是跨组织边界的中间型的治理结构,是生产成本和交易成本总和最小化的产物。此时的关键是,组织必须学会如何最小化交易成本从而使收益最大化。

(2) 战略行为理论

主要强调联盟的形成是为了确保公司生存和发展所依赖的稀缺性资源的安全④,并在此前提下通过资源交换达到互惠互利。⑤

(3) 组织学习理论

其前提假设为知识是提高企业竞争力的关键资产,而公司则被概念化为一个整合知识的机构⑥。联盟是企业间学习过程中的重要组成部分,在这个过程中企业通过灵活的伙伴间学习机制来识别新的机遇⑦。

关于战略联盟形成因素研究较为主流的理论还有资源依附理论(Resource Dependence Theory)。根据资源依附理论,当组织的资源获取不稳定时,联盟有利于其中的组织获得关键资源、减少组织发展

---

① R. H. Coase, "The Nature of the Firm", *Economica*, NS 4: 386—405, 1937.

② O. E. Williamson, *Markets and Hierarchies: Analysis and Antitrust Implications*, Free Press, New York, 1975.

③ J. F. Hennart, "A Transaction Costs Theory of Equity Joint Ventures", *Strategic Management Journal*, 9(4): 361—374, 1988.

④ T. Saxton, "The Effects of Partner and Relationship Characteristics on Alliance Outcome", *Academy of Management Journal*, 40(2): 443—461, 1997.

⑤ L. P. Bucklin and S. Sengupta, "Organizing Successful Co-marketing Alliances", *Journal of Marketing*, 57: 32—46, 1993.

⑥ R. M. Grant & C. Baden-Fuller, "A Knowledge-based Theory of Interfirm Collaboration", *Academy of Management Best Paper Proceedings*, pp. 17—21, 1995.

⑦ J. Hagedoorn, "Understanding the Rationale of Strategic Technology Partnering: International Modes of Cooperation and Sectoral Differences", *Strategic ManagementJournal*, 14: 371—385, 1993.

的不确定性①。

整个战略联盟研究体系框架已经日趋成熟和完善，学习和借鉴这些理论背后所阐述的驱动机制，如：资源驱动、竞争战略驱动、学习驱动等，都有助于我们深入理解社会组织联盟的形成因素。

笔者及所在研究团队在壹基金的支持下，不仅系统整理了壹基金运行管理中的内部资料，如项目背景资料、总结报告、会议记录等，以及由 12 个省级联盟提供的联盟建设相关材料，还分析了公开媒体报道资料，并对基金会秘书长、灾害管理部负责人、灾害管理部相关工作人员、联合救灾项目总干事以及联盟中的各个省级联盟总协调人或联盟中协调机构的壹基金专岗人员进行半结构性的深度访谈。

在此基础上，本研究在深入访谈的基础上并根据战略行为理论、资源依附理论、组织学习理论在内的相关理论框架，识别出 17 项社会组织发起/加入联盟的原因，并以问卷的形式发放给壹基金联合救灾（联盟）中 11 个省 12 个联盟的 258 家组织主要负责人进行问卷调查。总共发放 258 份问卷，实际回收问卷为 116 份。

3. 壹基金联合救灾成立背景及运行状况

我国是世界上灾害最为严重的国家之一，通常是“三年一大灾，年年有小灾”，大灾严重，小灾频繁。但民间力量参与灾害救援中一直存在一个“悖论”的现象：每遇重大灾害，就是一次社会组织集体行动的“井喷”，参与物资筹集、现场救援、灾后重建等工作，但在中小型灾害救援中，又几乎看不到社会组织的影子。究其原因，民间力量参

---

① K. G. Provan, “Interorganizational Cooperation and Decision-making Autonomy in a Consortium Multihospital System”, *Academy of Management Review*, 9(3): 494—504, 1984; O. E. Williamson, *Markets and Hierarchies: Analysis and Anti-trust Implications*, New York: Free Press; O. E. Williamson, *The Economic Institutions of Capitalism: Firms, Markets, and Relational Contracting*, New York: Free Press; O. E. Williamson, “Comparative Economic Organization: The Analysis of Discrete Structural Alternatives”, *Administrative Science Quarterly*, 36: 269—296, 1991; J. S. Zinn, J. Proenca, & M. D. Rosko, “Organizational and Environmental Factors in Hospital Alliance Membership and Contract Management: Aresource-dependence Perspective”, *Hospital and Health Service Administration*, 42(1): 67—86, 1997; H. S. Zuckerman, & T. A. D'Aunno, “Hospital Alliances: Cooperative Strategy in a Competitive Environment”, *Health Care Management Review*, 15(2): 21—30, 1990; J. Pfeffer, & G. R. Salancik, *The External Control of Organizations: A Resource Dependence Perspective*, New York: Harper and Row, 1978.

与灾害救援,与社会所能提供的救灾资源密切相关。重大灾害能够吸引政府、媒体、公益、企业及公众的普遍关注,政府拨款与社会捐赠都非常活跃;但中小型灾害几乎无人问津,媒体关注与社会捐赠都十分缺乏。这就导致了另外一个“悖论”性的后果:虽然全国社会组织数量庞大,也一直有参与灾害救援的传统,但专业开展人道主义赈灾工作的社会组织却寥寥无几。

实际上,中小型灾害一直是我国面临的重要问题,每年给国家带来巨额财产损失,给民众带来深重的灾难。在各类自然灾害的侵袭中,儿童、老人、妇女、残障人士等群体成为最为脆弱的群体,不仅生命受到威胁,生产遭受破坏,生活也处于极其困难的境地。所以,推动民间力量参与中小型灾害救援,关注灾害中弱势群体的需求,成为民间力量介入灾害救助的现实需求,也符合社会组织专业化发展的内在需要。

“联合救灾”正是在上述背景下不断探索的民间救灾模式。试图依托壹基金“尽我所能,人人公益”的公益平台,联合民间公益机构、媒体、企业和公众,采取“提前备灾、联合行动、快速救援”的策略,为全国重大灾害和中小型灾害中受影响的弱势群体提供专业服务。根据现有的联盟运行情况,壹基金不仅提供了救灾物资(最具代表的是标准化的儿童救灾包——“壹基金温暖包”,针对不同的灾害类型和儿童需求而设计,一般包含十余种物资,满足儿童在生活、学习与卫生健康和心理支持等方面的需求),还提供了以下支持:维系联合救灾网络的救援行动及网络运营的必要费用支持,包括灾情评估、物资运输、物资发放、回访评估等活动的开支;负责网络常态运作与救援行动的每省区域协调员和救灾专岗人员费用;以及网络能力建设费用和壹基金品牌共享等。“联合救灾”的核心目的在于开拓可持续的救灾资源、开展专业化的救援行动,并推动民间救灾行业发展。

> 壹基金长期强调人人公益的概念……在整个的行动过程中非常的注重志愿者伙伴的加入,这样就形成了一个大组织,虽然壹基金是一个小组织,但是行动的时候是大组织,我们可以调动的人少则几百人,多则上千人,且不说网

上壹基金的捐款人，那就更多了。到今年（2013 年）向壹基金捐款的有 2000 多万人次。

——时任壹基金秘书长杨鹏 2013 年 9 月在第二届中国公益慈善项目交流展示会上的分享发言

“联合救灾”是壹基金的核心业务之一，也是一种创新的伙伴关系和行动模式。“联合救灾”从 2011 年 11 月启动，到 2013 年底，已经在全国各地开展紧急救援 129 次（如图 5－2 所示）。如图 5－3 所示，先后共计有 60 余万灾民受益。应该说，“联合救灾”的实施不仅极大推进了中国灾害应对的社会化，完善了中小灾害的区域化应对网络（如图 5－4 所示），有效提升了社会组织的灾害应对能力，而且创新了社会组织网络协作机制，建立了地方政府、企业及社会组织多主体参与的合作平台。

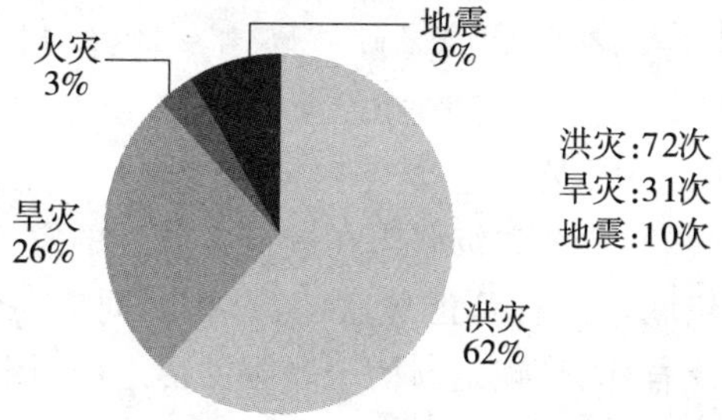

图 5－2　2011—2013 年壹基金联合救灾行动次数统计

资料来源：根据笔者研究团队开展的实地调研和壹基金提供资料综合整理。

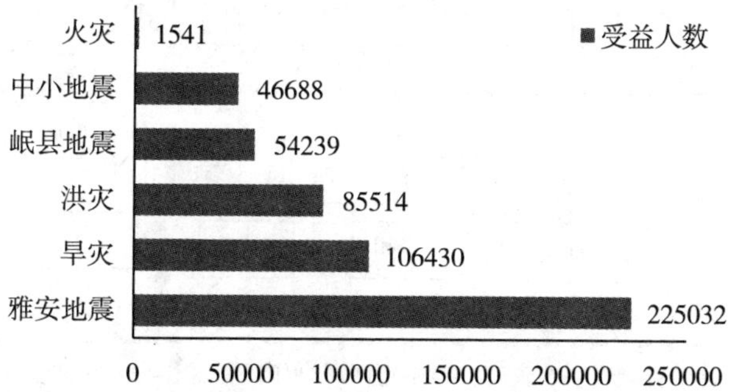

图 5－3　2011—2013 年壹基金联合救灾紧急救援受益人数统计

资料来源：根据笔者研究团队开展的实地调研和壹基金提供资料综合整理。

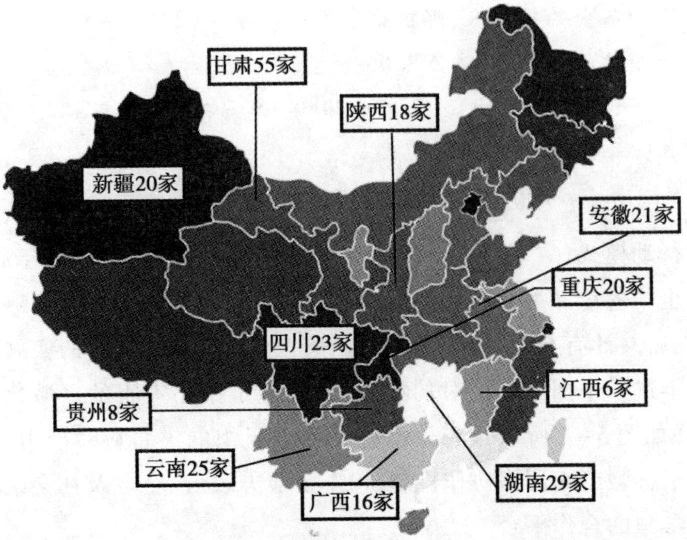

图 5-4　2011—2013 年壹基金联合救灾社会组织区域分布

资料来源：根据笔者研究团队开展的实地调研和壹基金提供资料综合整理。

在“联合救灾”的实际运作过程中，各个省级联盟保持相对的独立性，并与深圳壹基金公益基金会一起构建成一个全国性的联合救灾联盟。与此同时，各个省级联盟在进行区域性的灾害应对时，会和相关的其他省级联盟进行跨区域联动，合作共同应对灾害，此时，省级联盟之间彼此合作，呈现出新的子联盟的形态（如图 5-5 所示）。

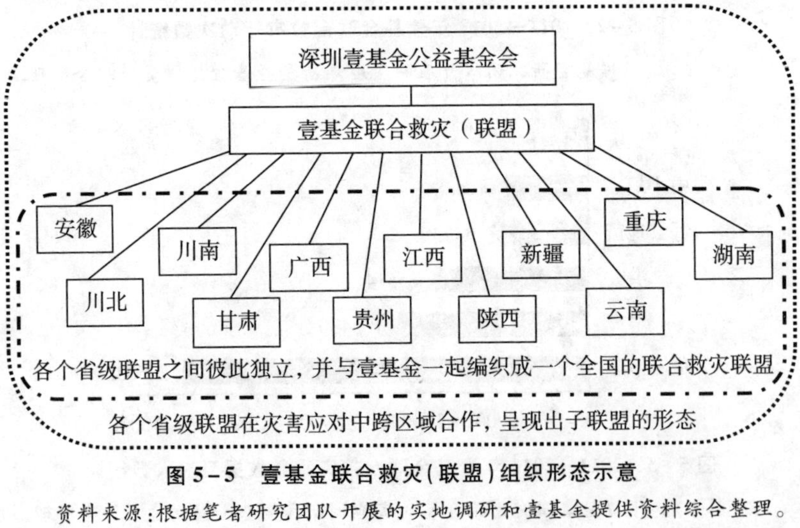

图 5-5　壹基金联合救灾（联盟）组织形态示意

资料来源：根据笔者研究团队开展的实地调研和壹基金提供资料综合整理。

表 5-1　“联合救灾”各省联盟建设情况

省　份	联盟名称	成立时间	是否曾有过联盟经历	组织章程/议事制度	财务管理制度	联盟成员数量
安徽	安徽民间救灾行动网络	2013 年	是	√	√	25
四川	川北联合救灾网络	2013 年	是			8
	壹基金川南联合救灾网络	2013 年	否	√	√	15
甘肃	甘肃公益救灾联盟	2012 年	是	√		55
广西	广西民间联合救灾小组	2012 年	是	√	√	16
贵州	贵州联合救援	2011 年	是		√	8
江西	江西民间联合救灾小组	2012 年	否		√	7
陕西	陕西民间公益救灾行动联盟	2012 年	是	√	√	18
新疆	新疆志愿公益救援联盟	2012 年	是	√		20
云南	云南志愿救灾联盟	2012 年	是	√	√	25
重庆	重庆联合救灾	2012 年	否	√	√	20
湖南	湖南民间联合救灾小组	2007 年	是			29

注：根据笔者研究团队开展的实地调研和壹基金提供资料综合整理。

从调研的结果来看，现有各省联盟的基础情况各有不同，建设发展情况也良莠不齐。以陕西民间公益救灾行动联盟和湖南民间联合救灾小组为例，这两个省的联盟建立在各省原有联盟基础上，有较好的联盟成员基础，联盟的发展较为迅速，其联盟的治理架构也日趋完善，例如陕西民间公益救灾行动联盟已经建立网上的联盟组织成员议事规则及准入准出机制，即新的成员机构的加入必须以书面申请的形式并有两个联盟内成员的推荐才可以加入联盟；而两次缺席联盟行动的组织将被视为自动退出联盟。除此之外，不少省级联盟是在壹基金的带动和指导下形成的，例如重庆联合救灾，这类联盟正处于探索和发展时期，联盟的内部治理架构和规章制度正在逐步完善中。

4. “联合救灾”形成的历史过程

通过对联盟成立相关人员的深入访谈，我们可以发现此联盟的形成经历了以下两个阶段：第一阶段是从“NGO 四川地区救灾联合办公室”到“联合救援”（UR），这一阶段构成了联盟形成的重要历史基础；第二阶段是从“壹基金西南凝冻灾害联合救灾委员会”到“联合救灾”（联盟），这是壹基金介入后联盟正式形成的发展阶段。

（1）联盟的历史基础：从“NGO 四川地区救灾联合办公室”到“联合救援”（UR）

这一阶段特点是基于灾害应对需求的松散联合，合作基本以信息共享为主，缺乏实质上的行动合作。“联合救灾”的形成要追溯到2008 年，在汶川地震发生之后，包括四川社会组织备灾中心、彭州中大绿根社会工作发展中心、云南青基会益行工作组、贵州意气风发红十字会、广州中山大学社会发展研究所等机构在内的四川、云南、贵州、广东 4 个省 7 个社会组织为了便于彼此之间的信息资源共享而成立“社会组织四川地区救灾联合办公室”。但是在此之后并未直接形成联盟，而是在汶川地震救援阶段结束后就自然解散了。直到2010 年 3 月 10 日云南盈江地震之后，原先“社会组织四川地区救灾联合办公室”的 7 家机构再次合作应对灾害，并在合作中决定成立共同应对灾害的联盟——“联合救援”，但此时，各个成员机构并没有对联盟有一个明确的概念和规划，以至于在 2011 年云南旱灾期间，“联合救援”仅仅在网络上发布联合申明，而没有任何具体的行动，在此之后便一直处于“休眠的状态”。

> 2008 年的时候，我们（联合救援最初成立的 7 家机构负责人）就认识了，最早叫联合办公室，以后到了 2010 年的

> 云南的盈江地震之后，我们就成立了联合救援（UR）。
>
> ——SOAGZ01

关于“联合救援”，在访谈过程中，有受访人称之为“可能是中国社会组织在灾害应对中第一次跨区域联合行动”。“联合救灾”是社会组织跨区域联合参与灾害应对中一次有益的尝试，它是在应急响应的驱动下诞生的，各个组织成员通过非正式的契约，按照各自灾害应对的参与需求联合到一起，彼此之间机构实力相当，在地位平等的基础上参与联盟的运作，更多的是呈现出一种合作的关系。

虽然这个联盟在实际意义上只运行了一年左右的时间，但是这次联盟的经验也为“联合救灾”的形成奠定了重要的历史基础。社会组织不仅在理念上意识到合作的重要性，而且在 UR 运营过程中积累了宝贵的实践经验：一方面了解了什么是合作的重要基础，不仅是信息还有资源的获取；另一方面是指对联盟内部的治理对联盟运行的重要影响达成共识。

> （UR）这是个失败的联盟。因为大家只是停留在我们想联合，但是真的是没有办法为这个联合体实际贡献什么，也没有人知道这个联盟究竟要怎么搞。
>
> ——SOAOF04

> 我觉得，联合救援它严格意义上不能算是联盟，因为基本上都是我们（各个机构）自己在做，和各个地方的伙伴之间的联络不是特别多，没有壹基金这样一个固定的联络体系，而且有具体的项目资源，那我们觉得是各个伙伴在一起做同一件事情。
>
> ——SOACB01

> 最大的区别就是，联合救援是一个纯粹的民间草根机构的联盟，它背后没有任何资源的支持，而壹基金联合救灾的话，是因为有壹基金在后面做推动，包括资源、人力、行动、方法、传播等等。所以这就是一个成（功）了一个没成（功）的最大区别。
>
> ——SOAGZ01

其实,制约它(联合救援)发展的,我觉得资源是一个很大的问题。还有一个就是资源不能统筹,也是个大问题。这就跟后面壹基金联合救灾形成一个鲜明的对比。

——SOAYN01

(2) 联盟的正式形成:从"壹基金西南凝冻灾害联合救灾委员会"到"联合救灾"

"联合救灾"正式形成过程可以分为三个阶段:第一阶段为2011年应对西南片区凝冻灾害期间,壹基金与云南、贵州、广西、湖南四个省的四家社会组织合作共同应对凝冻灾害,为了方便项目的协调,壹基金与四家机构成立"壹基金西南凝冻灾害联合救灾委员会",此时可以看做是"联合救灾"的正式雏形,此委员会目的是为壹基金凝冻灾害应对项目进行跨省合作,在联盟职能上具有一定的单一性。第二阶段为2011年末到2012年初应对西南片区旱灾期间,壹基金组织召开了西南片区旱灾应对的项目总结会,会议中就针对西南地区常发灾害的联合应对进行讨论,并在会议之后将原来的"壹基金西南凝冻灾害联合救灾委员"会更名为"壹基金西南联合救灾委员会",此时联盟的成员单位由原来的4个省扩展为6个省,联盟的职能也由原先单一的凝冻灾害应对发展为包括凝冻、旱灾等在内的常见中小型灾害的应对。第三阶段为2013年壹基金战略调整之后,对于深圳壹基金公益基金会本身来说,其战略中将原有的"救灾、儿童以及公益组织支持"等三大战略方向进行调整为以救灾作为唯一的核心业务领域,也在一定程度上对联盟的发展起到了重要的推动作用。在此之后壹基金将工作的重点放到支持各省联盟的建立与发展,成员机构有6个省发展为11个省,此时联盟的职能也在原来各省乃至全国的中小型灾害应对的基础上增加了扶持各地社会组织发展及相关能力建设的内容,同时将联盟的名字由"壹基金西南联合救灾委员会"正式更名为"壹基金联合救灾"(联盟)。

表 5-2 壹基金联合救灾(联盟)发展过程一览

发展阶段	时间	联盟名称	成员单位	联盟职能
第一阶段	2011	壹基金西南凝冻灾害联合救灾委员	西南片区4个省	西南地区凝冻灾害联合应对
第二阶段	2012	壹基金西南联合救灾委员会	西南片区6个省	西南地区常见中小型灾害应对
第三阶段	2013	联合救灾(联盟)	全国11个省	全国中小型灾害应对;社会组织能力建设

资料来源:本表根据笔者研究团队开展的实地调研和壹基金提供资料综合整理。

> 就联盟这个概念,之前好像是比较空,因为没有一个具体的思路……总感觉这个平台比较空,大概就是说缺少这个平台实际的一个行动力,另外一个估计是缺少这种初期的支持,所以壹基金对我们联盟的成立应该说有一个很重要的推动作用。
>
> ——SOAGS01

“联合救灾”在逐步成立和发展的过程中,对各省原先联盟的发展和运行甚至是转型都起到了推波助澜的作用。从以上陕西、甘肃和湖南地区的联盟总协调人的表述可以看出,这三个省在成立“联合救灾”之前都曾有自己本地区的联盟,且全部由当地社会组织自愿发起成立,但是其联盟成员对联盟的发展规划框架和治理都处于空白阶段。壹基金的加入,或者说这个“由壹基金主导,社会组织参与”的联盟成立使得这些原有的联盟在不同程度上有了新的发展。

与之前的“联合救援”不同,在“联合救灾”中,壹基金自身在联盟中处于核心的地位,不仅对联盟提供直接的资源支持,还负责引导联盟的运行规则。虽然各省的联盟都由当地的协调机构负责运行和管理,但是对壹基金所提供的资源有很强的依赖性。这里的资源既包括联盟成立和运行的基本费用支持、项目支持等直接性资源,也包括管理结构、能力培训、品牌共享等间接性资源,而壹基金投入的这些资源也成为各地区社会组织加入联盟的主要动因之一。

5. 联合救灾联盟形成动机因素探究

究竟是什么因素在推动社会组织的联盟？一方面肯定是外部的社会环境发生着积极的变化，各种形式的社会组织也得到了前所未有的快速发展和繁荣[①]，随着社会组织尤其是完全由民间人士自发成立并自主开展活动的“自上而下”的草根社会组织数量、类型、活动领域的扩大，组织之间的交流与合作的需求也日益广泛，社会组织之间倾向于从最初一家组织孤立无援、奔走相告到多家机构联合行动。[②] 另一方面，以新媒体为代表的信息技术的发展和普及也对社会组织领域产生了重大影响。[③] 从汶川地震发生的2008年到芦山地震发生的2013年，短短五年时间中国智能手机用户增长了10倍[④]，自媒体时代的来临大大改变了人们的行为方式，也对原有的社会关系产生了极大的冲击。在汶川地震期间，中国还没有出现微博、微信等自媒体工具，受众与社会组织获取信息的方式主要是通过官方媒体，尽管亲临前线的社会组织和志愿者能够了解灾区的需求信息，但也仅限于各自的小圈子内流动，基本上信息以碎片化的形式存在[⑤]。到了芦山地震期间，以微信为代表的应对群落（成都公益圈、环保雅安、雅安灾情分享交流会等微信群）则对社会组织的灾害应对起到了至关重要的作用。在调研访谈中，受访者多次提及“信息平台”，一方面，在联盟的集体行动中，各个成员机构通过QQ群、微信朋友圈等新媒体进行与行动相关的信息分享，如灾害信息、灾损信息、灾后需求信息等；另一方面，在非集体行动中，各个机构可以通过这些新媒体保持常态下的沟通及实时的信息分享。

在这些外部的环境因素之外，什么是灾害应对中社会组织联盟的内在动机因素呢？首先，我们需要对“联合救灾”成员机构情况有

---

① 刘求实、王名：《改革开放以来我国民间组织的发展及其社会基础》，《公共行政评论》2009年3期。

② 徐宇珊：《中国草根组织发展的几大趋势》，《学会》2008年第1期。

③ 王名：《走向公民社会——我国社会组织发展的历史及趋势》，《吉林大学社会科学学报》2009年第3期。

④ 张强、陆奇斌：《芦山重建是面镜子》，《中国改革》2013年第7期。

⑤ 同上。

所了解。根据问卷调查的情况来看，联合救灾联盟中有相当一部分成员机构没有正式注册，占47.62%；如图5-6所示，成员中专门从事救灾业务的机构比例较少，仅为14.9%，大部分集中在教学（助学）、环保、社区服务等业务领域；工作地理区域为属地性服务，大部分服务于机构所在省或市/县。大部分机构负责人年收入偏低，1~5万元占70%，甚至还有部分负责人没有任何收入①，占近10%。截至2014年初，没有参与过备灾救灾方面工作的机构占比还相对较高，为36.4%。

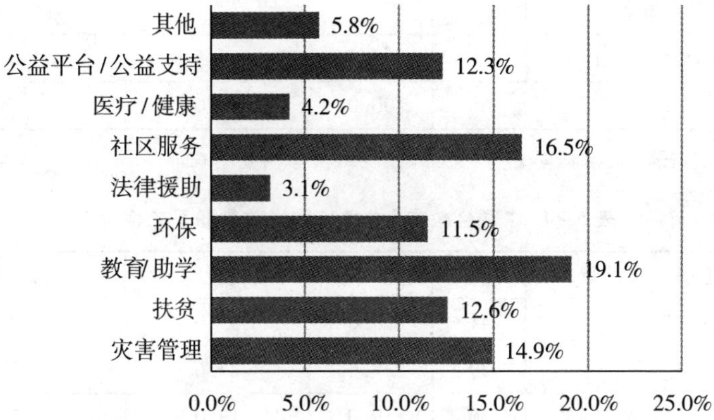

图5-6　“联合救灾”成员机构的业务情况一览

如表5-3所示，联盟成员机构运营资金规模差距较大，多达45.5%的成员机构缺乏运作资金，只有极个别的机构有超过100万的运作资金。大部分机构的执行项目数很少，甚至有13.3%的机构2013年没有项目执行。志愿者成为联合救灾成员机构的主要人力资源，长期或注册志愿者在50人以上的机构就有68%，专职人员都相对很少，甚至39%的机构没有一名全职员工。在组织治理上，缺乏专业的设置，设有理事会并发挥作用的机构仅占54%。（参见表5-4至5-6）

由此可见，“联合救灾”的成员机构仍然处于不稳定的初步发展状态，无论是资金、项目和人力资源上，还是在组织的治理能力上都

① 调查问卷中询问为被访者一年的各类收入，不仅仅限于来自公益机构的收入。

亟待建设。

表 5-3 2013 年“联合救灾”成员机构项目运作资金规模一览

运作资金规模	频率	占比/(%)	有效占比/(%)	累积占比/(%)
没有运作资金	30	45.5	45.5	45.5
10 万元以下	18	27.3	27.3	72.7
10 万—50 万元(不含 50 万)	11	16.7	16.7	89.4
50 万—100 万元(不含 100 万)	4	6.1	6.1	95.5
100 万元及以上	3	4.5	4.5	100.0
合　计	66	100.0	100.0	

资料来源:根据笔者研究团队开展的问卷调查整理。

表 5-4 “联合救灾”成员机构当前全职员工情况

全职人员状况	频率	占比/(%)	有效占比/(%)	累积占比/(%)
没有全职	41	39.0	39.0	39.0
1—2 人	29	27.6	27.6	66.7
3—5 人	20	19.0	19.0	85.7
6—10 人	6	5.7	5.7	91.4
11 人及以上	9	8.6	8.6	100.0
合　计	105	100.0	100.0	

资料来源:根据笔者研究团队开展的问卷调查整理。

表 5-5 “联合救灾”成员机构的志愿者人数统计

志愿者规模	频率	占比/(%)	有效占比/(%)	累积占比/(%)
1—10 人	11	16.7	16.7	16.7
11—50 人	10	15.2	15.2	31.8
51—100 人	15	22.7	22.7	54.5
101 人及以上	30	45.5	45.5	100.0
合　计	66	100.0	100.0	

资料来源:根据笔者研究团队开展的问卷调查整理。

表 5-6 “联合救灾”成员机构的理事会设置情况

理事会设置状况	频率	占比/(%)	有效占比/(%)	累积占比/(%)
没有理事会	30	45.5	45.5	45.5
建立了理事会,但没发挥作用	7	10.6	10.6	56.1
建立了理事会,发挥正常作用	29	43.9	43.9	100.0
合 计	66	100.0	100.0	

资料来源:根据笔者研究团队开展的问卷调查整理。

与现状相一致,联盟成员机构负责人在回答面临的挑战时,排在前三位的依次是:资金和物资的缺乏,占 32.9%;项目设计和管理能力较弱,为 20.7%;人员数量不足,为 10.5%。

根据在线问卷调查的统计分析,“联合救灾”各个联盟成员加入联盟的主要原因分别是:向其他机构学习、提高公益领域认同度、获得更多的资源(如信息、办公空间、人员、物资等)、共享资源、认识更多的伙伴。(参见图 5-7)

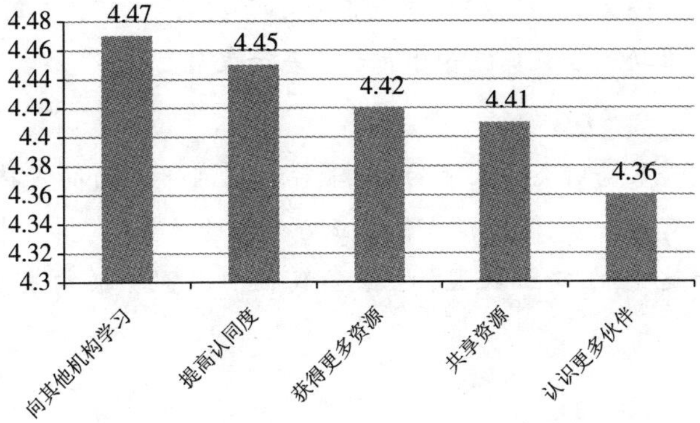

图 5-7 社会组织加入“联合救灾”的动机示意

注释:图中纵轴为受访组织对相关动机因素认可程度的打分(总分为 5 分)。

资料来源:笔者研究团队在壹基金支持下开展的问卷调查结果。

根据战略行为理论、资源依附理论以及组织学习理论等理论,我们对社会组织加入联盟的内在动机有了如下的剖析。

(1) 基于自身组织发展的战略行为选择

战略行为理论多被用于解释商业领域企业战略联盟的形成机理。① 壹基金和“联合救灾”中的社会组织,都把联盟与本身机构发展需求之间的关系作为推动联盟建设的重要原因。在“联合救灾”中,壹基金一直处于资源和能力的核心地位,但缺乏在地的第一时间响应能力;地方(草根)社会组织在灾害应对过程中有属地响应及时性的优势,但在机构规模和资源能力上有限。所以,在合作中大家各得其所。有社会组织负责人指出:“壹基金做到互利共赢,我们为它做贡献的时候,它又为我们搭建了这个平台,提升了我们的影响力,这不是共赢嘛。”壹基金的影响力和提供的包括项目支持、能力建设支持在内的资源也能在一定程度上帮助地方社会组织的发展和建设;与此同时,壹基金也由于在地社会组织的加入获取更为直接、迅捷的响应能力。

> 2011 年的新战略调整以后,灾害管理作为一个重要的领域……大的(社会)需求就是中小型灾害和减防灾工作。我们推动联合救灾就等于推动壹基金发展。
>
> ——SOAOG02

> 壹基金对公益人才的培养,对联盟网络方面的支持会更加有力一些,所以说我们就正好依托壹基金的支持,建立云南这边的本土联盟,也符合我们自己的(机构发展)需求。
>
> ——SOAYN01

> 听说壹基金在搞联盟,我们也想利用壹基金的资金来撬动江西的,驱动江西的公益组织,一个是救灾的发展,一个是网络的发展,所以这两个我们都一拍即合。
>
> ——SOAJX01

① 张小兰:《企业战略联盟论》,西南财经大学出版社 2008 年版。

> 壹基金组建了一个大的救灾联盟，这个救灾联盟在西南、西北有分支机构，所以它靠地方的专业团队来拓展它的力量，就是把短腿变成长腿了，腿长了，就弥补了他自身团队力量的不足，这是一个创举。所以这样的话，可以说发挥了杠杆的作用，起到四两拨千斤的效果。
>
> ——SOAGS01

(2) 基于资源依附的现实选择

在商业联盟的研究领域，联盟被认为是其组织成员获得外部资源和提升能力的重要载体。作为缺乏发展资源的在地社会组织通过加入壹基金联合救灾实现了在品牌、政府协同、信息获取等多方面的资源拓展。

① 借力壹基金的品牌优势增强自身机构的社会影响力。在联盟建设中，壹基金一直以来都具有很大的社会影响力，使得其成为同类型社会组织中的优质品牌，也使得“共享”壹基金品牌资源成为其他社会组织愿意加入壹基金联合救灾(联盟)的重要原因之一。访谈中 12 个省级联盟中 5 个省的总协调机构负责人都对壹基金的品牌影响力表示出强烈的认同。

> 我跟壹基金的合作，这对于我扩展资源来说是一个契机，会扩大我的影响力……因为壹基金可能带来品牌的附加值，在当地会让媒体去传播，然后很多人去知晓这个事情，了解这个组织，变成它的志愿者，变成它的捐赠人……事实证明，很多地州的组织就是借助这个，使它在当地脱颖而出发展起来的。
>
> ——SOAGZ01

> 主要是壹基金这个品牌其实真的很大，你看我们凉山很多边远地方、很多人都知道壹基金，都知道壹基金是个很不错的机构，所以说用壹基金的品牌和壹基金一起做事，其实也能够很好地去拓展政府关系、企业关系、媒体关系，省了很多力，我觉得这是最重要的一点。
>
> ——SOACN01

在这种借力过程中,影响的不仅是社会公众,还有效地撬动政府资源乃至政策资源。正如前文中对社会组织联盟的研究中提到的"获取政府资金是社会组织形成联盟的重要原因之一",各个省级联盟总协调机构的负责人在提及利用壹基金品牌资源的过程中也强调,利用其品牌影响力可以帮助他们获得政府的信任和支持。

> (救灾的时候)政府对好多机构都有限制,但唯独对我们救灾联盟网开一面,觉得这个(壹基金)是国内有影响力的机构。另外一个就是觉得我们这样的组织在管理上是非常有序的。
>
> ——SOAGS01

> 我在想,我们可以把联合救灾这个成果写成一个报告,社会组织参与救灾,就分别向甘肃省委、省政府用专题报告的形式作报告,另外向民政部也作报告,讲我们救灾联盟这个模式,希望可以纳入政府民政系统有序地管理。
>
> ——SOAGS01

② 依托联盟网络社会组织实现了有效的信息共享。不论是商业领域还是社会组织领域,信息资源都作为其机构运行的重要基础要素之一,尤其对于灾害应对领域的社会组织来说,更是如此。从某种意义上来说,联盟信息的的共享更多的是对信息资源的整合。当然,信息的共享需要有平台,平台的建设需要一定资源投入,这也和壹基金前期投入联盟筹备的直接资金有密切的联系。

> 联盟就是一个网络,因为之前没有资金支持,我们自己也不可能分出那么多精力来做这个网络。现在有壹基金的支持,才能够有人来做这个网络,才能有联盟,才能信息共享。
>
> ——SOAYN01

> 信息最重要。因为我们发现社会组织在灾害面前,如果是独自来做的话,会信息不够,资源也不能共享。所以如果有这样一个平台的话,能够使大家信息共享,(促进)资

源的共享，这样对救灾也会有好处。

——SOACB01

(3) 基于未来的组织学习行为

组织间的互相学习是通过联盟获得资源和能力的有效手段。企业通过联盟获得对有自己有用的资源，并通过组织间学习的方式对资源进行有效的吸收，最终使得其核心能力得到不断的提升。这一因素对于社会组织来说也同样存在。访谈过程中，受访者并不否认他们选择加入联盟是希望在彼此合作中开展组织学习，以获取自己急需的外部知识，最终提升自己机构的治理能力和专业能力。

从本地来说的话，重庆（社会组织发展）是起步比较晚……通过壹基金对项目的标准，我们一些草根组织，特别是一些起步比较晚的公益组织，在规范化项目运作，在标准化地做一些项目的各方面能够得到很大的一个提升。通过执行项目过程中，（也）带动我们组织自治的内部管理。

——SOACQ01

社会组织的一个通病。大家都希望行动、创意一些东西，但是大家都没有有效的总结。和壹基金合作，他们这方面要求很多，就当是正好学习一下项目能力。

——SOAHN01

在没有这个联盟的时候，好多组织很分散，怎么去做救灾、如何去做，可能就是经验不足，好多就是凭着一时的兴趣，没有人去引导。但是有了救灾联盟以后，我们把它制度化，不仅有组织建设，而且有制度建设，这样以后机构之间就能互相学习，甚至在救灾的时候就有人去指导他。

——SOAGS01

综上所述，如图 5-8 所示，“联合救灾”的形成，不仅是社会组织自身发展的战略选择行为，也是基于资源依附的现实选择，更是面向未来的组织学习行为。

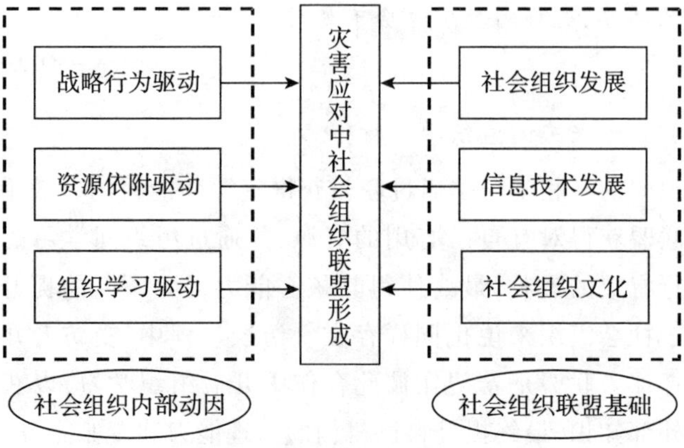

图 5-8　灾害应对中的社会组织联盟形成因素分析

资料来源：许琪：《灾害应对中社会组织联盟形成因素探究——以壹基金联合救灾（联盟）为例》，北京师范大学硕士研究生论文，2014 年 6 月。

6. 壹基金联合救灾联盟的成效

"联合救灾"的实施，不仅极大推进了中国灾害应对的社会化，完善了中小灾害的区域化应对网络，有效提升了社会组织的灾害应对能力，而且创新了社会组织网络协作机制，建立了地方政府、企业及社会组织多主体参与的平台，促进了草根组织生态系统的优化。在行动中，既通过各省联合救灾网络的广泛直接参与推进了壹基金的品牌化建设，也促进地方草根组织生态系统的完善。具体上，壹基金联合救灾项目在实施中探索了以下经验：

（1）以专业化、标准化、网络化有效助推灾害应对的社会化进程

中国灾害管理体系一直以政府为主导，社会参与力度和体系亟待完善。壹基金联合救灾项目的实施，以应对能力的专业化、应对流程的标准化、应对组织的网络化来助推灾害应对的社会化进程。各省的壹基金联合救灾网络建设中，不仅提升参与组织专业应对的能力，也在采取联合救灾行动时无不建立起一套专业的 SOP 流程及标准行动程序。不论是常规行动还是中小型灾害的应急响应，各个省级网络都建立了一套从项目申请、项目执行到项目管理的全套流程，快速提升了地方社会组织从灾害应对到常态机构项目运行的专业能力，以提升整体社会组织专业化水平。项目通过联盟加强了地方网

络建设,实现快速的研判和资源筹集。在中小型灾害发生后,由灾害发生地的联合救灾网络内成员机构负责具体灾情信息,包括大致受灾范围、程度、受灾群众需求等信息,并将信息上报给省级网络协调人,共同完成项目申请书提交给壹基金,待壹基金对基本信息进行初步研判后,决定其响应模式,由壹基金直接响应或者由壹基金支持受灾地区联合救灾网络进行应急响应。同时,联盟可使用壹基金联合救灾的品牌在当地进行应急资源的筹集。整个过程完全以国家应急管理的属地管理原则为基础,并充分体现了社会应对的时效性和效率性。

(2) 以中小灾害应对为中心构建全过程、区域性联动的灾害应对机制

经过战略转型的壹基金已经将救灾作为整个机构的核心任务,在壹基金联合救灾项目的开展过程中,除了有壹基金主导的常态灾害应对行动,如“壹基金温暖包”,还有由灾害发生地社会组织主导的中小型灾害应急响应行动,从简单的属地应对实现区域性跨省联动。两种模式双管齐下,构建了具有壹基金特色的全过程、跨区域联动的灾害应对机制。这一机制的建立不仅实现了“市场补缝”效应,解决中小型灾害社会应对的“社会关注度不够,社会动员难度大”难题,有效弥补政府应对能力的不足,而且由传统的是以单次灾害行动为主的相应模式转化为“常规行动与应急响应”结合的全过程、区域性联动的灾害管理机制建设。

区域性联动一方面集中人力物力应对较为严重的灾情,另一方面弥补了当地公益组织能力不足或人员精力有限的问题。最早出现跨区域的联合救灾行动是2012年2月13日,湖南怀化通道独坡乡新丰村、骆团村火灾。火灾发生后,湖南联合救灾网络在第一时间采取了行动,首先是让受灾地区的成员组织进行灾情调查,将灾情信息及受灾群众的需求信息上报给湖南省协调人,并开始着手与社会资源的募集,省级网络协调机构则着手撰写项目计划书提交给壹基金,同时负责相关物资的调度和筹集。但是当时湖南尚未建立备灾仓库,物资不足使得湖南本地联合救灾网络的行动显得捉襟见肘。通

过和壹基金联合救灾项目组沟通，并对现实情况进行研判后决定采取由广西柳州运输物资到怀化，同时请贵州贵阳地区提供救援人员进入灾区进行救援，以此实现壹基金联合救灾的第一次跨区域联合救灾行动。之后，在凝冻灾害救援中，壹基金联合救灾共开展联动响应灾害救援4次，分别由贵州伙伴前往湖南和广西协助开展救援；在旱灾中，联动响应救灾1次，由四川和贵州的伙伴深入云南旱灾灾区，协助开展救援；在洪灾救援中，贵州伙伴、广西伙伴前往云南协助开展救援，陕西伙伴前往湖北救援；尤其是彝良地震发生以后，壹基金救援联盟、云南益行工作组及云南志愿者救灾联盟第一时间到达灾区，成为最早到达灾区的社会组织，并调动贵州、湖南、陕西、四川备灾仓库物资和人员前往彝良进行支援。

(3) 强化全过程的伙伴参与，催化网络协同创新机制

“联合救灾”最重要的常规行动即为向受灾地区的儿童发放标准化的救灾物资——“壹基金温暖包”，旨在为不同灾害类型的受灾儿童提供基础物资，以满足儿童在生活、学习与卫生健康和心理支持等方面的需求。整个行动从最开始的受益人群的确定、行动的方式、运行的模式到物资的具体设计，乃至“温暖包”的名称都源于壹基金联合救灾网络最初筹备会议中和云南、广西、湖南、贵州等地合作伙伴的全过程参与性的研究与探讨，整个过程充分促进了网络内部的协同与创新，提升了公益链的完整性，形成服务完整递送和反馈链条，强化服务为本。

(4) “从伙计到伙伴”，创新基金会和其他社会组织的合作模式

在传统的基金会与其他社会组织合作中，基金会更多是站在上游出资方的角度，为其他社会组织提供相应的资源；而在“联合救灾”中，壹基金不仅仅是站在出资方的角度，把建立具有行动能力的行动网络作为最重要的目标之一，一直秉承“以行动促发展”的项目理念，强调建立“资源共享，利益共担”的合作伙伴关系，希望通过具体的灾害应对行动提升合作伙伴的应对能力，并辅之以包括培训等形式在内的能力建设。在整个行动过程中，从项目设计到执行到管理都与合作伙伴进行了充分的沟通，合作伙伴们称这是“从伙计到伙伴”的

转变。与此同时，各个行动网络在执行壹基金联合救灾项目过程中注重品牌标识的使用与宣传，这也在无形中强化了壹基金整体的品牌形象。

(5) 助人自助，以自治性联盟形式(合作)促进地方社会组织发展

"联合救灾"旨在以灾害管理为抓手，建立各省/区域内生性的、具有行动力的地方行动网络。在网络形成过程中，强调联盟构建基于地方自治(如图5-9所示)，协调人的产生基于自治，使得各个行动网络具备独立且完善的治理结构，同时，"联合救灾"在灾害联合应对中，网络内各个成员机构各司其职各显其能，注重保持参与社会组织类型及业务领域的多样性，也正符合壹基金"让专业的机构做最专业的事"的初衷。这一模式在实际行动过程中还有效地促进了地方社会组织的发展，并使得一些原先没有注册的机构逐步具备注册机构的能力，更有甚者，以安徽网络及川南网络为例，将当地社会组织孵化定位为网络的使命任务之一。安徽省网络的负责机构安徽绿满江淮环境咨询中心，其业务领域主要为环保，其加入壹基金联合救灾网络的原因，则为促进当地社会组织发展，并将孵化培育当地社会组织作为安徽网络的重要任务与职责之一。

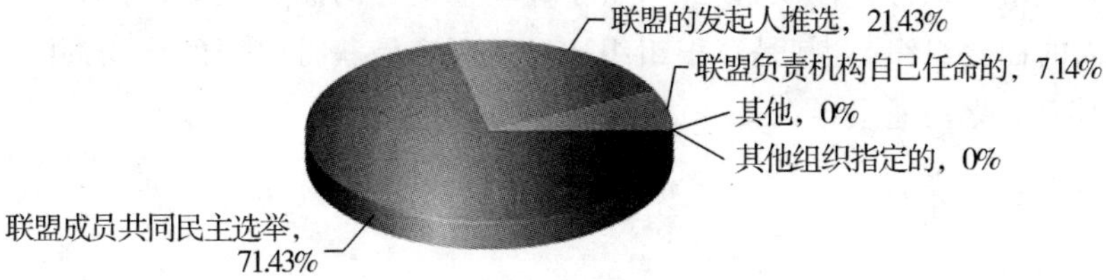

图5-9　联盟网络负责机构推选方式

资料来源：笔者研究团队在壹基金支持下开展的问卷调查结果。

(6) 搭建多主体参与的合作平台，优化地方社会组织发展的生态环境

"联合救灾"各个省级/区域行动网络的建成也为当地有效搭建了一个社会组织(国内外)、地方政府、企业以及志愿者等多元参与的合作平台。例如甘肃网络在岷县地震灾害应对中的表现，不仅获得

了地方政府的认可，也在之后的常规项目执行过程中获得了企业的更多的支持与赞助。另外，从 2011 年至 2013 年参与“联合救灾”的机构及志愿者数量统计来看（如图 5－10 所示），“联合救灾”为社会组织及志愿者参与灾害应对提供了一个开放的平台，并在这三年的行动过程中获得了较高的认可度，使得参与机构及志愿者数量呈现不断上升的趋势。

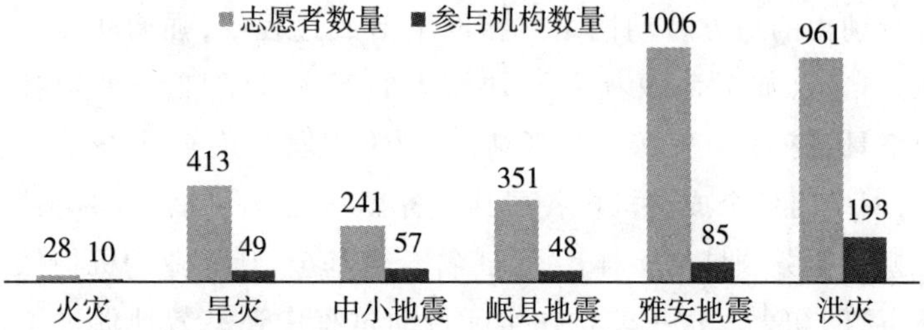

图 5－10　参与壹基金联合救灾项目的机构及志愿者数量统计

资料来源：笔者研究团队在壹基金支持下开展的问卷调查结果。

这一平台不仅促进资源交互与使用效率，实现了社会组织（包括草根机构）和政府的资源对接，初创了政—社合作通道，增强了彼此互信，从而优化了现有地方社会组织特别是草根组织生态环境。在访谈过程中，不少省级/区域网络协调人表示，在成立壹基金联合救灾网络并执行具体项目之后，由于壹基金良好的品牌效应，行动网络内的社会组织，尤其是草根组织比以往更容易获得政府的信任，并于政府建立沟通渠道。

四、小结

灾害用惨痛的代价打开了一个跨越式发展的“机会窗口”，社会组织参与灾害应对的体系呈现出政社合作制度化、社会组织应对进一步网络化、专业化、信息化、社会化等特点。要实现长期的制度创新，还有待于治理变革中的政府、资本化竞争的市场及发展中的公民社会相互博弈的互动过程。① 为此，展望未来，我们还需要在以下主

① 张强、胡雅萌、陆奇斌：《中国社会创新的阶段性特征——基于“政府—市场—社会”三元框架的实证分析》，《经济社会体制比较》2013 年第 4 期，第 125—136 页。

要方面继续探寻。

(1) 在公共政策体系上，完善灾害应对中社会参与制度设计，并力争通过社会服务购买等渠道，建构常态下的政府、企业、社会三部门的灾害治理格局

立足从汶川到芦山地震的应对经验，国家应急管理部门要充分总结完善近年来社会组织和志愿者参与灾害应对的经验和教训，尽快修订"国家突发事件总体应急预案"、自然灾害相关国家专项应急预案以及各级政府、各部门相关应急预案体系，明确社会力量参与灾害救援的机制，将本地社区、企业和社会组织纳入到地区防减灾等全过程工作中。值得强调的是，灾害风险管理工作中不仅要有科学的硬性指标，更要有软性的社会指标体系，即基于社区的群众满意度和公共服务可持续性为导向的评估体系。注重充分考虑受灾群众需求的参与式评估，基于参与式重建规划的需要，有重点地促进各领域(如教育、社区等)社会组织的发展。当前，国务院颁布了《关于政府向社会力量购买服务的意见》①(国办发〔2013〕96 号)，社会组织管理制度改革上升为党和国家重大任务部署，相关改革配套政策制定和法规修订取得重大进展，有 25 个省份直接登记了 19000 多个社会组织，政府向社会力量购买服务制度已经建立，260 多万群众直接受益的中央财政支持社会组织参与社会服务项目有效实施。民政部还进一步修订《救灾捐赠款物统计制度》，积极引导社会力量有力、有序、高效参与应急救灾和灾后重建。② 为此，尽快制定相关目录，明确承接主体的资质，并建立竞争机制，分阶段引入社会组织、企业部门参与灾害风险管理工作。并以本地社区发展为主，鼓励和培育本社区的社会组织、中小企业发展，与外部企业部门和社会组织带来的有效资源实行嵌入式的互动，实现长续的社会服务功能和经济发展潜力。在这一过程中要给各方有试错的制度空间。

---

① 国务院办公厅：《关于政府向社会力量购买服务的意见》，2013 年 9 月 26 日。http://news.xinhuanet.com/fortune/2013-09/30/c_125473371.htm。

② 中华人民共和国民政部：《2013 年民政工作报告》，http://mzzt.mca.gov.cn/article/qgmzgzsphy/gzbg/。

(2) 对于社会组织而言,要加快社会组织的职业化、专业化发展

从以上的案例研究不难发现,目前参与灾害应对的社会组织发展状况基本都是出于专业化程度低、机构治理粗放、资源约束大的初级阶段。为此,社会组织的管理者和参与者们要开放视角,着眼长远,不能仅仅把灾害当做社会资源汲取的机会,而是主动定位,把参与到灾害风险管理工作作为社会发展的重要领域和长远发展空间,根据国情和现实中的灾害应对经验,深入学习相关法律、规章,主动寻找政策空间。要加深成员和志愿者对于政策、规章制度的理解,换位思考,了解政府、企业等部门的视角和风格,并在此基础上建立参与性的运作框架。可以针对性地从政府、私营部门招募人才,完善人力资源体系,并健全以理事会为核心的内部责、权、利的平衡机制①。此外,还要建立系统的社会评估体系,提供灾后损失的基线数据、对救灾应对和灾后重建过程进行监测的信息反馈,并评估救灾应对和灾后重建。通过评估社会组织在救灾应对和灾后重建的效用和效度,结合自身的竞争优势和长远目标来确立参与灾害应对的具体领域、路径以及相应的项目设计。

(3) 在推动标准化的基础上,加强进一步的网络化联盟建设

在访谈过程中有社会组织机构负责人指出,联盟形成是整个行业在"由活动变成项目,由团队变成机构"专业化进程中的必然要求。联盟不仅是可以推进自身机构的战略发展,也有利于资源拓展和组织学习。当然,如何联盟、以什么样的标准来治理都是关键性的挑战。为此,标准化的社会组织灾害应对协同体系亟待建立。

现有联合救灾的运行机制多为以救灾业务为导向的线性管理流程,强调第一时间的生产性服务递送,网络机构和具体人员的专业化、稳定性亟待加强,基于 PPP 合作的应急物资仓储及派送体系、社会组织联盟应急储备金制度等运行机制尚未充分实现标准化,这也就意味着标准化体系的建立势在必行。为此,建议在深化联盟合作

① 张强:《灾后重建:社会组织如何实现可持续发展》,《中国社会工作》2009 年 11 月上期,第 33—34 页。

机制的同时，要迅速建立社会组织联合防减灾的标准化管理体系，尽快形成各地区网络的标准化机制，完善联盟运行机制和运行文化，以"效率优先，兼顾公平"的原则处理好网络运行中的合作与冲突。不仅从救灾行动的业务流程中明确负面清单，也要建立针对各类合作伙伴强调品牌管理的应急机制。还要在此基础上，推动地区网络间互动和合作平台的多元参与。在未来联合救灾网络的建立过程中，划分依据除了考虑行政区划之外，还应该考虑同种灾害应对的亚网络的建立。另一方面将有关跨区域性应急联动机制化。

（4）在社会组织联盟的协同模式上，应借鉴台湾的社区营造经验，推进外来组织与本地力量的有机融合

台湾在长期的社区营造过程中，探索了一条行之有效的"在地长期陪伴"模式，打造了桃米生态村等成功范例，用了十多年时间就实现了一个垃圾村向台湾生态明星村的华丽转变。我们可以借鉴推进外来社会组织灾后重建"三阶段"论的经验：第一阶段就是依据社区需求，外来社会组织尽可能联合外部资源，扮演着资源转介与跨域合作的网络平台；第二阶段是在社区自主能力有所提升后，重心转为陪伴社区共同成长，助力当地社会组织孵化和人才培养，以此强化彼此的合作信任；第三阶段则是由本土社区实现自我承载相应的社会服务需求，外来组织扮演后续支持系统，与社区形成相互回馈的竞争合作模式。

第六章　社会责任：灾害治理中的企业参与

穷则独善其身，达则兼善天下。

——（战国）孟子

荒政之施，莫此为大……既已恤饥，因之以成就民利。

——（北宋）范仲淹

全球的经验都说明，企业部门不仅作为社区、地区乃至国家层面经济发展的重要基石，自身面临着在灾害的冲击风险下如何保持业务的可持续性管理、如何进行灾后重建的难题，与此同时，还要作为灾害应对的主体之一参与灾害应对的所有环节，从灾前准备、灾害响应、减灾以及灾后重建。① 公私部门合作在灾害响应、灾后重建以及抗逆力的建设中都发挥着异常重要的作用。②

企业参与救灾及灾后重建并非现代商业文明的产物，在中国儒家文化的影响下，古代的商人作为地方精英的代表之一，一直秉承

---

① Jeannette Sutton and Kathleen Tierney, *Disaster Preparedness: Concepts, Guidance, and Research*, Report prepared for the Fritz Institute Assessing Disaster Preparedness Conference Sebastopol, California, November 3 and 4, 2006. http://www.fritzinstitute.org/pdfs/whitepaper/disasterpreparedness-concepts.pdf.

② Geoffrey T. Stewart, Ramesh Kolluru, and Mark Smith, "Leveraging Public-private Partnerships to Improve Community Resilience in Times of Disaster, *International Journal of Physical Distribution & Logistics Management*, Vol. 39: 343—364, 2009.

“穷则独善其身，达则兼济天下”的儒商思想，在每次自然灾害发生时，通过“施粥”“捐银”“义仓”等方式积极参与救灾和灾后重建。明清以后，地方士绅的赈济活动越发增多，在江南地区还形成了特定的慈善团体与民间慈善组织。在地方受灾时，处于优势阶层的他们，有责任和义务协助官府组织赈济。如光绪二年在北方发生了罕见的自然灾害，波及整个华北地区。在这种境况下，无锡富商李金镛、扬州商人严作霖以及徽商胡雪岩等不仅在上海《申报》上刊发《劝捐山东赈荒启》，而且亲自前往山东青州设立江广助赈局，赈济华北灾民。历史上的“企业家”们通过这种方式，不但获得了官府认可、民意支持，实现了家业的延续，更是通过积极参与灾害应对，获得了政治资本，间接地影响国家经济与政策的宏观走向。

随着现代商业生态的演进，人类开始重新审视自身与自然灾害共生的关系。不难发现，现代商业生态与灾害关联日益密切，使得企业的参与必然要超越“捐银”“施粥”等简单的方式。企业作为市场主体，享有丰富的行业资源和专业化的人力资源，如将此类专业、高效的人力资源用于灾害应对等社会服务中，可以弥补政府和社会组织在提供公共服务方面的不足。“企业社会责任”就是企业为了应对多元化的市场挑战和社会责任而选择的解决方案，通过参与社区发展、环境保护、文化建设等，发挥企业自身的专业优势和人力优势，回馈企业的利益相关者，例如股东、员工、客户、工厂所在社区等主体，与社会共同发展①。

本章首先介绍企业参与灾害应对的若干发展动向，然后选取从汶川地震到芦山地震的应对中企业参与实例，来勾勒企业参与的视角变化，并展望未来的灾害治理框架中的企业参与定位。

一、企业参与灾害应对的新动向②

从汶川地震到芦山地震，企业和企业家的参与继续呈现规模化，

① 胡贵毅：《企业社会责任理论的基本问题研究》，上海交通大学博士学位论文，2010年。

② 有关内容也可参阅张强、陆奇斌：《灾后重建中的企业参与之道》，《21世纪经济报道》2013年10月24日。

加多宝继续了其1亿元的巨额捐赠，在壹基金的捐赠中有超过50%来自企业。除此之外，企业参与还呈现出一些新动向。

1. 企业参与出现的新动向

(1) 企业更加重视灾害的社会属性

灾害具有三重属性，除了自然属性与经济属性外，灾害对人类社会功能的破坏这种根植于社会结构中的社会属性也日益得到企业的重视。以往企业参与灾后重建大都只愿意捐硬件，比如指定善款用于盖学校、医院等，很少愿意捐软性的社会服务。现在企业逐步认识到，在某种意义上，灾害也是社会现状的折射，灾害的社会冲击是原来社会结构非均衡发展导致的，与社会分化息息相关。因此，灾后重建不是简单的房屋、基础设施等硬件的建设，更重要的是社会的重建。为此，一些企业开始捐助软件建设，如对灾区群众的生计技能培训，或者明确支持在地社区社会组织建设。

(2) 企业公民意识日趋成熟

企业在灾后重建的过程中不仅仅是一个组织，其实体现的是一种企业公民行为。作为“现代企业公民”，企业已经把社会公益作为企业社会责任生态系统中的有机环节。以往，企业普遍停留在简单的捐款行为上，由于“捐钱、拿票、退税、报道”过程易于操作且门槛低，很多企业就直接捐给政府或基金会等慈善机构，很少关注善款的用途和去向。在此次芦山地震应对中，企业不仅开始关心捐款的去向和使用用途，而且结合自身企业的治理架构，寻求企业文化的提炼与展示；不仅企业的社会责任部门参与，而且注重带动全体员工参与；不仅结合自身核心业务能力帮助灾区，而且强调联合供应链伙伴共同参与。

(3) 灾害应对成为企业重塑的机遇窗口

除了提升的品牌美誉度、用户忠诚度等常态情况下企业履行社会责任所能获得的回馈外，还具有以下三个方面的显著机遇。

① 推动创新。灾害对企业日常业务形成的非常态化压力，迫使企业通过技术创新、流程创新、业务创新实现企业的应灾能力，其实促进了企业更多竞争优势的树立。如某通讯企业，地震前其业务本

身就在灾区，地震后该企业不断优化灾难救助的流程，实现灾难应对快速响应、应灾备件备品的准备、设备小型化便携性设计、传播媒介微波化，使得该企业整体能力有了一个质的飞跃。

② 培育员工志愿精神，提升员工忠诚度。企业在捐款时，也号召员工捐款，甚至员工投入多少企业一比一配套投入多少，激发员工的志愿服务精神。在灾后重建阶段，将员工的志愿服务纳入灾后重建项目中，实现了企业品牌推广、团队融合、企业文化建设等多方面提升，也极大地提高了员工的组织归属感，提升了员工的忠诚度。

③ 经济发展机遇。灾害经济学中早有破窗理论之说，认为灾后重建既是一个恢复过程，也是一次要素重新聚合的发展机遇。灾害对经济社会造成短暂的中断，将对政府资金投向、产业结构、人力、物流、资本等生产要素产生影响。在某种意义上说，一个灾后重建从经济面上来看是一个产业恢复的过程，也是产业重振的机会。

(4) 企业与政府、社会的跨界合作进一步深化

此次芦山地震呈现出一个新的方向是企业与政府、社会组织之间的跨界合作与相互融合，这种合作与融合是建立在“术业有专攻”的前提上。企业愿意将赈灾款项投向具有灾害应对经验和专业能力的基金会等社会组织，并将企业的物流网络、应灾产品、专业技术等方面的核心能力投入救灾与灾后重建过程中，配合并参与政府和社会组织的灾后重建工作，实现对灾区群众需求的满足。在这个合作过程中，迸发了类似 20 世纪 70 年代末 80 年代初“新公共管理运动”，推动了企业核心能力向社会组织、政府传输的融合过程。

2. 在出现上述值得欢欣鼓舞的方向的同时，也存在企业必须正视的挑战

(1) 企业应尊重灾区当地需求

不可否认，仍然会有部分企业急功近利，将参与灾后重建当作一个企业品牌秀的舞台，出发点是考虑企业自身的需求。换句话说，是这些企业需要灾区，而不是灾区需要这些企业。因此，企业参与灾后援建不能忽视当地实际需求，并要打破了以往一次性捐助的局限性，应对灾区现有资源和需求进行评估，结合企业特性和运营现状以决

定灾后重建的参与方式。通过与基金会、民非等社会组织合作，按当地居民需求提供诸如自主经营的项目，进而从根本上促进区域经济的可持续发展。

(2) 企业参与灾后重建应制订计划，更应重视绩效评估

以往企业捐款过程中甚少全面了解资金的使用去向和长期效果，这不但有悖企业运作原则，也是社会资源的极大浪费。企业参与灾后重建应制订相应的资金使用计划，确定拟达到的效果，并要对灾后重建效果进行评估。

(3) 企业参与灾区重建应建立多元的公私伙伴关系

企业的参与不仅需要和当地政府之间建立伙伴关系，还要注重和基金会、社会组织之间深化战略合作关系。很多专业的社会组织在需求调研、灾害救助、心理抚慰、社区融合与重建，特别是社区个性化的需求满足和长期陪伴上具有企业缺乏的专业优势，因此，企业应更多地关注和支持这些社会组织在灾后重建过程的工作，形成有效的伙伴关系。

(4) 企业应关注可持续发展

一是要注重灾区的可持续发展。在充分尊重当地市场规律和资源现状的前提下，为当地提供“助人自助型”项目支持，帮助灾区实现可持续经济发展，如帮助居民实现持续性的经济创收，充分给予灾民在项目经营的自主性，以此激发当地经济的自我造血功能的活性，而不是短暂的经济输血。二是要关注企业自身的可持续发展。有些企业因为捐款过度或虚假捐款，影响日常经营甚至一蹶不振。因此，企业参与灾后重建应量力而行，将灾后重建过程变成锤炼企业自身核心能力成长的过程，而不应因小失大。

(5) 要推动社会创新，实现企业社会价值

目前企业参与灾后重建，还存在信息不对称、资源碎片化、参与过场化、个体分散化等亟待改进的现象，这不但是企业在参与灾后重建暴露出的问题，也是在常态商业环境上需要改进的方面。灾害应对为社会创新提供了许多常态社会下无法打开的机会窗口，因此企

业在灾后重建过程中可以走得更加深入一些，以灾害应对为契机，推动诸如政府、社会、企业之间的深度协同，将各自利益诉求统一到创造更大社会价值的共同目标上来。

当然，这些需要的不仅是企业能力的展现，更为重要的是企业家精神的发挥。企业家精神意味着敢于承担风险、勇于推动创新，此次芦山地震让我们看到了企业家精神觉醒，很多企业不断突破参与救灾与灾后重建的方式和途径。中国的文明史也是一部不断与灾难抗争的历史，任何一场灾难的降临都离不开企业家的担当，这也是企业家对人类文明进化方向的必然担当。相信通过贯穿灾害与常态社会的政府、企业、社会协同平台的搭建，中国的社会发展将会有个质的飞跃。

二、"创新，催化，共享价值"：英特尔公司案例

英特尔公司成立于 1968 年，是计算技术创新领域的领先厂商，1985 年进入中国，截至 2012 年底，英特尔（中国）有限公司设立了 17 个附属公司和办事处，员工人数达 8361 人。[①] 作为全球技术创新领域的领导者之一，英特尔公司一直秉持着技术创新、产业协同和社会责任三大发展战略，灾害应对也成为其中践行社会责任的重要内容。[②] 在三大战略的指引下，英特尔公司的创新不只是技术创新，还包括"社会创新"——通过充分发挥其自身的技术优势，携手政府、产业界和社会组织共同合作，利用创新的技术和手段，来推动公益创新、教育创新、中小企业创新、社区创新等各种形式的社会创新，在灾害应对、老年服务、公益组织支持等一系列领域发挥出催化效应。英特尔公司在中国的企业社会责任行动起始于 1998 年，已经建立了行之有效的运行机制（参见图 6－1）。

---

① 有关英特尔公司的具体介绍，请参阅 http://www.intel.cn/content/www/cn/zh/company-overview/company-overview.html。

② 戈俊（时任英特尔中国执行董事）：《灾害应对中的企业创新》，在第二届中国公益慈善项目交流展示会－救灾研讨会上的发言，2013 年 9 月 22 日。

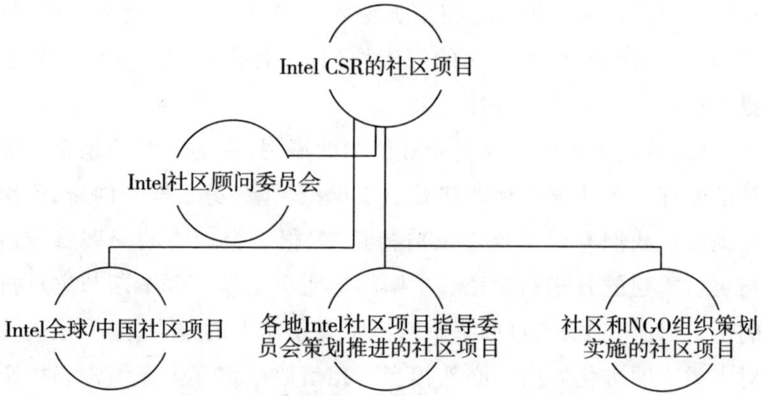

图 6-1　英特尔公司企业社会责任工作架构图

资料来源:根据笔者对英特尔公司的调研以及英特尔公司提供材料综合整理。

具体而言,从汶川到芦山地震的应对过程中,英特尔公司的参与也经历了一个发展的历程,呈现出以下特点。

1. 结合自身业务特征,以技术创新推动社会创新

> 在"汶川捐款"社会热潮之后,作为大企业,英特尔除了自己已拥有的注重长远的赈灾机制和项目之外,如何能让其辐射更广,带动新一波企业社会责任浪潮,为灾后重建做出深远贡献。"企业责任社会化"油然而生,并成为我个人以及整个英特尔公司秉持的理念。具体而说,"企业责任社会化"就是社会各方秉承一直的社会责任理念和目标,大家联手,利用各自所长实现优势互补,从而使社会责任效应最大化。
>
> ——时任英特尔中国执行董事戈俊①

2008 年汶川地震发生之后,英特尔公司总部和员工积极行动,不仅很快就捐赠了 5000 多万的现金;与此同时,也开始积极思考如何利用其技术、能力等特长来支持灾区建设。为此,英特尔公司选择

① 英特尔公司:《我们能够成就什么:2008—2009 英特尔中国企业社会责任报告》, http://www. intel. cn/content/dam/www/public/cn/zh/pdfs/corporate-2009-china-csr-report.pdf。

了其多年专注的教育领域，启动了旨在支持地震灾区学校重建和恢复工作的“英特尔 i 世界计划”。该项计划捐赠 4800 万元人民币，向 8 个受灾严重的县市学校，援助建立 200 个计算机网络教室（每间网络教室都包含如下内容：配置最新处理器的电脑和全套网络设备；配备相关教学软件和网络管理软件；引入英特尔成功实施十余年的教育项目；借助志愿者团队力量实施长期技术、服务支援和各项辅导课程；搭建基于 Web 2.0 技术的志愿者与受灾师生的交流辅导平台①）。截至 2010 年底，200 个计算机网络教室全部建成并投入使用。除了硬件的投入，还有 3000 多名来自英特尔的企业志愿者为灾区学校和社区贡献了 50000 多个小时的志愿服务，培训了超过 7000 多名教师，直接培训的学生达到 1.2 万多名，大约 20 多万名学生受益。②

这一项目的设计充分体现出与企业自身特征出发，动员自身的资金、技术、人力资源以及产业上下游企业伙伴共同协力。在动员自身员工参与时，也鼓励其在志愿服务中充分发挥专业技能，倡导用技术创新推动社会创新。2011 年，在 Intel 的倡导之下，百度、爱立信、友成基金会等多家企业和公益组织共同发起成立了 ICT 专业志愿者联盟，通过为公益组织提供能力建设培训、专业技术支持和组织发展咨询，提升公益组织信息技术的应用能力，加快公益行业专业化分工合作体系的建设，倡导和传播志愿精神。此外，还通过教育志愿者、“i 世界计划”等项目在捐赠相关硬件的同时鼓励企业志愿者进行计算机知识、英语等技能免费培训。

2. 对外着力构建生态圈，激发社会协同效用

企业的参与不仅是基于自身的行业特长进行专业化的社会服务，还可以推动政企社合作的生态系统来参与灾害应对。2013 年雅安地震之后，英特尔公司不仅第一时间向雅安社会组织和志愿者服

---

① 英特尔公司：《我们能够成就什么：2008—2009 英特尔中国企业社会责任报告》，http://www.intel.cn/content/dam/www/public/cn/zh/pdfs/corporate-2009-china-csr-report.pdf。

② 孙桂艳：《Intel 参与灾后重建经验分享》，在“4·20”社会应对圆桌系列会议之“企业如何参与灾后重建”沙龙上的专题发言，2013 年 6 月 17 日。

务中心捐赠笔记本电脑等办公用品，而且捐款1000万元与加多宝集团一起携手中国扶贫基金会启动“美丽乡村·公益同行：社会组织合作社区发展计划”。该项计划就不局限于英特尔自身的企业生态圈，而是协同当地政府、基金会搭建一个开放性平台，来支持社会组织和当地社区建构新型的社区灾后重建生态圈，以充分激活社会协同效用。

“美丽乡村·公益同行”计划在中国扶贫基金会设立“美丽乡村·公益同行”社会组织合作专项基金，基金来源于企业捐赠、社会公众捐赠、其他有共同宗旨的基金会合作基金，首期启动资金为人民币2500万元，主要支持社区项目支持、社区成长陪伴、社区人才培养、社区减防灾能力建设等类别项目。该计划发展模式如图6-2所示，旨在实现以下目标：(1)重建和提升社区可持续生计系统，完善社区公共服务系统，促进环境改善和生态发展，推动社区产生积极的、可持续的改变；(2)建立“社区为本”的社区的减防灾管理模式，提升社区的防灾减灾能力；(3)支持本地社会组织和社区人才的能力提升，扎根社区，开展专业性、持续性的工作，协助改善社区生活；(4)推动政府、社会组织和企业资源的有效衔接的灾后重建模式，并推动在其他地区应用。

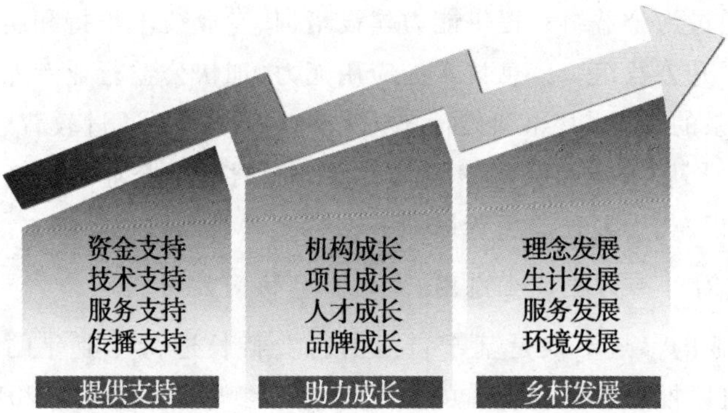

图6-2 “美丽乡村·公益同行”计划发展模式

资料来源：中国扶贫基金会提供，参见 http://www.cfpa.org.cn/project.cn?projectId=90616e0871d9453d904473f55c8e578d。

这一模式的重点是利用企业的有限资源来搭建政府、社会组织及企业共同参与的社会生态圈，动用共同的资源和力量陪伴灾区长期成长。英特尔公司负责人认为，“这个是开放的模式，是更可持续的模式。”这一模式的形成其实也是建立在英特尔公司长期以来在中国公益生态圈的探索。早在2010年初，由民政部社会福利和慈善事业促进司和英特尔（中国）有限公司共同发起主办的“芯世界”公益创新奖，该奖项旨在通过信息技术能力建设的培训和持续的专业技术志愿者服务，来提高公益组织应用信息通信技术的意识和能力，为公益组织搭建一个由政府、基金会、企业和学术研究机构的广泛合作的公益创新平台，为他们的发展提供必要的资源和支持，从而缔造更蓬勃的社会公益链。英特尔通过三大公益项目搭建公益创新平台，催化公益创新生态圈：“芯世界”公益创新计划、云公益平台和社会创新中心。①

3. 对内注重志愿服务体系建设，完善企业组织文化

英特尔公司在推动一系列的灾害应对参与工作中，特别重视带动自身企业志愿者参与。近年来企业志愿服务的历史发展和员工参与比例大致如图6-3及6-4所示。

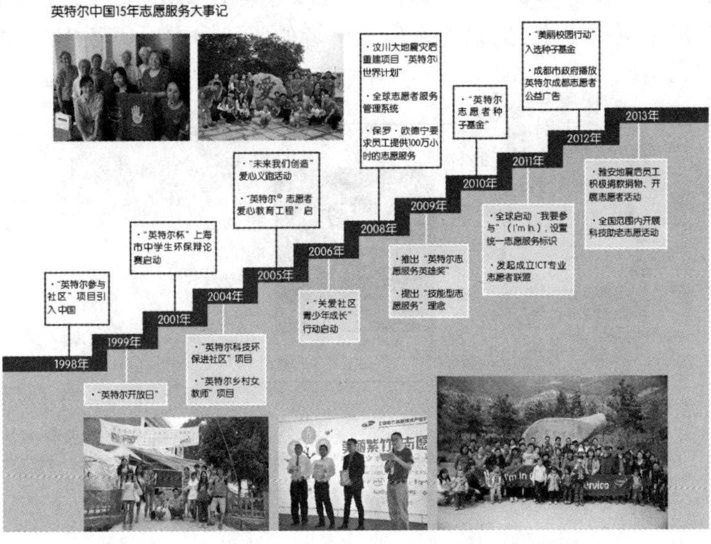

图6-3　英特尔中国公司十五年来志愿服务大事记

资料来源：笔者根据调研对象提供材料以及调研情况综合。

① 有关三大公益项目的介绍，可参看英特尔公司中国官网 http://www.intel.cn 以及芯世界社会创新中心网站 http://xin.cloudnpo.org/home.php。

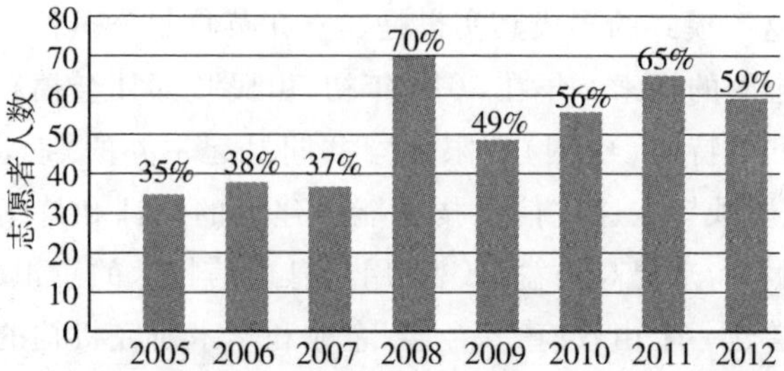

图 6-4　英特尔中国公司员工志愿者比例

资料来源：课题组根据调研对象提供材料以及调研情况综合整理。

其中特别需要介绍的是，英特尔不仅建立系统的管理系统进行企业志愿服务管理（如图 6-5 所示）①，将志愿服务融入企业文化，而且设计有效的志愿服务激励办法。该公司不仅创新性设立志愿者爱心工程，员工志愿者为学校和公益组织每服务 1 小时，Intel 基金会为其服务对象提供 5 美元的捐赠；而且从 2009 年起，就在全球员工最高成就奖中增设了“Intel 志愿服务英雄奖”，表彰为公益组织、学校作出突出贡献的员工。除此之外，还在工作场所设立了“志愿者墙”，每年更新一次，记载了每位志愿者的照片和志愿服务小时数。

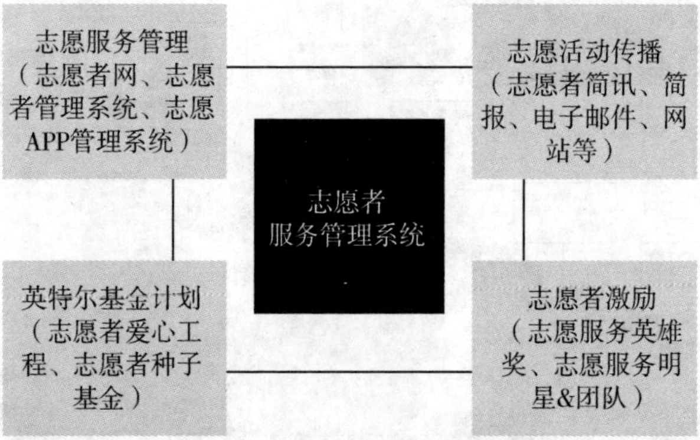

图 6-5　英特尔公司志愿服务创新系统

资料来源：笔者根据调研对象提供的材料以及调研情况综合整理。

三、巨额捐赠背后的企业慈善逻辑：加多宝集团案例

加多宝集团是一家以香港为基地的大型专业饮料生产及销售企

① 引自 Intel CSR Report 2012。

业。目前，加多宝旗下产品包括红色罐装、瓶装“加多宝”和“昆仑山天然雪山矿泉水”。1996年推出第一罐红色罐装凉茶，1999年以外资形式在中国广东省东莞市长安镇设立生产基地。目前，加多宝凉茶不仅在国内深受广大消费者喜爱，还远销东南亚和欧美国家。①加多宝受世人瞩目的原因不仅是来自作为首批中国非物质文化遗产的凉茶，还有长年斥巨资与《中国好声音》等流行文化的深度融合，更来源于“凉茶中国梦”背后的“以善促善，人人公益”的人文理念。正如有消费者表达，“我喝的不是加多宝，是一颗做公益的中国心”②。

在加多宝的公益历程中，投入资金最多的则是灾难救助和扶贫。2008年，加多宝为汶川地震捐赠善款1亿元；2010年，加多宝为玉树地震捐赠善款1.1亿元；为舟曲泥石流受灾地区捐赠善款2000万元；2012年，为云贵地震捐赠善款500万元；2013年，向芦山地震捐赠善款的1亿元……近年来，加多宝累计捐赠已超3亿元，其中在玉树、舟曲灾后援建过程中试点运营的扶贫项目已经有效地促进了灾区经济回暖升温。

> 加多宝在大额捐款方面是有传统的。大家对加多宝的了解可能是从凉茶本身，从185年前，当时是创立凉茶的配方。当时产生的背景是瘟疫流行，通过把这个配方广施于众，治好了当地的瘟疫。加多宝作为凉茶的代表，在基因当中，从骨子里就具有悬壶济世的基因。要理解加多宝亿元的捐赠背后，是需要了解这些背后的一些内容的。
>
> ——加多宝集团相关负责人2013年6月17日在“企业如何参与灾后重建”沙龙③上的专题发言

> 业界总在说，中国捐赠的市场跟国外比是倒的。企业

① 关于加多宝集团的简介来源于加多宝官方网站 http://www.jdb.cn/2013/about/qyjs.aspx。

② 杨凌云：《加多宝成功一定有道理》，《香港文汇报》2013年12月25日。http://paper.wenweipo.com/2013/12/25/zt1312250002.htm。

③ 沙龙由《21世纪经济报道》、南都公益基金会、北京师范大学社会发展与公共政策学院联合主办，是南都公益基金会、北京师范大学、成都公益组织“4·20”联合救援行动共同推出的社会应对圆桌系列会议之第6场。

(捐赠)80%,公众(捐赠)20%,国外正好相反。大家也希望增加公众捐赠比例。但我觉得这可能需要一个过程,公众现在受企业影响比较大,如果有更多的企业以组织的方式参与捐赠,对公众是很好的示范。

——中国扶贫基金会秘书长刘文奎

1. 优选社会组织伙伴,构建合作网络

加多宝集团在参与灾害应对过程中,不仅是在企业内部应该建立较为完善的灾害响应机制,迅速启动及时救助,也完善了重建过程对于捐赠项目的有效管理机制;在此基础上,更为强调“把最专业的事情交给专业的人去做”,要选择专业化的社会组织进行公益项目合作。为此,从2010年玉树地震到之后的舟曲泥石流、2012年云南彝良地震,再到2013年的芦山地震,所有的赈灾项目都选择与中国扶贫基金会进行合作。即便是在非赈灾的公益项目中,加多宝也注重优选合作伙伴,例如已经做了14年的专门捐助高考贫困毕业生的“加多宝·学子情”公益助学项目,选择专注于青少年发展的中国青少年发展基金会合作。

2. 注重灾区需求,创新建设型扶贫模式

在参与灾害应对的过程中,加多宝集团一直很注重项目设计要以灾区真实的需求为主,强调企业的参与“不能凌驾于当地需求之上并立足于当地现有的资源”。所以在2013年芦山地震发生后,加多宝集团不仅在第一时间送去了加多宝凉茶和用水,也同时和中国扶贫基金会共同启动了灾后的评估。从2008年的汶川地震亿元捐赠到之后持续大灾的捐赠,加多宝和中国扶贫基金会等合作伙伴一起逐步摸索出一个“建设型扶贫”模式。在玉树、舟曲的灾后重建中,加多宝协同有关社会组织通过提供灾后小额信贷、建立蔬菜大棚基地、援建交易市场、组建运输队等,打造成能够自我造血的市场经济循环链。它打破了以往一次性捐助的局限性,通过“合作社”等形式,为当地民众提供自主经营项目,帮助他们实现经济创收,进而从根本上促进区域经济的可持续发展。在这些项目里面,灾民可以自主地参与经营管理,且拥有股份收入,真正帮助他们实现经济创收。现在加多宝在玉树支持的多个项目已经发挥了经济效益，为当地的农民带来了经济创收，以玉树甘达村运输车队为例，从 2010 年 3 月正式运营，到 2014 年运输车队已经累计实现了 375 万余元，纯利近 300 万。这不仅帮助了灾民脱贫，也在一定程度上支撑了当地的经济发展。2010 年加多宝捐赠 2000 万元在舟曲设立了“舟曲县农户自立服务社”与“加多宝小额信贷种子基金”，资助舟曲灾民重建房屋，支持他们尽快恢复产业、增加收入。目前加多宝小额信贷保持 100% 的还款率，惠及近千人，推动了舟曲当地的经济发展。2012 年受甘肃省政府邀请，加多宝“小额信贷”项目还入驻甘肃景泰县、康乐县两个地区开展试点工作。

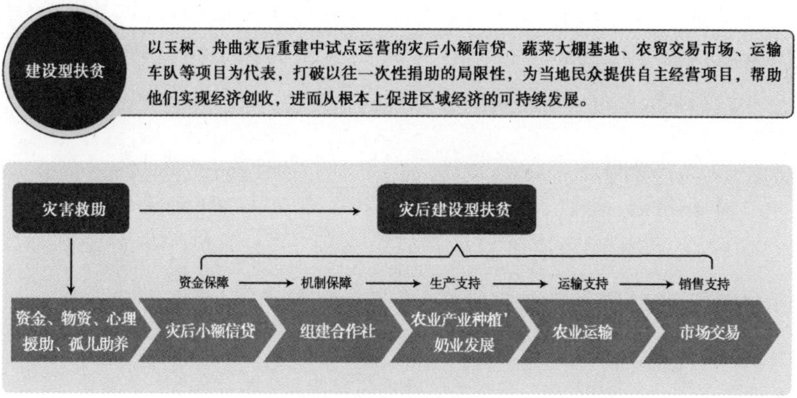

图 6-6　加多宝集团参与灾害应对业务流程示意

资料来源：加多宝集团：《加多宝公益白皮书》，2013 年 5 月 7 日发布。http://www.jdb.cn/heart/bps.aspx。

加多宝对“4·20 芦山地震”1 亿元善款的捐赠也将采用“建设型扶贫”模式。援建行动将重点放在灾民生计恢复与经济可持续发展方面，致力于帮助灾区人民创造就业机会，通过正确引导与激发，推动灾民自我发展，最终实现脱贫致富。

3. 注重内部志愿者体系建设，践行企业组织文化

企业参与灾害应对的方式不仅是公司做出的捐赠行为，还需要企业员工的志愿服务参与，才能真正实现可持续性。为此，加多宝集团除了公司捐出的亿元款项，员工也积极参与捐款。芦山震后一个

星期之内,员工就自发捐了78.2万元。加多宝更注重培育员工的公益意识,“仁爱廉洁”被视为加多宝人的核心能力之一,要求每一位加多宝人做到“怀仁爱之心,行君子之为”,也是中国第一家在企业当中引入员工月捐项目的企业(2009年开始)。

四、构建基于核心能力的三位一体网络:腾讯案例

腾讯公司成立于1998年11月,是目前中国最大的互联网综合服务提供商之一,也是中国服务用户最多的互联网企业之一。[①] 作为一家新兴的ICT企业,腾讯公司的参与模式与前述的传统快消品公司、传统的IT技术企业既有相同之处,也有所不同。相同之处在于都是基于自身企业的特质进行参与模式和渠道的设计,不同的地方是特殊的企业性质使得它在参与的组织架构上独具特色,呈现出企业、媒体和基金会的三位一体格局。

> 腾讯网是一个新媒体。同时,腾讯基金会(也)是一个社会组织,我们长期在救灾与公益活动中,和大量的基金会、公益组织结成了长期的战略合作伙伴。我们就是要发挥这样一个三位一体的优势,把企业的资源、核心能力和网络优势整合起来,形成立体救灾的模式。
>
> ——腾讯公益基金会执行秘书长窦瑞刚[②]

1. 借助腾讯公司的自身资源直接“供血”

虽然从ICT公司角度出发,腾讯一直认为自身参与灾害应对的核心能力一定不是资金,但公司的良好运营也给予企业参与灾害应对较为持续的物质保障。腾讯公司大约有2.5万名员工,根据该公司正式公布的财报显示,截至2013年底,腾讯总营收604.37亿元人民币,同比增长38%,净利润155.02亿元,同比增长22%。如此经营规模的企业为腾讯参与灾害应对提供了坚实的后盾,近年来几乎

---

① 有关腾讯公司的介绍,可参阅 http://www.tencent.com/zh-cn/。

② 此处摘引自窦瑞刚先生于2013年6月17日在“企业如何参与灾后重建”沙龙上的专题发言。

是每一次巨灾，腾讯公司都启动灾害响应机制，提供直接的资金捐助或网络筹款（见表 6-1）。

表 6-1　腾讯公司近年来灾害应对捐助情况

灾　害	捐助情况
2008 年 1 月南方雨雪冰冻灾害	捐助 50 万元紧急援助滞留旅客
2008 年 5 月四川汶川地震	携手网民开展了立体的“Web 2.0 式”救灾活动，筹集网友赈灾捐助近 2300 万元用于灾区救援和灾后重建。
2010 年 1 月海地地震	捐助 20 万美元用于救助受灾儿童。
2010 年 4 月青海玉树地震	捐助 2200 万元，并匹配百万资金向灾区提供儿童饮用水 1800 多吨。
2013 年四川芦山地震	捐助 500 万元支持紧急救援，捐助 1500 万元设立“筑援芦山基金”用于灾后重建。

资料来源：笔者根据腾讯官网公布的信息整理

2. 利用腾讯网络媒体，构建立体救援模式

腾讯不仅是一家公司，更重要的还是一个活跃的社交媒体。根据该公司财报显示，截至 2013 年底，微信及其海外版 WeChat 的合并月活跃用户达到 3.55 亿，同比增长 120.8%；QQ 的智能终端月活跃账户同比增长 74% 至 4.26 亿。腾讯网（www.qq.com）是腾讯公司推出的集新闻信息、互动社区、娱乐产品和基础服务为一体的大型综合门户网站。根据美国科技博客（Business Insider）在 2013 年年底的统计，腾讯公司推出的三大社交网络产品均入围全球最大社交网络排名。其中 QQ 空间排名第三（月度活跃用户人数为 7.12 亿人）；微信排名第十位（月度活跃用户人数为 2.36 亿人）；腾讯微博排名第十一位（月度活跃用户人数为 2.2 亿人）。[①] 在这样的综合媒体平台

① Marcelo Ballve, “Our List of the World's Largest Social Networks Shows How Video, Messages, and China are Taking Over the Social Web”, *Business Insider*, Dec. 17, 2013, http://www.businessinsider.com/the-worlds-largest-social-networks-2013-12.

上，一旦灾害发生，腾讯就能够迅速启动除了物资和资金直接捐助之外的信息响应机制，利用网络捐助平台开展网络捐款，同时利用系统化的社交媒体平台动员社会了解灾区近况，通过捐款、捐物以及其他各种形式进行关注和加油。在2008年汶川地震的应对中，腾讯第一时间迅速行动起来，紧急撤销网站首页商业广告，推迟所有新游戏公测，迅速推出QQ祈福版，让网络成为一个祝福、寻人、募款的大平台，集中所有资源，利用网络影响力和互动优势，携手亿万网民开展了立体的"Web 2.0式"救灾活动。截至2008年5月20日14时35分，网友赈灾捐助突破2300万元，数十万网友通过在线捐赠平台向灾区献爱心。腾讯公益慈善基金会也不断落实捐赠资金，最终捐赠总额超过2250万元的善款用于灾区救援和灾后重建。目前腾讯在腾讯网专门设立公益栏目(gongyi. qq. com)，并设立月捐①和乐捐②平台，将公益动员和便捷的捐赠渠道有机整合。截至2014年8月9日17:00分，历史善款总额已达204702833元，历史爱心总人次23414433人次。③

3. 依托公益基金会平台，推动参与灾害应对的社会协同

腾讯公司于2007年6月26日经国务院与民政部批准发起成立腾讯公益慈善基金会(简称腾讯基金会)。该基金会是在民政部登记注册、由民政部主管的全国性非公募基金会。该基金会致力于互联网与公益慈善事业的深度融合，通过互联网领域的技术、传播优势，缔造"人人可公益，民众齐参与"的公益2.0模式，致力推动网络公益新生态的建设："最透明的公益行为、最开放的公益伙伴、最创新的公

---

① 腾讯"月捐计划"是腾讯公益面向个人用户推出的新型网络公益方式，倡导爱心人士，通过每月小额捐款的形式，长期关注和支持公益项目。同时，腾讯旗下的财付通特推出网络首创每月从财付通账户自动捐款服务，爱心人士通过签署财付通委托扣款协议书，就可以每月定期定额向自己关注的公益项目自动捐款。月捐计划网址为：http://gongyi. qq. com/loveplan。

② 腾讯乐捐是腾讯公益推出的公益项目自主发布平台，个人实名认证用户/非公募机构/公募机构自主发起公益项目，项目通过审核后，在线公开募款，及时反馈项目执行进展、接受公众监督等公益服务。个人用户可通过该平台选择自己支持的公益项目，自主选择捐款金额进行捐款。具体参阅 http://gongyi. qq. com/loveplan/index. htm。

③ http://gongyi. qq. com。

益实践、最全面的公益资讯。”①通过基金会的设立，使得腾讯可以与其他公募、非公募基金会、社会组织建立长期的合作伙伴关系，不仅能够互相协同，建立诸如基金会救灾协调会等行业性协同平台，而且能够致力于灾后重建的长期过程，可以支持灾区本地的社区长期发展项目。

五、小结

综上所述，不难发现企业参与到灾害治理的作用，除了长期的灾后重建中的产业发展之外，还能够通过企业社会责任的渠道发挥多元化的作用。首先，可以进行直接性的捐助或服务，如以上案例中提及的直接捐款以及加多宝的提供饮用水、英特尔提供电脑设备、腾讯提供网络平台等。其次，结合企业自身核心能力提供个性化的创新服务，以技术创新推动社会创新。例如英特尔的 i 世界计划、加多宝的建设型扶贫以及腾讯公司基于社交媒体的立体救灾模式。最后，发挥杠杆作用，推动灾害应对的多部门协同机制。如英特尔和加多宝携手中国扶贫基金会推动的“美丽乡村·公益同行计划”带动社会组织与灾区社区共同致力长期发展，腾讯透过腾讯网月捐、乐捐以及基金会等平台建立与社会组织之间的有机协同关系，这都有利于实现多元治理主体之间的协同。除此之外，企业的参与还带动员工作为志愿者积极参与，这不仅保证了企业参与的可持续性，还会给企业组织文化建设产生积极的作用。需要说明的是，这里只是介绍了个别案例，难免挂一漏万，还有很多企业都积极投身灾害应对，带来了不可忽略的社会影响。

当然，作为企业参与灾害应对也面临着一系列的挑战。

(1) 如何在企业内部确立灾害应对策略

对于案例中介绍的这几家公司都基本上是管理结构较为成熟、运营规模大的国内外知名企业，它们主要是由企业社会责任部门来牵头、相关业务部门配合推动相关志愿服务，这就始终会面临定位的

① 有关腾讯公益基金会介绍，参阅 http://gongyi.qq.com/succor/index.htm。

边界挑战:企业志愿服务通常提倡发挥自身专业特长。对于大公司,如果与自身主营业务距离太近,容易有公共推广之嫌;如果距离过远,如何评估此项支出的绩效就是企业内部一个重要的议题。对于中小公司,就更需要有充分的考量,既积极参与,又量力而行。

(2) 如何解决企业和社会组织之间存在的断层

社会组织或者公益组织,直接服务社区和弱势人群,并发现能够让企业志愿者参与的机会。然而,相对于拥有相对严密的管理流程和成熟的管理能力的企业而言,社会组织在项目开发和管理水平、筹资和营销能力、服务定价能力以及财务透明度方面仍有很大的发展空间,这也造成企业和社会组织在合作关系上的不对等、不协调。这不仅需要企业与社会组织增进了解,也有待于社会组织的项目设计及运行管理能力的提升。

第七章　倡导联盟：灾害治理中的制度学习机制

> 发虑宪，求善良，足以謏闻，不足以动众。就贤体远，足以动众，未足以化民。君子如欲化民成俗，其必由学乎！
>
> ——（战国）朱子

> 致知之要，以育才为先，化民为俗，以学道为至。
>
> ——（明）朱棣

灾害能够被视为创新的机会窗口，其原因来自于灾害可以推动学习和加速规则、监管政策的变革，从而有利于应对未来的灾害。① 而且这一制度学习的机会是过去应对危机的过程中不曾出现的。② 在这样的制度学习过程中，参与、社会资本、社会网络和多部门合作都将成为重要的推动因素。特别是在规划层面中的多元参与可以确保不同利益相关者在灾害应对中的经验和教训可以被有机融合进未来的灾害防范和管理。③ 这些在不同利益相关者之间形成的社会网

---

① L. O. Naess, G. Bang, S. Eriksen, and J. Vevatne, "Institutional Adaptation to Climate Change: Flood Responses at the Municipal Level in Norway", *Global Environmental Change*, 15(2): 125—138, 2005; D. Baker, and K. Refsgaard, "Institutional Development and Scale Matching in Disaster Response Management", *Ecological Economics*, 63(2): 331—343, 2007.

② W. N. Adger, T. P. Hughes, C. Folke, S. R. Carpenter, and J. Rockström, "Social-ecological Resilience to Coastal Disasters", *Science*, 309(5737): 1036—1039, 2005.

③ Ibid.

络和有机互动不仅仅将推动知识的重构和对实践经验的修正，也将促进创新和学习能力的提升。[①] 发展的经验早已证明，对于一个简单自上而下的控制性系统，肯定不能够在灾害应对中有效实现对当地知识的利用、充分理解本地环境从而发展出有适应性的应对策略。[②] 这也意味着我们讨论灾害治理，不仅涉及主体界定和主体间互动工作制度设计，还需要形成一个良性的制度学习过程。也就意味着，不仅要推动多元主体的合作，还要在合作过程中，政府机构、社会组织、企业以及社区互相学习。[③]多部门之间的制度学习机制的匮乏也是本书在第三章讨论中提出问题的一个影响因素。正如第一章中讨论的政策行动前提是有赖于议程设置（agenda-setting）、联盟建设（coalition building）和政策学习（policy learning）三者之间的有机互动。[④] 基层灾害风险管理能力的提升以及相关政策框架并不能随着经济水平的增长简单地实现“水涨船高”，除了第三章中详细揭示的单一、僵化的传统治理结构及城镇化发展政策、政府间关系以及政社合作格局等影响因素之外，缺乏互动主体之间的制度学习也是基层灾害风险管理能力未能得到显著加强的重要教训。

如何促进灾害治理中的制度学习？通常人们都关心的视角是建设学习型组织，或者如图 7-1 所示的层次递进，从个体到团队，再到组织以及整个系统。这些讨论都是基于较为线性的结构，或者仅将制度学习相关的讨论总结为两个方面：一方面是制度学习的主体，另

---

① D. Melé, “Organizational Humanizing Cultures: Do They Generate Social Capital?”, *Journal of Business Ethics*, 45(1-2): 3—14, 2003; M. Pelling, & C. High, “Social Iearning and Adaptation to Climate Change”, *Benfield Hazard Research Centre Disaster Studies Working Paper*, 11: 1—19, 2005.

② Ban Ki-moon, “Foreword”, in UNISDR, eds., *Global Assessment Report on Disaster Risk Reduction 2013*, http://www.unisdr.org/we/inform/gar.

③ F. Berkes, “Understanding Uncertainty and Reducing Vulnerability: Lessons From Resilience Thinking”, *Natural Hazards*, 41(2): 283—295, 2007.

④ Lori S. Ashford, Rhonda R. Smith, Roger-Mark De Souza, Fariyal F. Fikree & Nancy V. Yinger, “Creating Windows of Opportunity for Policy Change: Incorporating Evidence into Decentralized Planning in Kenya”, *Bulletin of the World Health Organization*, 84: 669—672, 2006.

一方面是制度学习的对象。① 实际上，我们前面已经在协同治理的结构已经对明确的制度主体之间的参与式互动已经有所界定，此处特别需要讨论的是作为中介性的知识机构如何在这一制度学习机制建设中发挥作用。也就是说，在完善灾害治理中的制度学习机制，不仅需要强调利益相关者自身的学习型组织建设以及组织间的学习互动，还需要促进有关智库在生态体系中的作用发挥。

党的十八届三中全会《关于全面深化改革若干重大问题的决定》中提出，"加强中国特色新型智库建设，建立健全决策咨询制度"。中国特色新型智库将在全面深化改革的过程中成为推动国家治理体系和治理能力现代化进程的重要角色。当然我国存在为数众多的智库，按照传统智库的定义与分类，现有智库的组织性被过度强调，形成了一种静态、固化的观点，伴随而产生了一系列问题。本章结合汶川地震后笔者发起推动的类智库形态"汶川地震应对政策专家行动组"（Wenchuan Earthquake Taskforce）案例，对灾害状态下智库的运行规律进行探索性研究，提出具有动态性的类智库涵义，从而揭示中国特色的智库在灾害治理中的制度学习机制建设可能发挥的作用。

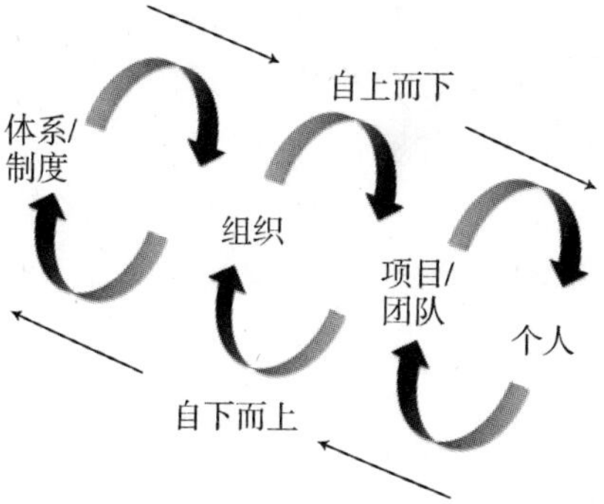

图 7－1　持续性学习的不同层面示意

资料来源：J. Watts, R. Mackay, D. Horton, A. Hall, B. Douthwaite, R. Chambers, and A. Acosta, "Institutional Learning and Change: An Introduction", *ILAC Working Paper 3*, November 2007. http://www.cgiar-ilac.org/files/publications/working_papers/ILAC_Working_Paper_No3_ILAC.pdf.

---

① 李振：《制度学习与制度变迁：新制度主义进展》，《比较政治学研究》第 4 辑，中央编译出版社 2013 年版，第 53—62 页。

一、智库的定义及讨论

智库(think tank),又称思想库、智囊团、智囊机构等,这个词最早用来描述第二次世界大战期间美国的军事人员和文职人员聚集在一起,制订战争计划和军事战略的景象。杜鲁门用这个词指代战后美国迅速发展壮大的研究性机构。现代意义上的智库于20世纪初诞生在美国,20世纪70、80年代迎来发展的高峰期,如今已遍布全球。智库数量庞大、类型多样,研究范围广泛,从传统的内政、外交、军事扩展到经济、科技、生态环境、文化教育、人口等方面。①

目前关于智库的定义,学者们众说纷纭。国外方面,《韦氏大词典》的定义为"进行跨学科研究(通常是科技、社会问题)的公司、机构或团体,也被称为思想工厂"。美国耶鲁大学学者Andrew Rich把思想库定义为"独立的、没有利益倾向的非营利性组织,它们提供专业知识或建议,并以此获得支持,影响决策过程"②。政治学教授Donald E. Abelson定义其为"由关心广泛公正政策问题的人组成的独立的、非营利性的组织"③。美国学者Paul Dickson将智库界定为:一种稳定、相对独立的政策研究机构,其研究人员运用科学的研究方法对广泛的公共政策问题进行跨学科的研究,并在与政府、企业及大众密切相关的政策问题上提出咨询建议。④ 国内方面,清华大学的薛澜教授和朱旭峰博士对智库进行长期研究,总结了近30年学者对于智库概念研究的讨论。其将智库的定义分为三大类:(1)强调组织社会职能的智库定义;(2)强调社会制度安排的智库定义;(3)强调机构运作特点的智库定义。之后,薛澜等提出了中国化的思想库定

---

① 李国强:《对"加强中国特色新型智库建设"的认知和探索》,《中国行政管理》2014年第5期,第16—19页。

② Andrew Rich, "US Think Tank and the Intersection of Ideology Advocacy and Influence", *NIRA Review*, Winter 2001, p. 54, http://www.nira.go.jp.

③ Donald E. Abelson, *American Think-tanks and Their Role in U. S. Foreign Policy*, New York NY: St. Martin's Press, 1996.

④ Paul Dickson, *Think Tanks*, New York: Atheneum, 1971.

义：一种相对稳定的且独立运作的政策研究和咨询机构。①

智库按照不同的属性有不同的分类，在组织属性、隶属关系、规模大小、资金来源、研究专长方面有很大差异。从组织属性上，薛澜等结合中外对智库的分类，讨论了中国的智库分类方式，将中国的智库分为四类：(1)事业单位法人型智库；(2)企业型智库；(3)民办非企业单位法人型智库；(4)大学下属型智库。根据2013年中国智库报告，中国智库也被分为党政军智库、社会科学院智库、高校智库和民间智库四类。② 按组织属性划分为官办智库、半官方智库、私立智库或者民间智库，以及国家级与地方级之分；从智库专业性划分，有综合性智库和专业型智库之分；按机构职能划分，有全职的和在本职之外衍生出部分智库职能之分；按研究主题和功能划分，可分为政府决策的咨询机构、兼有投资功能的咨询机构、以技术转让为主的咨询机构、为企业服务的纯营利性咨询机构。③ 此外，汪廷炯将智库分为四类：合同制研究机构、单一课题组、大学的研究机构、倡导式智库。

对于参与公共政策过程的智库而言，功能上通常针对政策分析过程分为基础性研究、应用性研究和对策性研究等三种定位，从而发挥相关的职能作用：政府理性决策外脑、多元利益和价值观念的政策参与渠道和理性政策辨析的公共平台。④ 从现有的智库定义和分类来看，学者们大都强调了智库作为一个组织的独立性和完整性，认为它应该具有稳定的组织结构、固定的工作地点和长期的运作能力。事实上，这种组织学的分类便于人们从概念上清晰的识别智库，也有利于智库的监督、管理，然而在实际操作中却产生了多种“困扰”，特别是由于目前的政策分析市场(policy market)的不完善，政策过程的

---

① 薛澜、朱旭峰：《“中国思想库”：涵义、分类与研究展望》，《科学学研究》2006年6月第3期。

② 上海社会科学院智库研究中心：《2013年中国智库报告》，上海社会科学院出版社2014年版。

③ 程玉琼、高建国：《中国历史上死亡一万人以上的重大气候灾害的时间特征》，《大自然探索》1984年第4期；高建国：《自然灾害基本参数研究(一)》，《灾害学》1994年第4期。

④ 薛澜：《智库热的冷思考：破解中国特色智库发展之道》，《中国行政管理》2014年第5期，第6—10页。

信息公开程度不够，政府工具使用过于简单化、模式化，部分公共政策研究还存在一定人为的政治敏感性，由此更为凸显出不同智库政社背景差异带来不同的市场活力。这一背景也使得中国智库的发展现状，呈现出以下特征：总体具备了一定的多元性特征，但竞争不足和竞争受行政级别激励影响，自主性有待发展。[①] 而且这种格局下，智库受到其隶属系统的局限，在跨学科方面政策分析方法的融合方面发展不足[②]，更难及时、有效地响应中国转型期公共政策的旺盛需求，促进政策创新。

二、灾害情境下的智库运行

智库对于常态下的公共决策科学化、民主化具有重要的作用，在灾害状态下，这种超乎寻常的非常态背景，极大地加剧了公共政策过程中本身固有的供需矛盾，实际造成了巨灾下的决策困境。一方面，灾害巨大的破坏性，使得受灾范围广泛、受灾群众数量庞大，特别是严重的信息不对称性，都加剧了政策决策的困难，迫切要求决策者谨慎小心地对待每一项政策的出台。另一方面，震后大量灾区群众所面临艰难的生存环境又强烈催促决策者快速做出政策响应。在这种政策决策的两难处境下，如何平衡相悖的需求，就成为巨灾情境下政策决策者必须面对的一个难题。[③]

笔者以汶川地震的应急救援阶段为例，从 2008 年 5 月 12 日地震发生到 6 月 17 日一个月的时间作为观测时段，通过搜索六家国家及省级报纸新闻，进行媒体跟踪调查，目的在于观察中国智库在大灾害面前的反应及参与机制。分析结果发现，至少存在三类不同的智库运作模式：

---

① 朱旭峰、韩万渠：《中国智库建设：基于国际比较的三个维度》，《开放导报》2014 年第 4 期，第 9—12 页。

② 朱旭峰：《构建中国特色新型智库研究的理论框架》，《中国行政管理》2014 年第 5 期，第 29—33 页。

③ 张强、张欢：《巨灾中的决策困境：非常态下公共政策供需矛盾分析》，《文史哲》2008 年第 5 期，第 20—27 页。

1. 传统型智库

在地震后，一些老牌的具有国家背景的智库，按照前文提及的分类主要是事业单位法人型智库或者党政军智库以及社会科学院智库，第一时间根据灾情需求和政府安排组织人力进入地震灾区开展地震灾害应对和灾后恢复工作的研究。如中国科学院、中国社会科学研究院、国务院发展研究中心等。这些智库主要开展此领域的国家层面综合性对策研究，也具有完善的可以通达最高层的制度性政策建议渠道。与此同时，一些隶属于相关政府部门的研究机构也开始积极的行动，如中国地震局、科技部、民政部等下设的研究机构。它们具有部门的专业性优势，选题较为直接针对该部门面临的决策难题，可以直接影响到部门决策，部分建议也可通过应急指挥部协商会议机制或者部长直接报送给最高层。此类智库还包括各级党校和行政学院系统。

2. 激活型智库

这些智库从组织属性上，主要是高校智库和民间智库等。这些机构常态下还承担着教育或者部分行业性职能，并没有特别突出的智库特性，一些民间智库甚至以公司身份注册运行，其智库身份并没有得到社会广泛性认可。在大地震之后，它们根据自身的专业或者行业特性，主动深入灾区第一线，积极参与应急处置和灾后重建活动，为灾区的生产恢复、人员安置等政策议题献计献策。其中一些建议被灾区当地政府采用，但是作为方案建议的主体，它们却被政府认为是政策过程之外的组织。这类组织因为缺少成型、独立的智库组织架构，其结构往往比较松散，人员流动性大，但是其优点是机动性、专业性较强，可以捕捉常规政策咨询机构忽视或者难以发现的社会问题并搜集相关的信息。其次，这些组织往往可以结合已有的专业优势，进行有侧重的研究和服务工作，例如，北京师范大学心理学院，在灾后对德阳地区受灾群众进行灾后心理服务，并针对灾后特殊人群提出了系统的心理干预方案，发挥了重要的智库作用。

3. 新生型智库

这类智库是在汶川地震这个自然灾害事件的背景下，专门应对此次灾害而临时组建的智库，属于典型的事件诱发型的智库组织。正如第二章的我国灾害应对体制回顾中揭示的，在汶川地震之前，由于政府应急管理体系的建设重心还是在传统的政府管理模式，对于巨灾的社会影响以及相应的社会性系统应对并没有制度化的安排。在这一前提下，传统的智库没有特别针对巨灾的社会冲击进行系统性对策研究。汶川地震之后，特别需要产生一些专业性强，同时具有综合性，以专门应对此类事件的智库组织。为此，例如笔者参与发起的汶川地震专家应对行动组就有了应运而生的社会背景。

三、案例简介：汶川地震应对政策专家行动组

汶川地震是我国自建国后破坏性最严重的一次自然灾害，面对来自救援、灾民安置以及灾后重建方面的巨大挑战，北京师范大学以社会发展与公共政策学院为主要依托，与国家减灾委专家委员会、民政部-教育部减灾与应急管理研究院共同发起，联合四川大学等组织防灾减灾、应急管理、心理学、教育学、公共政策等相关方面的专家，成立汶川地震应对政策专家行动组(以下简称 WET)。行动组下设现场实践平台、北京研究平台、国际交流平台和信息网络平台，利用国内外多学科专家智力资源和相关实践经验，从救援与应急处置、灾民安置与重建、心理创伤干预等方面搜集相关资料，开展试点研究，提供政策建议，供有关部门决策参考，为抗震救灾贡献力量。该平台以建设一个灾区现场与多学科专家群互动的政策研究智库为宗旨，整合校内外、国内外防灾减灾、应急管理、心理学、教育学、公共政策等优势学科与科技资源，动员了全校近 20 个院系，学校 1000 多名师生及海内外 200 多名专家学者参与，第一时间赶赴灾区开展工作，为抗震救灾提供政策建议与对策咨询。

WET 的使命定位于将全面参与并系统研究此次特大地震应对工作，利用专业知识来科学谋划灾后重建，并为全球巨灾应对提供中国经验。作为促进和协调汶川地震后抗震救灾、恢复重建以及跨越发展等方面工作的知识性服务机构，并希望构建巨灾管理的立足中国面向世界的智库网络。

具体开展的工作可分成几类性质，如：在政策过程中连接政府、

企业及社会组织等不同的社会部门；连接捐赠者与灾区的需求；比较和分析国际经验和教训；提供技术支持和知识援助；通过各类行动减少信息不对称，完善政策研究和政策制定等；建立知识基地以及实地监测和评估体系。

截至2009年汶川地震一周年时，WET实现了以下工作成效。

（1）建立以WET为中心的信息发布平台

这一立体平台包括512救援网站（www.512jiuyuan.cn）、心理援助与信息服务热线、与CCTV和CETV的多种方式连线、大量的互联网对话和新闻报道等。来自美国、日本和我国香港、台湾等10余个国家和地区的专家200人次到站工作，部分知名专家在灾区开展了长达80天的连续性实地工作；与UNDP、ADB、UNICEF、ISDR等国际组织开展合作；志愿者人数超过1000人次，300人次深入救灾一线；有国内外各类知名专家长期参与实地工作和相关研究咨询。

（2）第一时间完成了大量抗震救灾工作急需的应急研究

WET紧急组织专家和志愿者翻译国际抗震救灾资料，迅速开展临时安置工作的调研，参加地震灾害直接经济损失评估，组织开展地震社会损失评估、地震期间社会组织活动的调查研究以及恢复重建策略的研究等。

（3）帮助灾区的抗震救灾和恢复重建

先后组织了在青川和都江堰对教学楼倒塌学校师生的心理援助活动、对德阳中小学教师的心理培训活动、在德阳和绵阳的流动幼儿园和灾区幼儿园教师培训活动以及组织了香港特种乐队深入灾区多地开展社会工作。除此之外，与香港大学携手在剑南镇板房区共建直接提供社区服务的示范性平台：剑南社区服务中心。透过这一中心，深入灾区一线提供直接服务，切实关注民生，维护灾区社会稳定，把社区服务与教学科研、学生培养、社会政策紧密结合，构建一个政府、高校和社会团体紧密结合的社区服务中心模式。该中心主要在剑南镇板房区11个社区中的2个社区（五路口、茂泉）开展工作，服务区内当时有常住户500余户，服务人口约2000人。

(4) 为应急期间汶川地震灾情监测与评估工作提供了强有力的技术支撑

WET首席专家、北京师范大学常务副校长、国家汶川地震专家委员会副主任史培军教授带领20余人的专家队伍,开展了汶川地震灾害范围评估、灾害损失评估、极重灾区承载力评估,成果《应对2008.5·12汶川大地震灾害咨询材料汇编》作为国家制订恢复重建规划的权威成果被采纳。王金生教授在5月13日凌晨出发前往震中重灾区,对灾区数千万人的饮用水质量进行检测,提交的《灾区主要环境安全急需的技术支持的建议》,受到国家环境保护部高度重视,其中6条意见被环境保护部的技术方案和指南采纳。《四川汶川大地震重灾区饮用水源地水环境质量初步评估与饮用水安全保障对策研究》被环境保护部周生贤部长称赞为"地震以来最具指导性和操作性的方案之一"。李京教授五赴灾区,在灾区第一个使用无人飞机遥感拍摄地况,开展遥感拍摄作业十余次,获得了珍贵的遥感信息。

(5) 为汶川地震相关学术研究和知识库打下良好基础

除此之外,还在开展社会组织与巨灾应对专题、巨灾社会冲击评估等专项研究,并以张秀兰教授为牵头获得了国家社科基地重点项目以及科技部重大专项支持,进行中国应急管理体制变革的重大研究。

(6) 完成政策专报简报40篇、新华社《动态清样》文章4篇、各类研究报告十余份

其中《关于汶川地震灾后恢复重建体制及若干问题的研究报告》得到了温家宝总理和马凯国务委员等中央领导的重要批示,并向中央办公厅进行了专题汇报。

随后的数年间,WET在此基础上还进一步加大减灾教育与研究,整合各方资源,建立强大的学科群,将社会公共政策服务与教学研究紧密结合起来。特别是还建立WET剑南社区服务中心进行了三年的试点工作,长期为灾区提供社区服务以及为各类研究工作做好基地建设,成为社区社会工作的示范基地。在四川各级政府的支持下,参与规划实施地震遗址区域保护和可持续发展计划;并在此基

础上，在联合国组织以及国家有关部门的支持下，利用灾区典型性地震遗址区域，培养应急和减灾人才，开展专业救援队伍和应急领导干部培训。此外，2009 年团队还促成北京师范大学、台湾大学、香港大学、西南财经大学四校共同主办"首届社会发展青年领袖夏令营"，选拔 32 名大学生参加，主题为"四川灾后重建与社会企业创新"。这一夏令营目前已顺利举办了六届，成为教育部对港交流的旗舰型示范项目。

应该说，WET 虽然没有作为一个智库形态长期存在，但在汶川地震的应对过程中，基于基础性、应用性和对策性等各项智库的研究功能方面发挥了不可忽视的功能作用。为此，2008 年 9 月 8 日，WET 作为教育系统唯一入选的政策研究团队，在北京中南海小礼堂举行的全国教育系统抗震救灾先进集体和先进个人表彰大会上，被时任中共中央政治局委员、国务委员刘延东同志授予了抗震救灾先进集体的殊荣，也是北京地区教育系统唯一的获奖集体。

中国传统智库组织大多采用的是事业单位的人事组织架构，层级性明显，其研究方向的选择和人事任免都是自上而下贯彻实施的，而 WET 采用的是平台式的组织架构（如图 7－2 所示），来自不同领域的专家在几大平台上独立工作，秘书长负责各成员的协调和资源的调配工作，首席专家确定工作方向，进行政策与学术的把关，并通过其所处的行政网络，将研究成果和政策建议上传至中央、地方政府及相关的政策网络。

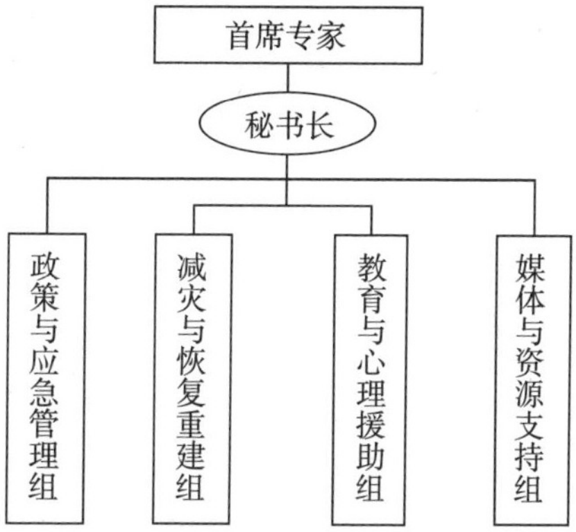

图 7－2　WET 组织结构简要示意图

如表 7-1 所示,WET 设立的 7 位首席专家有 4 位是国家减灾委的重要成员,有 1 位中国科学院院士,两位中国工程院院士,马宗晋也是国家汶川地震专家委员会主任,是国家应对这次地震的最高智囊团成员。这表明在 WET 的首席专家中,既有来自科学领域的专家,同时又有来自政府的官员,而更多的则融合技术专家和政府官员的双重身份,这种人员结构对于 WET 这样的智库更加有效地调配资源,融合专业知识和政策建议,提出符合政策现实的科学决策起到了重要作用,也为 WET 的建议快速转换为政策提供了重要的基础。

表 7-1 时任 WET 首席专家名单

姓　名	职务(时任)
马宗晋	国家减灾委专家委员会主任、中国科学院院士、国家汶川地震专家委员会主任
闪淳昌	国家减灾委专家委员会副主任、国务院应急管理专家组组长
谢和平	四川大学校长、中国工程院院士
刘川生	北京师范大学党委书记、教授
范维澄	清华大学公共安全研究中心主任、中国工程院院士
史培军	国家减灾委专家委员会副主任、民政部-教育部减灾与应急管理研究院副院长、国家汶川地震专家委员会副主任
林崇德	中国心理学会副理事长、北京师范大学教学指导委员会主任

如表 7-2 所示,WET 第一批聘任的 40 位专家来自不同的领域,按照特定的专业,参与到了 WET 的四个不同的专家组。这四个不同的研究组,接受首席专家的领导,在确定 WET 总体研究方向的前提下,享有相对的学术独立性,保证了专家充分发挥自己的功能,同是四个研究组的成员,秘书长负责研究组之间的定期交流,进行思想碰撞,总结工作成果。

表 7-2 WET 第一批专家成员一览

姓　名	职务(时任)
1. 政策与应急管理组	
陈丽云	香港大学社会工作及社会行政系教授

续表

姓　名	职务（时任）
陈　锐	中国科学院科技政策与管理科学研究所副研究员
高小平	中国行政管理学会副会长兼秘书长、国务院应急管理专家组成员
胡晓江	北京师范大学教育部985公共安全基地首席专家
陆奇斌	北京师范大学风险治理与社会创新中心研究员
薛　澜	清华大学公共管理学院院长
袁宏永	清华大学公共安全中心副主任
张　欢	北京师范大学风险治理与社会创新中心副主任
张　强	北京师范大学风险治理与社会创新中心主任、WET秘书长
张秀兰	民政部专家委员会委员、北京师范大学社会发展与公共政策学院院长
钟开斌	国家行政学院公共管理教研部博士
周　玲	清华大学应急管理研究基地主任助理
2. 减灾与恢复重建组	
陈建英	国家减灾委专家委员会常务副秘书长
陈健民	香港中文大学公民社会研究中心主任
顾林生	清华大学城市规划设计研究院公共安全研究所所长
韩国义	瑞典环境研究所减灾中心研究员
李　京	国家减灾中心总工程师
林一星	美国明尼苏达大学社会工作副教授
刘小钢	中山大学公民与社会发展研究中心总干事、广东狮子会会长
牛文元	国务院参事、中国科学院可持续发展战略组组长
时训先	北京科技大学土木与环境学院博士
王　平	民政部－教育部减灾与应急管理研究院副教授
朱健刚	中山大学公民与社会发展研究中心主任
3. 教育与心理救援组	
董　奇	北京师范大学副校长

续表

姓　名	职务(时任)
冯晓霞	中国学前教育研究会理事长、北京师范大学教育学院副教授
康　宁	中国教育电视台台长
王登峰	国家语委副主任、北京大学心理系教授
王　蓉	北京大学教育财政研究所所长
屈智勇	北京师范大学儿童保护政策研究中心副主任
肖　非	北京师范大学教育学院特殊教育系系主任
许　燕	中国社会心理学会副秘书长、北京师范大学心理学院院长
张秋凌	心理危机干预专家
郑新蓉	北京师范大学教育学院教育系主任
邹　泓	北京师范大学心理学院教授
4. 媒体与资源支持组	
曹景行	凤凰卫视资深评论员、清华大学新闻与传播学院高级访问学者
高广深	Plan China 教育项目经理
何　进	福特基金会高级项目官员
何静莹	香港中南股份有限公司战略总监
李希光	清华大学新闻与传播学院常务副院长
林垂宙	香港科技大学原副校长
魏　巍	Right To Play China 总监
张建宇	美国环保协会中国代表

备注:1. 以上表中人名分组按照姓氏拼音排序,职务一栏均标注为时任职务。2. 此表所列仅为第一批专家,随后根据工作需要进行了扩展。

此外,笔者担任 WET 的秘书长,下设现场实践平台、北京研究平台、国际交流平台、信息网络平台:

(1) 现场实践平台。派驻公共政策、心理救助、公共卫生、社会救助等领域的专家进驻灾区开展现场研究,配合相关部门提供政策建议,并选择试点组织实施心理创伤干预、灾民安置与重建工作。

(2) 北京研究平台。整合国内外专家资源和信息资源,通过与“现场实践平台”的互动动态跟踪灾情,建立专家会商制度,对灾情及应急过程进行“诊断”，完成对策报告，供有关部门决策参考。

（3）国际合作平台。建立一个开放式平台，整合专家资源、机构资源、基金资源，通过募集资金、设立灾区示范性校舍、培训灾区志愿者队伍、安排灾区儿童参加友谊互助性的夏令营等实质性的实践活动，将“政策建议”落到实处。

（4）信息交流平台。通过信息交流网站（www.512jiuyuan.cn），动态发布灾区“地理信息”与“救援信息”的变化情况，协助前线救援人员明确救援方向和重点；为灾区人民和救援志愿者队伍提供沟通的渠道（如寻人等）；同时，也作为社会支援救灾工作的网上信息发布和沟通平台。

四、案例分析——基于倡导联盟的政策过程

智库的产生是要作用于政策过程，其目的就为了产生政策影响。从这一点讲，智库的产生过程和其参与政策过程的方式是密不可分的。只有清晰地描述智库的产生动力与参与政策的过程才能说明其形成的逻辑。这里，笔者使用 Sabatier 的倡导联盟理论（advocacy coalition）来分析 WET 这一智库的形成逻辑，从而揭示如何在灾害治理过程中促进制度学习。

倡导联盟框架的正式提出是在 20 世纪 80 年代中后期，但其无意识的酝酿活动可追溯到 80 年代初期。这一框架主要针对当时美国在能源、天然气、森林、教育等政策领域出现的一系列的政策创新和政策变迁现象的解释，可以说倡导联盟框架是一种解释政策创新和政策变迁的理论。自 90 年代和新世纪以来，倡导联盟框架在广泛而频繁的应用、检验、创新、修正和反思过程中不断得到发展和完善。倡导联盟框架的适用领域是广泛的，包括自然资源环境、经济、社会等主要公共政策领域。

Sabatier 将倡导联盟框架定义为：“由来自不同职位（选举的和行政机构的官员、利益集团领导人、研究者等）并具有以下特征的人组成，他们：（1）共享一个特定的信仰系统——一套基本的价值观、因果假设和对问题的感知；（2）长期开展深层合作活动。”Sabatier 将政策子系统描述为很多个人组成的网络，这些个人来自公共组织和私人

组织,积极关注某一特定领域的政策保持与进化。政策子系统在范围上很广,在任一给定时间都包含一定数量的倡导联盟。根据Sabatier所说,政策子系统不仅包含在单一层级政府层次上的利益集团、行政机构和立法委员会,同样也包括"记者、分析员、研究者等在政策观点产生、传播和评估中起重要作用的参与者,以及在各级政府政策制定和执行中扮演重要角色的行政官员"①。

倡导联盟框架提供了政策变化更为宽阔的背景。该框架引导我们思考理念结构在政策子系统中的作用。它认为,重要政策变化来自政策子系统外部事件,包括社会经济条件变化、统治联盟系统性变化和来自其他子系统政策变化的影响;更多政策微调源自子系统内的政策学习。当新观点被引进倡导联盟并改变倡导联盟成员的理念时,政策学习就发生了。Sabatier还提到了政策中间人的作用,即努力保持政策冲突在允许范围之内并达成可行性解决方案。②

Sabatier强调:"倡导联盟框架的主要特征在于它所关注的焦点是倡导联盟的信念体系。"所以他把倡导联盟的整合力量归结为"信念"而不是简单的"利益"他解释道,这是因为信念体系更具有包容性和可验证性。利益是存在的,但是通常表现为实际利益,可是在政策过程中,它又被隐性的转述成人们的政策偏好或政策目标。利益很难用简单的言语描述清楚,它常常在某种理论体系中才能被界定,而这种包含一系列因果关系认知的理论体系又是基于背后的信念体系。所以,倡导联盟框架的主要特征就是把公共政策概念化为某种信念体系规范下的价值次序,政策过程表现为竞争性信念体系的价值实现过程。

图7-3是倡导联盟框架的简要图示,倡导联盟框架的核心目的在于有效地解释政策变迁过程,因此政策变迁是倡导联盟框架的终

① 〔美〕保罗·A.萨巴蒂尔:《政策过程理论》,北京:三联书店2004年版。

② P. A. Sabatier, "The Advocacy Coalition Framework: Revisions and Relevance for Europe", *Journal of European Public Policy*, 5(1): 98—130, 1998;此模型在中国的应用也可参看张强、陆奇斌、徐丽丽:《气候变化应对与灾害风险管理:从分而治之到有机融合的政策框架》,《2011年全国减灾救灾政策理论研讨会理论课题研究报告汇编》,民政部,第2—54页。

极因变量。豪利特和拉米什在其他学者研究的基础上，将政策变迁分为"常规的政策变迁"和"范式性的政策变迁"，后者意味着在总体政策目标、对公共问题的理解、它们的解决方案以及将决定付诸实施等几个方面，对过去虽不必是全部但却是显著的突破，这也将是我们寻求在灾害治理过程中的政策创新。按照倡导联盟框架理论，来自于子系统外部的主要干扰（如社会经济条件的变化、公共舆论、整个系统的统治联盟，来自其他子系统的政策产出）是一个政府项目的政策核心特征发生变迁的一个必要但不充分条件。

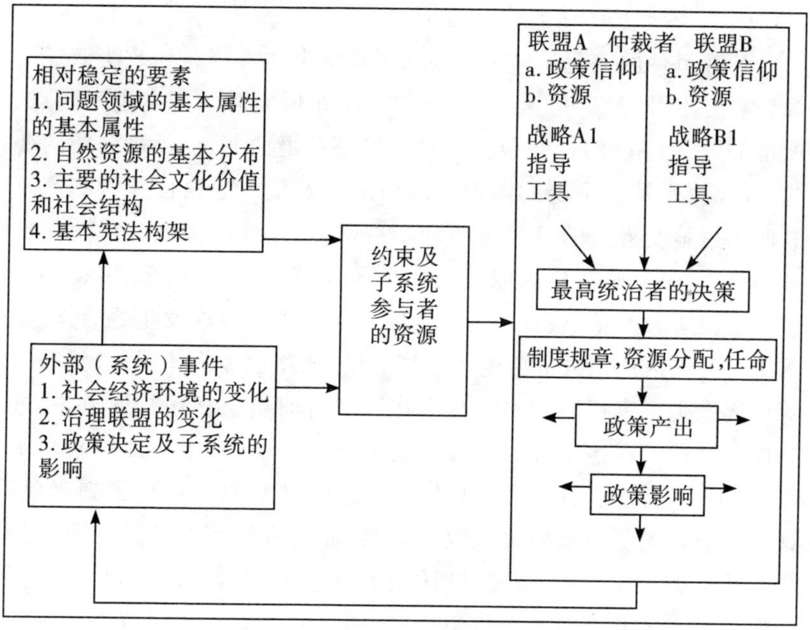

图 7－3　修正的倡导联盟框架

1. 模块一：相对稳定的要素

在政策环境中，总是存在相对稳定的因素，他们或者是习得于前人的知识系统，如已有的科学技术和理论基础，或者存在于相对稳定的社会道德规范中，如积德行善、尊老爱幼。人们对于这些事物具有一贯的认识，这种社会积累的物质和文化作用于社会运行系统的各个方面，是社会根基中的重要组成部分。以汶川地震为例，现有的关于地震和抗震救灾的知识确定了事件的基本属性，一些活动都得必须依照这种属性开展，不能违背科学常识。灾区复杂的地形地貌决定了救援和重建的难度，中国的城乡二元结构和乡村治理结构也在地震中表现为反应主体的脆弱性和其可调动资源的局限性。现有的宪法架构决定了中央政府和地方政府的分权，中央政府集中了重大决策权，地方政府缺少相应的决策能力。关于巨灾中面临的各种利益的调节，有些是在现有的法律所没有界定的，而且现实中要求的快速决断能力是现有法律体系所欠缺的，没有一个快速有效的法律体系保证在非常态下如何进行利益安排及动态调整。

2. 模块二：外部事件

外部事件的变化是整个倡导联盟框架中政策创新和政策变迁的源头和终点，同时也是 WET 这样的智库在形成时的内在逻辑起点。所谓的外部（系统）变化包括了社会经济环境的变化、治理联盟的变化、政策决定及子系统的影响。汶川地震发生的地区位于青藏高原和四川盆地交界处的龙门山活动断裂带，属于浅源地震，震级高，破坏力度大，是新中国建国以后破坏性最强、波及范围最广、引发的地震次生灾害最严重、救灾难度最大的一次地震。地震发生之后，汶川等主要的灾区即与外界断绝了一切通讯，道路也被山体滑坡、泥石流等地震次生灾害切断。中央政府在第一时间组织官兵打通道路，进行应急救援。在地震过后一段时间内，地震灾区和中央政府中断了联系，中央拥有大量的资源供其决策使用，然后却无法传递到当地。地方政府也无法与基层灾区取得联系，而地方能够调动的资源又是相当的有限，此时唯一能够起到作用的灾区基层政府，虽然很多地方政府成员夜以继日的工作组织生产自救，但是无奈基层政府自身也遭受到重大的创伤。这时候可以说以往的自上而下的政府治理模式已经被打破，起到关键作用的是一种自下而上的反应机制、一种自救、互救胜过公救、他救的应急模式，传统的治理模式中基层政府的作用被放大了。在这个时候，灾区外界的各级政府也在积极应对，中央已经启动应急预案设立指挥部来开展相关应急处置工作，民政部、中国地震局等各政府部门也在尽力搜集信息，制订应对方案。

3. 模块三：约束及子系统参与者的资源

倡导联盟框架中政策变迁的制约要素是子系统参与者的资源现

状，哪些是约束子系统的因素，这也是联盟发挥作用的一个前提，如果子系统掌握了丰富的资源足以应对现有事件，则不需要引入联盟的力量。然而现实中，总是存在一定的限制，子系统的资源不可能是无限的，这时政策政策过程就需要引入联盟的资源。在地震应对中，重要的资源是信息和能够快速调配的救灾资源，以及专业能力。首先，信息流动是灾害应对最受关注的资源，在交通中断、通讯受损的情况下何如掌握灾区翔实的动态情况，将直接决定着救灾工作如何开展及其成效。遇难者人数、伤员情况、灾民动向、余震的序列分析、天气、地质状况等大量的信息都是影响子系统参与的因素。其次，救灾资源的调配。这包括灾区周围的救援队伍、医疗资源、食品、水、大型挖掘机等可以调配的资源。这些资源究竟如何使用，归中央调配，还是四川政府调配，或者有多少是可以由受灾地区的基层政府作为第一响应人调配。这些都将直接影响灾害应对能力，也为智库等外脑在政府“智力”乏力的时候提供政策建议开辟了市场。

4. 模块四：不同联盟的作用

这一部分是倡导联盟的关键部分，之前的外部事件、相对稳定的要素和约束及子系统的资源共同决定了政府的一种潜在需求，而不同联盟在自我的信念体系的作用下，参与到政策过程，试图实现的自己的政治意图。不同的联盟代表了不同的信念体系，而不同的信念体系的背后是不同的利益诉求。这些联盟在依据自己的信念和掌握的资源，进行规划，设计政策方案，提供给最高的决策者。由于社会中存在不同的联盟，所以多个联盟都会进行自己的规划。在多个联盟中间存在着政策中间人(policy broker)试图协调不同信仰体系的矛盾，联盟也在其作用下通过博弈调整自己的方案，然后不同联盟的产出进入到最高统治者，进行选择。最后形成新制度规章，调整资源分配，或者任命与委托授权，于是新的政策产生影响。这就是倡导联盟参与政策系统内部的过程，也是一个政策创新和政策变迁的历程。在地震中，像 WET 这样的智库团体，还有其他的机构。他们形成一个倡导联盟，按照自己的信仰和自身的资源优势，进行政策建议。WET 的成员涉及各个领域，包括减灾委的专家、工程院院士、新闻媒体工作者、社会工作者、社会组织、国务院参事、心理干预专家、政策分析者。这么多不同领域的专家学者按照共同的信仰和理念形成一个联盟，使用自己的各种资源，制订 WET 的工作战略，形成政策建议，提交给中央领导者，并与地方政府等各类政策网络互动，推动创新政策的最终出台。

有了以上基于倡导联盟框架对灾害状态下的政策过程环境分析，我们就可以继续探讨 WET 作为一个灾害治理下的智库是如何应运而生、如何发挥作用。

灾害情形下对智库的需求是毋庸置疑的，正如本书第一章对于灾害造成决策困境的分析，灾害不仅直接影响到灾区居民的日常生活生产，也直接对国家的公共治理能力产生了不可忽视的冲击。传统的自上而下(top-down)型政府应对体系由于政策需求差异大、传统能力不能适应以及执行环境恶化、执行能力受损等影响，从而面临了巨大的公共政策困境，呈现出“政府失灵”(government failure)或“弱国家”(weak state)的能力状态。在这样的高度不确定性，更需要弹性的领导力和治理框架，也为智库创造了巨大的外部需求。此时，政府需要一批智库进入自己的政策过程增强自己的“智力资本”以应对这样的巨灾，这也为智库提供了重要的机会。

相应的问题是：究竟什么样的智库会被政府选择？当政府需要智库的时候，并不是任何智库都有机会介入政策过程。正如倡导联盟框架中揭示的，社会文化价值、社会结构、宪法框架，以及联盟的信仰体系必须互相匹配。政府一方面在自己力量不足的时候引入外部“智力”，另一方面又不断调整，规范智库的研究方向。WET 邀请了很多政府内部的人士作为首席专家，特别是一些灾害防治方面的首席专家与官员，就是要给 WET 带来明确的政治导向，只有保持政治敏锐性的专家和智库，才能让自己的建议即代表灾区民众需求又符合政府的“偏好”，被政府所采纳。政府总是选择最适合的、并不一定是最好的智库，这是减低政治运行成本，降低行政摩擦的最佳选择。即使在巨灾这样的背景之下，政府依然有能力约束社会民间力量，规范社会行为，引导社会言论，向公众表明一个强大可以应对一切困难的政府。同时这一时期国家安全和稳定问题被突出，政治敏感性增强，媒体的主要工作是在报道政府的成绩，民间舆论方向也被要求一致性的积极正面报道。智库如果需要让自己的研究成果让政府接受，就必须首先保持和政府一致的价值观，在这个基础上再提出自己的研究成果，且研究成果是让政府可以接受的，不脱离政府现有的认知水平的，必须让政府信服其政策建议是不损害政府现有的政治形象，又能增进政府的社会认可度的。

以上是从政府所处的决策困境和政府决策需求的角度分析智库的形成逻辑，智库自身作为一个组织也具有能动性。Sabatier 的倡导联盟框架强调，可以把行政官员、研究者和新闻工作者作为联盟的潜在成员，因为他们拥有与利益集团领导人和立法同盟非常相近的政策信仰，也愿意在追求他们共同的政策目标中致力于一致的行动。WET 中的首席专家有来自政府的官员、科学院院士、防灾减灾、应急管理、心理学、教育学、公共政策等领域的专家，他们在巨灾面前形成共同的政策信仰——即结合自身的学科和资源优势，共享信息，在危机时刻，通过 WET 这样的信息交互平台，共同制定应对地震灾害的政策方案，最大限度地降低灾害损失，以他救和自救相结合的方式，增强灾区人民应对困难的信心，调动其积极性，用参与式的方式帮助当地居民恢复生产与生活。正如朱旭峰教授在研究中指出，由于专家的内在动机（intrinsic motivation）的差异，智库专家在决策参与中表现出来的四种角色：技术传播者（technology communicators）、理论验证者（theory demonstrators）、思想倡导者（idea entrepreneurs）和知识中间人（knowledge brokers）。[①] WET 并不进行硬性的角色定位，而是强调以灾区的实际社会需求，以此来带动并协同不同定位的专家来参与智库的共同运行。正是在一致的政策信念下，联盟成员所共享的信仰系统降低了组织的执行成本，并将增加公平分担、追求共同目标的成本的意愿，从而减少了成员间"搭便车"行为的倾向。这也解决了 WET 中的专家来源及领域多元性带来的组织运作困难。

除此之外，智库作为参与决策咨询影响政策过程的行动者，其自

---

① Diane Stone, "Recycling Bins, Garbage Cans or Think Tanks: Three Myths Regarding Policy Analysis Institutes", *Public Administration*, 85(2), 2007.

身内部的治理结构,影响着智库是否可以更有效率地整合不同的资源实现应有的社会功能。智库内部治理结构并非一个静态的智库组织架构图,而是关涉到智库人才资源、经费资源、信息资源等的优化配置过程。同时智库在决策咨询体系中和政府、大学、基金会、媒体等组织的网络关系及智库内部治理的连接点对智库的良性运转至关重要。① WET 在组织结构上也具有明显的特点:

(1) 灵活的组织架构

WET 的组织架构是一种平台式的开放性结构,它为各方专家提供了研究和合作的平台,秘书处是协调和整合资源的关键单元,首席专家利用自身的学者与官员的双重身份为这个平台规划了运作方向,并打通了整个组织直接参与政策过程的渠道。与传统的理事会组织的智库结构不同,它没有严密的层级式组织架构,但是它的平台化运作却完整地发挥了智库的功能,即参与到政策过程,向政府献计献策。

(2) 专家的多元性

WET 组织来自不同领域的一线专家学者,融合在一个命题下工作,表现了学术的多元性和交叉性。专家的多元性给 WET 带来新鲜的学术观点和研究动力,同时对组织运作提出了挑战,如何吸收不同观点碰撞时产生的价值,同时又协调整个团队的运作,是 WET 在实践中逐渐需要解决的问题。

(3) 瞄准政策参与路径

作者采用实用主义的智库研究取向,即关注的不是智库的组织架构,而是强调智库在实际政策过程中的参与路径,即能否真正提出有学术价值和实践价值的政策建议,真正参与到中国的政策过程之中。WET 在这点上发挥了智库的实际功能,它脱离了固态的组织结构,给更多的专家提供工作平台,网络了大量的社会智力资本,同时把首席专家所处的行政网络资本的放在其网络资本的中心。其中行

---

① United Nations & World Bank, *Natural Hazards, Unnatural Disasters: The Economics of Effective Prevention*, World Bank e-Library, World Bank Publications, 2010.

政性网络资本的主要功能有以下几点：

① 带来政策的把关，第一时间告诉学者政府的需求是什么，哪些政策建议具有可行性，向学者们传达了政治敏锐性。通常多数学者由于不了解政策过程，其智库的意见也往往不易被政府采纳。

② 调动资源。由于行政资本处于政府体制内，可以调动体制外学者们缺少的信息与资源，而这些信息和资源直接决定其研究的水平。

③ 开启政策通道。政府倾向于从内部寻求资源，比较而言这是降低决策成本和风险的办法。只有了解政府纳谏的过程和习惯路径，掌握政府纳谏的规律才能提出有效的政策建议。行政资本由于内嵌在政府体制内，能够更容易的打通这条通道，从而使得智库的建议较为容易地进入政府核心决策层。与此同时，还注重不同政策语言体系的衔接，提供简洁实用的政策建议。从政府的需求而言，非常态下智库不需要提供完备的理论知识，而只需要提供简洁明了的政策建议。为此，WET 在通过简报和专报提出政策建议时，均使用简介有力的语言，省略了大篇幅的理论内容，让政府对工作重点和工作步骤一目了然，这种实际可操的实用性倾向成为 WET 的工作风格。

(4) 内部信息自由流动

由于缺少明显的层次结构，WET 成为一个主动抓取信息的平台，各领域的专家在不同工作平台上收集信息，进行交流共享，产生智力资本的融合与增值效果。智力资本与行政资本流进行信息交流，使组织能够在确定的目标与方向下，整合资源，输出智力。

(5) 直接参与政策实践从而建立面向社会服务实际需求的连接点

通常的智库在于向政府提供政策检验，并不直接参与政策的实施，WET 通过自身的操作平台，直接参与政策实践，通过建立社区服务中心等探索实际方案，以灾区实际社会服务需求作为连接外部网络的重要节点。

五、小结

完善的灾害治理体系，不仅需要抗逆力的风险管理思维指引，还需要多元参与的协同治理格局，明晰政企社多元主体以及主体间互动工作制度设计，更需要形成一个良性的制度学习过程。也就是说，不仅要推动多元主体的合作，合作过程中政府机构、社会组织、企业以及社区还可以互相学习。如何促进灾害治理中的制度学习机制？通常人们都关心的视角是建设学习型组织或者组织间的学习，即一方面是制度学习的主体，另一方面是制度学习的对象。实际上，制度学习的生态系统中还需要关注作为中介性的知识机构智库如何发挥作用。也就是说，在完善灾害治理中的制度学习机制，不仅需要强调是利益相关者自身的学习型组织建设以及组织间的学习互动，还需要促进有关智库在生态体系中的作用发挥。

本章以倡导联盟为框架，通过作者亲身参与的 WET 案例研究，揭示出灾害应对情境下中国特色智库的形成逻辑，即根据灾害状态下政府面临的决策困境，通过一系列的政策信仰凝聚不同领域的潜在成员，采取动态又具有适应性的治理结构和运行机制来集结联盟力量，并遵循政府采纳智库建议的规律，参与到政策过程中。在联盟组建的过程中应当吸纳来自政府体制内的人员，这对于增进智库与政府的交流，使政府认可智库的智力工作大有裨益。在这种实用主义的观点下，重新审视现有的智库定义，笔者认为可以降低对于智库组织结构性的要求，而注重其实际功能的发挥。那些具备智库雏形的组织和机构只有遵循中国特色的智库的形成和参与政策过程的规律，才能真正发挥其智库功能，促进灾害治理中的制度学习。

值得关注的是，这样的探索还在继续。2013 年 4 月 20 日芦山地震发生之后，WET 核心成员们积极参与应对，不仅张欢同志撰写的《关于加强四川芦山地震抗震救灾中社会管理工作的建议》得到了国务院汪洋副总理的批示，而且笔者与陆奇斌等同事还与四川省委一起并肩战斗，在四川省抗震救灾指挥部下面成立社会管理服务组，也为雅安模式的创新奠定了重要的基础。2014 年鲁甸地震后，研究团队也积极参与了云南省抗震救灾工作，支持云南社会组织救援服务平台的建设。

第八章　总结与展望：新常态下的灾害治理体系

安而不忘危，存而不忘亡，治而不忘乱。

——（春秋）孔子

居安思危，思则有备，有备无患。

——（春秋）左丘明

每一次灾害都是一次“破坏性的学习”过程，政府通过历次重大自然灾害的应对，更加强调在党、政、军队等方面的科学有序调度，更加明确信息收集为紧急救援阶段的首要工作，更加突出属地管理原则，分权与决策重心下垂，更加重视增强政社合作。社会组织学会了加强组织间的协调与合作，实现资源分享与促进高效行动，学会了提高组织灾害应对的专业技能与组织管理的专业化能力，学会了增强组织间的信息分享能力与灾害信息的及时性与准确性，学会了重视紧急救援阶段与灾后重建阶段的无缝衔接，学会了强调环境保护、实现绿色救灾，学会了与政府等相关主体之间的跨界合作和有效沟通。企业在灾害应对中，实现了从简单捐款式企业社会责任初级形态向发挥企业专业技能在灾害中的运用为基础的多元化企业公民形态转变。志愿者学会了从热心市民向专业性志愿者的蜕变，从冲动盲目型向专业有序型志愿者转变。

灾害用惨痛的代价打开了一个跨越式发展的“机会窗口”，但并不意味着一定可以成为促进政策体系变革的“焦点事件”，我们必须抓住时机实现社会创新。在这一过程中，就要求我们学会构建一个系统的灾害治理体系。从本书前文的逐步展开中，不难发现无论从中国 1949 年以来灾害应对整体模式的演进，还是从汶川地震到芦山地震应对的变化，都揭示了政社关系、经济结构和社会转型都会对灾害治理产生影响，整体治理不善的社会和国家肯定在灾害应对方面也会表现乏力。① 国家治理体系中的重要因素如多中心和多层级的协同制度、参与和合作学习和沟通以及社区能力都是影响灾害风险管理能力的直接因素。②

如何在新常态的格局下建设灾害治理的中国模式？综合前文的阐述，这需要从思维转型、路径变革、基础建设等三个维度入手。如图 8-1 所示，在治理思维上，要从寻找脆弱性的应对式思路转型为重点以抗逆力建设为基点的风险治理思维；在治理路径上，要从强化政府应对职能为主变革为强化抗逆力为主、多主体参与的协同治理及动态的制度学习；在治理基础上，要从强调政策为主调整为法治为先且有机融合的灾害法治建设。

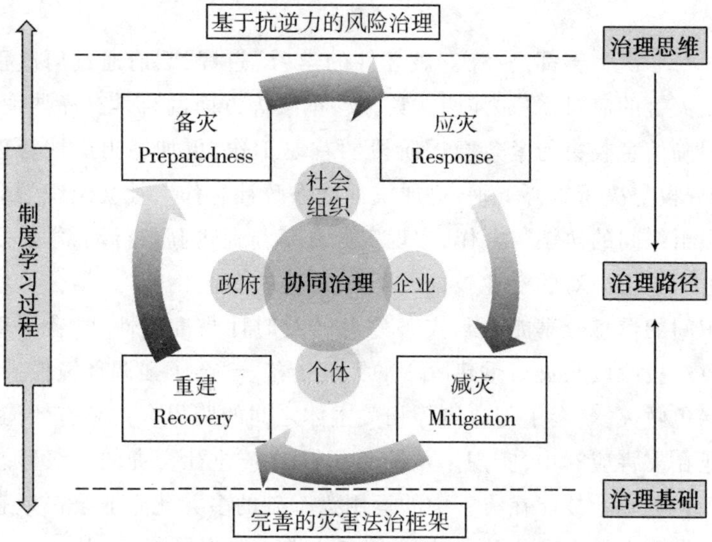

图 8-1 中国灾害治理体系示意图

① Kathleen Tierney, "Disaster Government: Social, Political, and Economic Dimension", *The Annual Review of Environment and Resource*, 37: 341—363, 2012.

② C. Folke, T. Hahn, P. Olsson, and J. Norberg, "Adaptive Government of Social-ecological System", *Annual Review of Environmental Resource*, 30: 441—473, 2005; A. Duit, V. Galaz, K. Eckerberg, & J. Ebbesson, "Government, Complexity, and Resilience", *Global Environmental Change*, 20(3): 363—368, 2010.

一、思维转型：基于抗逆力的风险治理

毫无疑义，各类风险是人类文明发展的推动力。在漫长的历史过程中，人们从没有忘记风险这个达摩克利斯之剑。[①] 从第三章的我国灾害应对体系的梳理来看，灾害应对一直以来都是我国政经领域的大事，但灾害应对的体制性源泉在不同的时段有着不同的体现。在政治、经济和文化不同的基本治理导向面前，也就带来不同的灾害风险认知，从而导致了不同的应对行为选择。

现代社会的治理者已经充分认识到风险治理的重要性，正如中国领导集体在对新常态的表述中极为强调的是一定时段内长期存在的多元挑战。但如何应对风险，不同的治理思维有着不同的方向。特别是在目前的强调应对的风险管理框架下，现有的抗风险资源严重短缺，抗风险资源与全球风险严重不平衡，传统抗风险手段已经远不能承担抵御风险的重任。与此同时，全球化不但增加了风险源，且由于相互依存的加深而增加了风险承载者的数量，放大了风险的后果。席卷全球的金融危机、经济危机、埃博拉疫情等已经有力地说明了这一点。

现有风险管理理论往往重视资金物质的支持，忽略非物质的抗风险手段；其思维方式是保险公司式的，重在寻找脆弱性的来源与分布，忽略用简便低成本的强化社会抗逆力的方法来抵御风险。虽然在激发社会各主体的潜力，培育抵御风险主体的适应能力、培植社会资本方面均有提及，如 R. Holzmann 特别强调：社会风险防范中政府需要促进社会资本的发展；社会风险防范体系中要提供各个参与者发挥最大效应所需的环境等，很有价值。[②] 但是没有形成一种有结

---

① 英国历史学家阿诺德·约瑟夫·汤因比（Arnold Joseph Toynbee）提出的文明成长的挑战－应战模式，是从另一个角度来阐释这一问题。如果要追问：挑战来自什么，那就和风险建立联系了。

② R. Holzmann and V. Kozel, *The Role of Social Risk Management in Development: A World Bank View*, 2007; Robert Holzmann and Steen Jørgensen, "Social Risk Management: A New Conceptual Framework for Social Protection, and Beyond", February 2000, Social Protection Discussion Paper No. 0006, www. worldbank. org.

构的系统性体系。进一步分析,还会发现目前风险管理框架还缺乏能促型国家的视角。美国社会政策专家 Neil Gilbert 在 20 世纪 80 年代后期提出了“使能型国家”(the enabling state)的理论,这个理论的核心是强调权利和责任的平衡,即每个社会成分在享有社会权利的同时,均要承担相应的社会责任;政府不单是服务于社会的,也应当促进各个社会成分能力的成长。① 使能型国家理论给我们的最大启发是,重视激发社会每个构成的能力,通过促进这些能力的成长来达成国家治理的目标。为此,亟待转变治理者的风险管理思维。

本书的第五章已经介绍了抗逆力的概念体系,此处更强调是基本层面的社会抗逆力(social resilience)的概念框架。社会抗逆力的概念,加入了社会结构和文化的维度,是从宏观社会结构乃至全球的角度出发来分析全社会面对风险的适应能力、抗压能力,即社会机体抵御风险、最大限度降低风险损失以及修复风险损害的能力。这是属于如何抵御风险这个问题域的概念,它意在进行文化、制度的建构,调动起社会每个细胞、每个系统抵御风险的潜在能力,分散风险,分散承担风险的主体,以少投入、多收益的原则来进行风险管理。从这个意义上看,抗逆力是战略性概念。它的作用是质疑现有风险管理的基本理念,提出新的风险管理思想,主张把风险响应的重心从着重“资财投入”转向“资财投入”和“文化制度建设”并重上。显然,由于战略侧重点的不同,它的出现将会给灾害治理带来深刻的变化。激发和增强社会抗逆力,其要点就是要让当今社会向能促性社会转变,让每个社会成分加强自身内在的抵御风险能力的同时,强调各方面多元参与,构建社会团结的制度基础。为了提升社会抗逆力,我们需要从 6 个主要社会主体的抗逆力入手,即个人抗逆力、家庭抗逆力、组织抗逆力、社会抗逆力、政府抗逆力、全球抗逆力。

1. 个人抗逆力

其表现为具有应变能力,自信,自强,在环境变化时能够重新定

① Neil Gilbert and Barbara Gilbert, *The Enabling State: Modern Welfare Capitalism in America*, New York: Oxford University Press, 1989.

位自我，进行个人目标的重建。提升个人抗逆力，可以借助的资源包括文化、教育和智力。

2. 家庭抗逆力

家庭是风险管理的第一道防线，同时也是最弱的部门，因为只要风险足够大，几乎所有家庭都是脆弱家庭。

（1）抗逆力的表现

① 能够灵活应对外部环境变化，及时调适家庭经济活动、消费模式、家庭生活模式。①

② 具有及时化解由风险引起的家庭成员间的紧张关系的能力。

③ 有增进家庭成员凝聚力的文化手段，对于风险带来的冲击（家庭地位的下降，经济活动的下向变化，消费的紧缩）持开放乐观态度。

（2）可借助的抗逆力资源

① 重视家庭的传统。越是进入后现代社会，这一传统越具有重要价值。

② 政府的支持性家庭政策，特别关注低收入等脆弱家庭（社会安全网），注意福利提供的有效性、可及性。

③ 社会网络。这里包括邻里、亲属、朋友网络、公民社会组织，它们可以向家庭提供物质、信息、情感的支持。

④ 社区。指社区具有活力，对于家庭需求回应具有敏感快捷性，服务递送具有有效性、可及性。

3. 组织抗逆力

在管理理念上，汲取权变理论的合理因素。权变理论要求在组织管理中进行灵活的动态管理，而不是僵化的静态管理。这一理论认为，环境是自变量，而管理的观念和技术是因变量，环境变量与管理变量之间的函数关系就是权变关系。它要求管理者根据组织的具

---

① G. H. Elder, *Children of the Great Depresion*, Chigaco: University of Chigaco Press, 1974.

体条件,及其面临的外部环境,采取相应的组织结构、领导方式和管理方法,灵活地处理各项具体管理业务。

4. 社会抗逆力

建构社会抗逆力的基础不仅来源于社会保障体系完善的制度基础,还有赖于集体意识的重构①、文化价值观的共塑。在这一过程中,要特别意识到对于管理社会的需求而言,国家能力永远是短缺的。② 增强社会抗逆力需要力求国家、市场、社会的平衡,要求社会机制的增强。与此同时,还要重视现代性带来社会机制被破坏。现代性内在地包含着自己的解构因素,市场机制破坏着社会结构。③ 在自上而下推行的现代化过程中,最为常见的是传统社会机制被急剧破坏,基础组织迅速碎片化。这里需要尊重社会抗逆力的传统资源,以及现有资源,推动其实现现代转型。例如家庭,邻里,社区等。

5. 政府抗逆力

政府抗逆力的内涵应当和一般意义上的政府能力相类。简单地说,政府能力指政府将国家意志(目标)转化为现实的能力。其具体内涵学者的意见也大致相似。有学者强调了:(1)汲取能力(extractive capacity),是指国家动员社会经济资源的能力;(2)调控能力(ste-ering capacity),是指国家指导社会经济发展的能力;(3)合法化能力(legitimation capacity)是指国家运用政治符号在属民中制造共识,进而巩固其统治地位的能力;(4)强制能力(coercive capacity),是指国家运用暴力或暴力威胁维护其统治地位的能力;(5)濡化(enculturation capacity) 使其居民内化(internalize)某些官方认可的观

① 重构集体意识在发展中国家是一个迫切的问题。这是由于旧的集体意识在现代化过程中面临解体的命运。其原因有二:(1)现代化解构了传统社会的社会相似性。现代化使社会日趋多元、社会相似性消失,社会失去了农业社会社会相似性的结构基础。(2)市场化机制使个人意识发展,人的主体性凸显,也破坏着个人对群体的忠诚。参见卡尔·波拉尼:《大转型:我们时代的政治与经济起源》,浙江人民出版社 2007 年版,第 140、63 页。

② James C. Scott, *Seeing Like a State:How Certain Schemes to Improve the Human Condition Have Failed*, Yale University Press, 1998.

③ 卡尔·波拉尼:《大转型:我们时代的政治与经济起源》,浙江人民出版社 2007 年版,第 140、63 页。

念，从而减少在行为上制造麻烦的可能性。①

（1）基于风险应对的特殊要求，政府需要强化自己的如下能力

① 预见能力。预知风险，进行危险源风险评估，以期做到风险管理的"关口前移"，从而进行风险的前置干预。

② 风险响应的敏捷性和有效性。风险来临，时间是影响风险损失的重要变量。因此，响应敏捷与否、力度有效与否直接关系着风险管理带绩效。

③ 社会动员能力。这一点在汶川地震中体现的"举国之力"中有生动体现。

④ 高效的信息传播渠道。正如认知心理学的先驱 Paul Slovic（1986）提出的涟漪理论所说：涟漪的深度与广度不仅取决于风险本身的性质，而且取决于波及过程中公众如何获得相关信息，以及如何认知和解释相关信息。公众的风险认知过高和过低都是非常危险的。

⑤ 帮助家庭和个人应对风险带来的收入损失与消费下降。

（2）政府发挥作用的方式

① 制订宏观政策，包括金融、公共卫生，教育等政策，为社会经济的健康发展提供良好的环境，表现为治理和善治。

② 直接承担社会保护责任，建立社会救助制度和社会保险制度，提供基本商品与服务补贴、公共工程项目（以工代赈）等。

③ 通过税收减免等措施，鼓励发展市场福利，并监督市场福利的良好运行，如私营年金、商业医疗保险以及其他企业福利措施等。

④ 直接投资公共工程，采取刺激消费、扩大需求的措施，并以金融、政策等手段支持企业渡过难关。

⑤ 进行相关价值观的引导，激发传统文化中积极健康的抗逆力

---

① 王绍光、胡鞍钢：《论"国家能力"——一个改革与发展的基本问题》，《上海改革》1993 年第 12 期。王绍光根据一些政治学家的理论，提出有效的政府有能力履行的六项最重要的职能是：（1）对暴力的合法使用实施垄断；（2）提取资源；（3）塑造民族统一性和动员群众；（4）调控社会和经济；（5）维持政府机构的内部凝聚力；（6）重新分配资源。参见王绍光：《有效的政府与民主》，载于胡鞍钢等主编的《第二次转型：国家制度建设》，清华大学出版社 2003 年版。

因素，提升社会的抗逆力文化质量。

当然，强调政府责任，并不是完全让政府承担所有的责任，而是指政府成为使能型政府，搭建一个促进社会各个构件能力成长的大舞台，构建一种鼓励社会各主体自立自强、互惠、包容、社会团结的良好社会环境。

6. 全球社会抗逆力

现代风险具有跨边界性。全球化增加了风险的来源，放大了风险的后果，应对全球风险自然需要全球的合作。全球、区域和跨国合作始终是支持各国、地方政府、社区和商业界减少灾害风险的关键。[①] 我们要发挥现有国际组织的作用，建立全球的对话、协商机制，将风险管理的内容和抗逆力的培植注入这些组织之中。我们要利用国际组织的影响力，以及资源分配的激励作用，特别注意对于脆弱群体社会抗逆力的培育和支持。

2015 年第三次联合国减少灾害风险世界大会召开在即，与会期间也将通过《2015 年后减少灾害风险框架》。虽然这一行动纲要也和金融危机、气候变化等国际社会的联动响应一样，还不是那么立竿见影，但推进的方向还是令人期待的。特别是，强调全球抗逆力的建设就意味着在各种支持措施中，加入提升社会抗逆力的内容——不能“见物不见人”，不能忽略被帮助者的社会文化特色，忽略了地方性资源，忽略了他们自身的能力成长。

二、路径变革：多元参与的协同治理

灾害危机作为焦点事件（focusing event），引发社会系统的适应性的自组织和再组织、重构过程，最终实现相关制度变迁。如何有效地激发这一过程？本书从新中国建立以来的灾害应对制度回顾入手，发现从生产救灾到灾害管理，再从应急管理到灾害治理，这不仅是灾害应对制度的发展路径，也是整个国家社会治理的演进历程。这也证明了政社企关系、经济结构和社会转型都会对灾害治理产生

---

① 联合国：《2015 年后减少灾害风险框架（预稿）》，第三次联合国减少灾害风险世界大会筹备委员会第二届会议，日内瓦，2014 年 11 月 17—18 日。

影响。在应对灾害的过程中，国家治理建设中的多中心和多层级的制度体系、参与和合作、学习和沟通以及社区能力对灾害应对制度体系的形成及有效与否有着重要的影响。为此，在抗逆力为基础的风险管理思维转型的同时，还需要注重治理结构重心的变化，即从最高决策中心、中央政府到地方政府以及执行者，从中央确定的基本发展战略以及相应的政府体系中横向（不同部门间）与纵向（上下层级）的互动关系；需要关注的不仅是政府体系的自身变革，还要关注国家与社会处于相互形塑的动态变迁过程，推动社会的多元参与以期实现“国家与社会共治”①。通过文化、制度的建构，调动起社会每个细胞、每个系统抵御风险的潜在能力，分散风险，分散承担风险的主体，以少投入、多收益的原则来进行风险管理，完善社会抗逆力建设框架，实现从中央到地方政府有效协同并实现与社会基础单位有机融合，形成政府与社会的共赢。

如何进行这一治理路径的变革？本书以雅安模式为例进行了深入探讨。从芦山地震社会管理服务组、社会组织和志愿者服务中心的建立正是经历了一次典型的抗逆力释放过程，即从维系运行的响应到自组织的适应，再到开放学习的创新。雅安模式的创新，其内核就在于探索灾害应对中的政社企多元协同治理的创新格局。这一格局建设中，需要注重五个方面的因素：首先，建立了面对面的对话机制；其次，以服务入手建立政社企多元合作主体之间的信任关系；三是强化规范服务，确保平等独立合作的角色定位；四是通过“共处一室”的环境营造和开放性服务平台建设，建立了多元有序的动态协同；五是确立共同的长期目标，确保持续的协同动力。

在这一过程中，需要注意的是，协同的目标是增强政社企多元参与主体的自身抗逆力，而不是简单的政府单主体、单向性的监管能力。为此，值得关注的是自上而下的政策环境和授权路径以及自下而上的社会需求和发展基础是激发并维持这一体系运行的关键。与此同时，能够诱发适应性的自组织能力释放的关键在于两点：一是充

---

① Peter B. Evans, *State-Society Synergy: Government and Social Capital in Development*, Berkeley: University of California Press, 1997.

分利用组织自身既有优势;二是因势利导,优化设计重组路径。强调开放学习的创新能力塑造中,不仅需要明确组织主体的创新主旨,还需要建立常态化、开放性的合作型网络。这一社会性网络不仅促进政府体系纵向、横向层级之间的协调,也能带动社会组织以及企业之间的合作联盟。

当然雅安模式的创新并不是一劳永逸的,目前这一政社协同治理新格局,还停留在灾害应对层面,并且是局部性。要成为全国性的灾害社会化应对的制度新策以及更广层面政府与社会合作的指导方略,无疑还有待进一步观察。应该说,雅安模式必定是一次有益的尝试,但距离一个成熟的协同治理中国模式还征途漫漫。

三、过程优化:有效互动的制度学习

完善的灾害治理体系,不仅需要抗逆力的风险管理思维指引,还需要多元参与的协同治理格局,明晰政企社多元主体以及主体间互动工作制度设计,更需要形成一个良性的制度学习过程。也就是说,不仅要推动多元主体的合作,还要在合作过程中,政府机构、社会组织、企业以及社区都可以互相学习。如何促进灾害治理中的制度学习机制?通常人们都关心的视角是建设学习型组织或者组织间的学习,即一方面是制度学习的主体,另一方面是制度学习的对象。实际上,制度学习的生态系统中还需要关注作为中介性的知识机构智库如何发挥作用。也就是说,在完善灾害治理中的制度学习机制,不仅需要强调是利益相关者自身的学习型组织建设以及组织间的学习互动,还需要促进有关智库在生态体系中的作用发挥。

本书的第七章以倡导联盟为框架,通过作者亲身参与的 WET 案例研究,揭示出灾害应对情境下中国特色智库的形成逻辑,即根据灾害状态下政府面临的决策困境,通过一系列的政策信仰凝聚不同领域的潜在成员,采取动态又具有适应性的治理结构和运行机制来集结联盟力量,并遵循政府采纳智库建议的规律,参与到政策过程中。而在联盟组建的过程中应当吸纳来自政府体制内的行政人员,这对于增进智库与政府的交流,使政府认可智库的智力工作大有裨益。在这种实用主义的观点下,重新审视现有的智库定义,可以降低对于

智库组织结构性的要求，而注重其实际功能的发挥。那些具备智库雏形的组织和机构只有遵循了中国特色的智库的形成和参与政策过程的规律，才能真正发挥其智库功能，促进灾害治理中的制度学习。

四、基础建设：有机融合的灾害法治

全面推进依法治国、加快建设社会主义法治国家已经成为我国发展策略中的一条“贯穿全篇的红线”，是国家治理领域一场广泛而深刻的革命。[①] 尽管本书中并没有专章展开阐述，但对于中国灾害治理体系建设而言，法治化必然是一个重要的构成部分，而且应作为至关重要的底线进行建设。

目前，灾害法治建设已经成为国际发展的热点，联合国开发计划署协同国际红十字联合会等机构正在致力于发展一个涉及国际和国内体系的灾害法律参考框架。在这一建设过程中，我们可以发现，灾害法治体系将关系到一个国家对于灾害的状态定位、灾害应对的组织体系设计、全过程的应对职能、社会参与路径以及公权私权的界定等一系列重大问题。[②] 无疑这将是影响到以上治理体系建设的重要元制度。

我国有关灾害风险管理的法律和制度框架内容丰富，没有任何单独一部法律能够涵盖各种自然灾害的预防、应对和缓解等所有内容，而是对应于中国政府的部门化立法特征，呈现出多元复杂的构成及执行体系。关于灾害的法律和制度广泛涉及由不同政府部门颁布的各类法律、规章、条例、决议和通知等。不同种类的自然灾害预防和应对措施由不同的法律法规来进行规定。例如，针对地震有《中华人民共和国防震减灾法》和《破坏性地震应急条例》，针对所有的气象灾害（如台风，风暴，寒潮等）有《气象灾害防御条例》，《自然灾害救助条例》负责灾后抢险救灾工作，洪灾、旱灾应对则由《防洪法》、《抗旱条例》规范管理，与之相对应的是水利部及国家防汛抗旱指挥

---

① 习近平：《加快建设社会主义法治国家》，《求是》2015 年第 1 期。

② 以上焦点问题的总结梳理来源于笔者 2014 年 12 月 8—12 日作为中国代表成员参加 UNDP、IFRC 在意大利圣雷莫组织的关于灾害法的专题讨论课程。

部,地质灾害由《地质灾害防治条例》涵盖,国土资源部门负责地质灾害相关的预防和救助工作。

这些法律法规也是多样性的形态。其中一种是全国人大及常委会颁布的相关法律法规,如《防洪法》(1997 年 8 月 29 日颁布 1998 年 1 月 1 日起实施)、《防震减灾法》(1997 年 12 月 29 日颁布 1998 年 3 月 1 日起实施)、《气象法》(1999 年 10 月 31 日颁布 2000 年 1 月 1 日起实施)《中华人民共和国突发事件应对法》(2007 年 8 月 30 日颁布同年 11 月 1 日起实施)等。第二种类型是国务院出台的一系列条例与预案等文件。如《水库大坝安全管理条例》(1991 年 3 月 22 日颁布实施)、《防汛条例》(1991 年 7 月 2 日颁布实施 2005 年 7 月 15 日修订)、《地质灾害防治条例》(2003 年 11 月 24 日颁布 2004 年 3 月 1 日起实施)、《国家自然灾害救助应急预案》(2005 年 1 月 28 日颁布、2011 年 10 月 16 日修订)、《军队参加抢险救灾条例》(国务院、中央军委 2005 年 6 月 7 日联合颁布、同年 7 月 1 日起实施)等。除此之外,还有一些部门出台的办法和地方性法律法规,如民政部于 2008 年 4 月 28 颁布实施的《救灾捐赠管理办法》等。

中国经历了多次自然灾害,在应对过程中《突发事件应对法》以及其他单行法律起到了相应的积极作用,但是也暴露了一些不足,主要表现在以下几个方面:

1. 从立法角度来看我国灾害应对法律体系面临的挑战

(1) 有机融合、行之有效的自然灾害应对法律体系亟待建立

缺乏一个统一的自然灾害基本法,成为该领域的基础协调性法律,如《防灾减灾法》。已有《突发事件应对法》是涵盖四大类突发公共事件,试图进行全面覆盖,实际上失于细节,不能有效针对自然灾害进行相应的制度安排。与此同时,各单项法律,又因为部门立法模式,如地质灾害有《地质灾害防治条例》,洪灾有《洪灾法》,气象灾害有《气象法》,地震有《防震减灾法》等这些法律多达几十部。各部法律之间缺乏协调性,复合型灾害的发生就很难用现有的体系来高效应对。基于“部门应对”的设计制度使得应急管理难以做到统一领导,综合协调。而且在内容上不仅有重复,甚至有一定的冲突内容,

在某种意义上更加剧了灾害应对的无序和低效。这种方法造成了法律文件的过剩，通常伴随着一些领域的重复，并且几乎所有的自然灾害都涵盖在内，即便是在中国很少发生的某些灾害（例如现代火山活动）。举例来说，有一部法律是专门处理自然灾害的救助工作，而同时有其他不同自然灾害的法规同样涉及灾后的抢险救灾。

（2）法律规定过于抽象，实用性差

我国的《突发事件应对法》等相关应对灾害法律及应急预案多是"纲领性、原则性"条款，而且上下往往一般粗，没有详细的规定，操作性差，不能成为现实中的行动指南。具体怎么落实怎么执行，缺乏相应的规定和制度保障。比如说要建立社会动员机制，但是如何建立？由谁建立？法律没有具体的分工；要求各级政府对突发事件应有财政拨款，但是怎么拨？拨多少？不拨的法律责任？法律没有硬性规定。检验一个法律是否可行，最重要的是要看它有没有良好的可操作性，法律的生命在于执行，规定再多的目标，如果没有具体落实的条款，也是一纸空文，难以起到它应有的作用。

（3）目前有些内容方面亟待修订、完善

一是社会组织参与救灾的协同机制有待立法明确。从汶川到芦山地震以及最近的余姚水灾，应对的实践都在揭示了一个重要的经验，就是需要有效整合社会组织和志愿者以及企业的力量进行应对。但实际上，我国现行法律对此规定甚少，在突发事件应对法中只是有了一些较为简单的阐述。二是针对社区层面，现有的法律更多针对的主体是各级行政层级和部门，却忽视了实际中重要的应对社会单元即社区的建设。目前的相关法律大都是部门立法，很多内容之间缺乏有机衔接，有时候还有重复，在相应的执行中有部门性特征，但在实际执行中，确实是"上面千根线，下面一根针"，都是在社区实施，却缺乏整合，每个部门都要单独实施，不仅浪费资源，有时候还会冲突，以至于"有还不如没有"。如消防法、防震减灾法都有规定应急演练的内容，但实施体系却缺乏协同。三是对于系统的减灾领域发展也不能有效体现，如何形成一个将防灾减灾融合到各级政府的公共治理框架缺乏相应的制度设计。涉及自然灾害管理的有关日常生活事务的法律和制度框架,例如土地法、通信法、城市规划、宪法以及其他一些关于灾害管理的法律也可以在这个主题下的其他不同法律中找到。但是,这些法律大部分都没有提供灾害预防和应对的具体规定。为了使我国的减轻灾害风险系统更加高效、有效,有必要尽力把减轻灾害风险概念融入这些法律之中。减轻灾害风险的社区参与度很大程度上受到忽视。虽然有社会培训和鼓励个人参与到抢险救灾工作的相关规定,但是它们并没有参与到防灾准备或者其他相关方面的工作中(例如城市规划)。同样地,法律制度也忽视了处于危险之中的社区以及女性、儿童和老年人等弱势群体的参与。大部分法律只是惩罚那些因不负责任而没能够尽到自己在预防或者控制自然灾害的责任、或是破坏、挪用救灾物资的个人、组织和机构。三是防减灾与社会福利体系以及保险等方面的结合。

2. 从执法层面,灾害法律体系不仅需要科学制订,还有在执行和绩效上加强监督和科学评估

这一点上也需要制度创新。7·21 大水的案例,余姚水灾的案例,如何使得法律成为确实的行动指南。为此,可行的建议策略是:

(1) 推动制定灾害对策"基本法"。通过一部纲领性、综合性的自然灾害应对基本法把这些单行法统一起来,整合各种应急管理资源,充分协调各方面的救灾工作。专门运用于自然灾害,针对自然灾害本身的特点制定相关的措施。面对未来灾害的多元化和开放性,很有必要以更高法律位阶的人大立法的形式制定一部灾害对策基本法明确减防灾的重要性。在这部法律中要明确规定国家、国务院、地方各级政府、私营部门、社会组织各方参与的体制。

(2) 根据基本法尽快修改已有的单行法不仅要整合和修订单行法,将庞杂的法律体系进行梳理,把各部法律之间互相矛盾的条款予以修订。与此同时,还要让各部法律简单易懂,便于普及和宣传,让法律体系更加清晰便于操作。

(3) 形成动态的修订机制,适时吸收相关实践和理论领域的进展,反映到相应的法律条款中来。此处还要建立跨界的学习型社区。建立政策与法律两个社群之间的联动体制和机制。

后　记

跬步而不休，跛鳖千里；累土而不辍，丘山崇成。

——（战国）荀子

作为研究者，常常会面临一个自我之问：到底为什么选择某一特殊的研究领域。作为一名应急管理的研究者，我为什么会选择与灾难共舞的行当？其实就我而言，并没有什么理性选择的过程。如果非要寻求一个回答，我的理由可能有一个，正如公共政策理论中焦点事件（focusing event）所言，对于灾害冲击的同理心（empathy）是促使我开始探寻灾害应对之道的重要驱动。

记得第一次试图探究应急管理（那时我国尚未建立起这一概念体系）的念头始于2000年，我刚刚开始在清华大学公共管理学院的博士课程学习。同样是临近岁末，当年12月25日晚21时35分河南省洛阳市老城区东都商厦发生特大火灾事故，造成309人中毒窒息死亡。在巨大的伤亡面前，我看见的不仅是生命的逝去，还有社会的无序，当地政府似乎陷入了不知所措、捉襟见肘的困局。我曾经在与洛阳一水之隔的小浪底工地锻炼了两年，小浪底建设局的生活基地就建在洛阳，看着那些新闻我都似乎可以触摸到那片熟悉土地上的焦灼与悲伤。在悲痛的同时，作为一名公共管理的研习者又不禁想问：在这样的情形下究竟政府应该如何作为？是不是会有一种管理能力可以应对这样的非常态情境？……这些是我的懵懂之问，未曾想得到了恩师薛澜教授的热情鼓励，于是在他的带领下开始了与灾难共舞的研究历程。

人们常说，一旦启动了某项使命，命运的车轮就不受控制地滚滚而至。我们成立了小小的研究组，彭宗超教授（当时正在公管学院从事博士后研究）以及我的同门钟开斌和朱琴先后加入。究竟如何从学术体系上进行定位？团队开始了国内外的找寻。除了中国人民大学的张成福教授的团队之外，还要感谢互联网，让一个远在欧洲的合作伙伴 CRISMART 跳进了我们的视野。CRISMART 是一家知名的致力于危机管理研究的国际智库，在时任负责人 Eric 博士的支持下我们开始了第一个国际比较研究，也正式开始使用危机管理（crisis management）这个概念体系去探寻灾难应对之道。多年之后，我在美国减灾年会上再度遇见多年未见的 Eric，他才意识到这段合作带来的历史性意义。随后的研究就波澜不惊地进行着，直到 2001 年"9·11"事件的发生，这一焦点事件又一次加速了研究进程。惨烈的事件让全球的人们突然发现了一个残酷的现实：即便是习惯扮演世界警察的美国都不能确保成为安全的"桃花源"！于是危机管理再一度成为世界关注的焦点。

当然，理念的改变并不是件很容易的事。作为一个社会主义国家存在危机吗？现在看起来这个问题的答案显而易见，可是当时还是激起不少涟漪。记得在我们组织第一次关于危机管理的公开性学术研讨会上，时任民政部司长的王振耀先生（现今已是我的同事）站起来不无激动地指出，这是中国国内第一次可以公开讨论危机管理问题，是一个重要的历史进步。当时我并不以为然，随后的工作中才让我对此有了越来越多的体悟。2003 年 5 月，薛澜教授和我、钟开斌共同出版了《危机管理——转型期中国面临的挑战》。如果不是母校出版社的坚持，可能这本书当年并不能如约面世。在我真正加入筹建中国应急管理体系的实践工作中，更为切实地体会到这一理念转型的不易，一个简单的例子就是筹备小组一段时间内的争论焦点就是工作体系的名称确定。学者们建议了"危机管理"，但最终还是选择了"应急管理"作为这一体系的官方名称。

如果按照通常的逻辑，作为博士生的我理所应当地就应该把危机管理作为博士论文选题领域。可是就在我递交第一稿关于中国危机管理体系建设的博士论文开题报告之后，就遭到了开题组傅军教授(现任北京大学政府管理学院常务副院长)的质询。他的问题是:如果有了新闻体制的独立性、问责体系的透明性以及法律框架的完善,其实我提出的危机管理体系建设问题并不难解决。这可能只是中国体制建设中应该完善的实践问题,并没有真正提出一个学术领域的创新之问(puzzle),很难预计对知识体系有什么创新贡献。于是,我又开始了新一轮的艰难摸索。最终的结果是,我选择中央与地方政府间关系作为了我的选题。虽然这一研究是以义务教育为切入点,但对于这一问题的关注还是来源于之前对县级政府应对矿山安全的行为选择机制研究。

这本书的创作动机也是来源于灾害应对中的切身体会。2008年就在我刚刚回归学术界加入张秀兰教授创建的北京师范大学社会发展与公共政策学院之际,震惊世人的汶川地震发生了。其实,我之前关于应急管理的理论研究和实践工作主要是坐在办公室里进行的,即便是调研也常常是蜻蜓点水。尽管我个人有长江大水的家乡记忆以及1998年参加嫩江抗洪的工作经历,但参与汶川地震的应对是我第一次直面与灾难争夺生命的战斗。

震后第一时间内,我们成立了开放式行动平台:汶川地震应对政策专家行动组(书中第七章有详细介绍)。作为秘书长,我带领第一支现场分队出发就面临挑战,因为当天前线传来大震级余震的消息,学校党委书记刘川生教授在航班临飞之前通知我们取消行程。在紧张的磋商之后,我们还是坚持出发了,不过队伍从原来的10人左右压缩成了四人小组,除了我之外,还有时任国家减灾中心总工程师的李京教授、我们团队的吴宇以及现就职于中国安全生产科学研究院的时训先博士。后方中枢由国务院应急管理专家组组长闪淳昌教授、张秀兰教授以及张欢、陆奇斌、周玲、胡晓江、屈智勇、王曦影、巴战龙、王茁、潘鸿等同事和伙伴主持。

抵达四川之后就开始了一段至今也难以忘怀的“地震”岁月。每天都会穿梭在不同的灾区(临时安置区和灾情第一线),见证着各种巨灾带来的社会断裂,很多状况被灾区伙伴称之为“世界之最”。例如世界上最大的临时安置区——绵阳九州体育馆;世界上最大的安置板房区——绵竹板房区;世界上最大的堰塞湖——绵阳唐家山堰塞湖;世界上最大规模的人口临时动迁。我们抵达了几乎所有的灾区前线,第一时间访谈了几百位乡镇负责人,进入帐篷、板房等各类临时安置区,调查了几千户灾民家庭,和各级政府工作人员、社会组织伙伴以及本地灾民一起共同应对各类巨灾挑战,从灾情的科学研判、救援的实施、医疗资源的组织到灾后孤儿安置、学龄前儿童的支持、中小学应急处置、遇难学生家长的心理辅助。每天我们都是深夜回到驻地,开始整理政策建议或行动草案,凌晨回报北京。

在那段高度紧张的日子里,我们不仅忘记了各种灾情带给自身的威胁,也似乎在曲山、汉旺等各个重灾区的穿行中习惯了面对灾难中生命的离别。其实几年之后才发现并无可能习惯灾难中的离别,这份见证只能加深面对灾难时那份自我的同理心。当然,还有着一份更为坚定的希望,从 2008 年汶川地震、2009 年玉树地震到 2013 年芦山地震、2014 年鲁甸地震,我们有幸与那些坚韧乐观的灾区群众、无惧危险的社会组织伙伴以及志愿者一起并肩,深刻感受到灾害应对给中国社会重构带来的冲击和影响。同行者中,还有徐琪、雅萌、徐硕、蔚然、太一、Jocelyn 等一群能干的年青伙伴。于我而言,他们带来的不仅是活力与支持,还有一份鞭策和希望。

记录下这些,本是因为这本书的背后就是参与中国应急管理体系建设多年来的体会。这份记录并不完整和成熟,还有灾后重建、对口援建、社会行为变迁、减灾教育等太多的问题有待谈论。即便如此,这一段探寻过程中也有着太多的机构和伙伴需要感谢,从哈佛大学到香港大学、台湾大学、西南财经大学,从北京、四川、青海到云南,从国务院到村支部,从中国扶贫基金会、壹基金、南都基金会等高大上的基金会到草根社会组织甚至非正式的志愿者组织,从专家学者、政府官员到社会组织伙伴及灾区老乡。很遗憾这里不能一一列举,他们给予的不仅是能力上的帮助,更为重要的是信任,这是当下中国新常态里最为难能可贵的东西。此外,还要感谢北京大学出版社耿协峰主任及其同事的长期支持。

最后,谨以此书献给我的母亲余树英、姐姐张勤、哥哥张峰以及生命中的奇迹——妻子月波和可爱的女儿小叮当,你们的陪伴给我带来有如夜空中天狼恒星般的璀璨。也以此纪念逝去的父亲张志德,很抱歉因为在川工作让我错过了与您最后的告别，相信您会听见儿子这份迟到的汇报。

完善的灾害治理其实与常态下的社会治理体系息息相关，实现一个长治久安的中国必然征途漫漫。我们将继续前行，也会始终记得“如果黑暗中你看不清方向，就请拆下你的肋骨，点亮作火把，照亮你前行的路……”

张　强